全国机械行业职业教育优质规划教材（高职高专）
经全国机械职业教育教学指导委员会审定

“十二五”江苏省高等学校重点教材

高等职业教育双证制项目教学改革用书

数控铣削编程与加工

第3版

主　编　张宁菊
副主编　赵美林
参　编　崔业军　陈　成　颜科红
　　　　黄　成（企业）

机 械 工 业 出 版 社

本书是全国机械行业职业教育优质规划教材、“十二五”江苏省高等学校重点教材，是经校企“双元”合作开发的教材，也是高等职业教育双证制项目教学改革用书，是以国家职业标准《铣工》中相关数控部分的内容为依据编写而成的。全书分为七个项目，主要内容有数控铣床/加工中心的基本操作、槽类零件的加工、轮廓类零件的加工、孔系零件的加工、综合零件的加工、配合零件的加工、曲面零件 CAM 自动编程加工。

本书以成果为导向，以任务驱动的方式使理论教学融入实践教学之中，突出“教、学、做、评”一体、工学结合的高职教学模式。多数项目通过项目目标、项目任务、相关知识、项目实施、拓展知识、项目实践、项目自测等几个环节来实施，融零件的数控工艺、编程、加工和检测为一体，项目由简单到复杂，由单一到综合，具有很强的可操作性。

本书可作为高职高专院校机械制造与自动化、数控技术等机电类专业和五年制高职数控技术和加工制造技术等专业的教学用书，也可供职业培训使用。

“十二五”江苏省高等学校重点教材（编号：2015-1-041）

图书在版编目（CIP）数据

数控铣削编程与加工/张宁菊主编. —3 版. —北京：机械工业出版社，2019.9（2025.1 重印）
全国机械行业职业教育优质规划教材. 高职高专　经全国机械职业教育教学指导委员会审定　“十二五”江苏省高等学校重点教材
ISBN 978-7-111-63919-0

Ⅰ.①数…　Ⅱ.①张…　Ⅲ.①数控机床-铣床-程序设计-高等职业教育-教材②数控机床-铣床-金属切削-加工-高等职业教育-教材　Ⅳ.①TG547

中国版本图书馆 CIP 数据核字（2019）第 214585 号

机械工业出版社（北京市百万庄大街 22 号　邮政编码 100037）
策划编辑：王英杰　责任编辑：王英杰
责任校对：佟瑞鑫　封面设计：鞠　杨
责任印制：常天培
北京机工印刷厂有限公司印刷
2025 年 1 月第 3 版第 7 次印刷
184mm×260mm · 16 印张 · 393 千字
标准书号：ISBN 978-7-111-63919-0
定价：49.80 元

电话服务		网络服务	
客服电话：	010-88361066	机　工　官　网：	www.cmpbook.com
	010-88379833	机　工　官　博：	weibo.com/cmp1952
	010-68326294	金　　书　　网：	www.golden-book.com
封底无防伪标均为盗版		机工教育服务网：	www.cmpedu.com

前言

本书内容按照高等职业学校机械制造与自动化专业和数控技术专业的专业标准，并兼顾五年制高职加工技术类等专业要求进行设置，按照专业核心课程“数控加工编程”的内容进行修订，书中融入了国家职业资格标准《铣工》中有关数控加工的内容和数控领域的1+X等职业技能标准的内容。本书与企业联合开发，其特点如下：

(1) 以学习成果为导向，课证融通，进行课程反向设计。

确定三大基本类学习成果（槽、轮廓、孔系零件的编程加工）、两大提升类学习成果（综合零件、配合零件的编程加工），按照企业规范设置零件的评分标准，并把职业标准要求融入教材体系，助推学生获得中级或以上职业资格证书，注重提高学生的实践能力和岗位就业竞争能力。

(2) 融校企优质资源，产教融合，进行项目精准设计。

本书的修订提纲经过江苏省企业首席技师等企业专家多次会审，由专任教师和企业专家共同编写。项目内容根据知识点和技能的可操作性，对源于企业的铣削类零件进行细化和设计，删除烦琐结构，增加满足考证要求的内容，将标准化的数控工艺、编程、加工和检测规范引入书中，将工匠精神的要求贯穿在整个项目设计中，提升学生的职业素养。

(3) 以学习者为中心，理实一体，进行项目式教学。

以任务驱动的方式将理论融入实践教学，突出“教、学、做、评”一体的高职教学模式。教学体系通过项目目标、项目任务、相关知识、项目实施、拓展知识、项目实践、项目自测等几个环节来构建；项目由简单到复杂、由单一到综合，通过完成项目使学生的认知水平、操作技能和工作能力得到螺旋式的提高。

(4) 实施“互联网+教育”，资源丰富，探索新形态教材的开发。

本书配有精品课程资源库网站，其动画、录像、课件、典型企业案例等资源丰富，直观性和示范性强。根据企业实际生产设备和高等职业学校教学实训设备的配备，兼顾两种主流的数控系统（以FANUC为主、SIEMENS为辅），很好地满足了不同类型的学生的需求。

本书由长期从事数控技术研究的无锡职业技术学院张宁菊教授任主编并统稿，无锡科技职业学院赵美林副教授任副主编，崔业军、陈成、颜科红参与编写。另外，江苏省企业首席技师、中国第一汽车集团有限公司高级专家黄成对本书提出了建设性的修改意见，并参与了本书编写。

本书的编写得到了无锡职业技术学院工业中心、无锡科技职业学院实训中心同仁的大力支持，也得到了无锡威孚高科技股份有限公司、一汽解放汽车有限公司无锡柴油机厂、无锡京华重工装备制造厂等企业的大力协助，在此一并致谢。

由于编者水平和经验所限，书中不妥之处在所难免，敬请读者批评指正。

教材的配套资源（课件、动画、录像、典型企业案例等）可登录无锡市精品课程资源库网（http://www.skbcjg.cn）查阅。

编　者

二维码索引

（续）

页码	名　　称	图　　形	页码	名　　称	图　　形
102	4-4　机床操作		105	4-5　螺纹加工	
108	4-6　螺孔加工		129	5-1　任务一 FANUC	
129	5-2　任务一 Siemens		134	5-3　宏编程加工	

目录

CONTENTS

CONTENTS

项目一 数控铣床/加工中心的基本操作

项目目标

1. 了解数控铣床/加工中心的用途、分类和基本结构。
2. 熟悉数控铣床/加工中心的各种坐标系，能正确设定工件坐标系。
3. 能正确使用刀具、夹具、附件，并能进行工件的装夹。
4. 了解数控系统的操作面板各功能键的作用。
5. 掌握数控铣床/加工中心的基本操作方法，培养操作技能和文明生产的习惯。
6. 了解数控铣床/加工中心的安全生产规则和日常维护保养。
7. 熟悉数控铣削加工工艺过程的处理。

相关知识

一、数控铣床/加工中心认知

1-1 数控铣床加工中心认知

数控铣床和加工中心主要加工对象是：平面类零件、变斜角轮廓零件、曲面零件、箱体零件等，此外还可进行孔和螺纹的加工。数控铣床和加工中心在数控机床中所占的比率最大，它们广泛地应用于一般机械加工和模具制造中。数控铣床和加工中心的主要区别是：数控铣床没有刀库和自动换刀装置，而加工中心则是带有刀库并具有自动换刀功能的数控铣床。

1. 典型数控铣床概述

（1）数控铣床的分类

1）按主轴的布局形式，数控铣床可分为立式数控铣床、卧式数控铣床和立卧两用数控铣床，如图 1-1 所示。

① 立式数控铣床。立式数控铣床是数控铣床中数量最多的一种，其主轴轴线垂直于水平面。小型数控铣床一般采用工作台升降方式；中型数控铣床一般采用主轴升降方式；龙门铣床采用龙门架移动方式，即主轴可在龙门架的横向与垂直导轨上移动。

立式数控铣床通常采用三坐标或三坐标两联动加工（三个坐标中的任意两个坐标联动加工）。

② 卧式数控铣床。卧式数控铣床的主轴轴线平行于水平面。为了扩大加工范围、扩充功能，卧式数控铣床通常通过增加数控回转工作台来实现四坐标或五坐标加工。对箱体类零

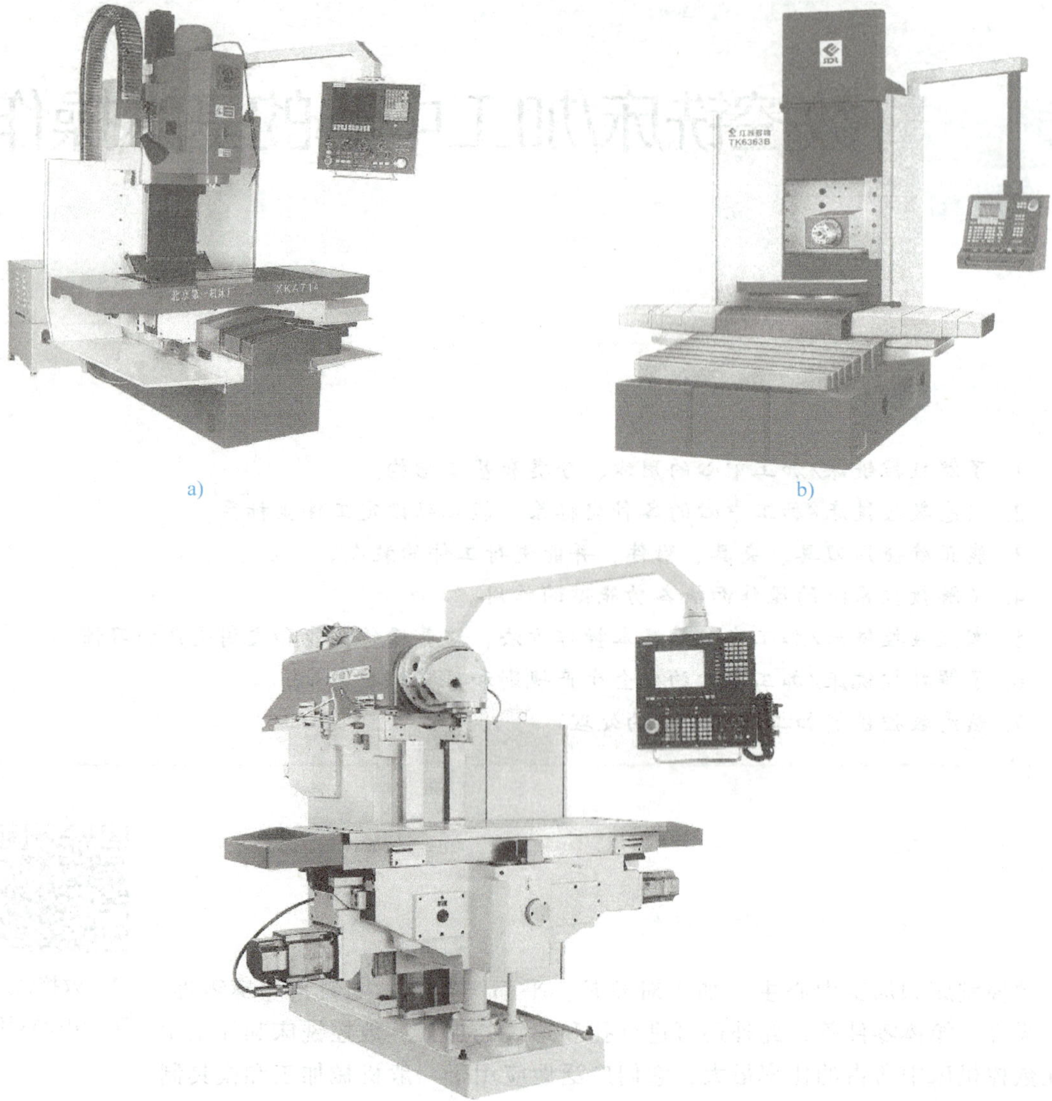

a)　　b)　　c)

图 1-1　数控铣床按机床主轴的布局形式分类

a）立式数控铣床　b）卧式数控铣床　c）立卧两用数控铣床

件或需要在一次安装中改变工位的工件来说，常选择带数控回转工作台的卧式数控铣床进行加工。

③ 立卧两用数控铣床。立卧两用数控铣床的主轴轴线方向可以变换，这种铣床既具备立式数控铣床的功能又具备卧式数控铣床的功能，其用范围更加广泛，功能更加完善。

2）按采用的数控系统功能，数控铣床可分为经济型数控铣床、全功能数控铣床和高速铣削数控铣床。

① 经济型数控铣床。经济型数控铣床一般可以实现三坐标联动。该类数控铣床成本较低，功能简单，精度不高，适合于一般零件的加工。

② 全功能数控铣床。全功能数控铣床一般采用闭环或半闭环控制，数控系统功能完善，

一般可以实现三坐标以上联动，如可加工螺旋槽、叶片等空间零件，加工适应性强，精度较高，应用广泛。

③ 高速铣削数控铣床。一般把主轴转速在 8000～40000r/min 的数控铣床称为高速铣削数控铣床，其进给速度可达 10～30m/min。这种数控铣床采用全新的机床结构（主体结构及材料变化）、功能部件（电主轴、直线电动机驱动进给）和功能强大的数控系统，并配以加工性能优越的刀具系统，可对曲面进行高效率、高质量的加工。

（2）数控铣床的结构　数控铣床除铣床基础部件外，还包括其他几个主要部分：主传动系统、进给传动系统、自动托盘交换装置以及检测装置等。

图 1-2 所示为典型数控铣床的结构图。

2. 加工中心及自动换刀装置

加工中心是由数控铣床发展而来的，集铣削、钻镗、攻螺纹等功能为一体，加工中心备有刀库，并能自动更换刀具，可对工件进行多工序加工。常用的加工中心如图 1-3 所示。有立式、卧式、龙门式加工中心等。加工中心很大程度上减少了工件的装夹、测量和机床调整等时间，从而可以使机床实际切削加工的时间达到机床开动总时间的 80%左右（普通机床仅为 15%～20%）；同时也减少了工序之间的工件周转、搬运和存放时间，缩短了生产周期，具有显著的经济性。加工中心适合零件形状比较复杂、精度要求较高、产品更换频繁的中小批量生产。

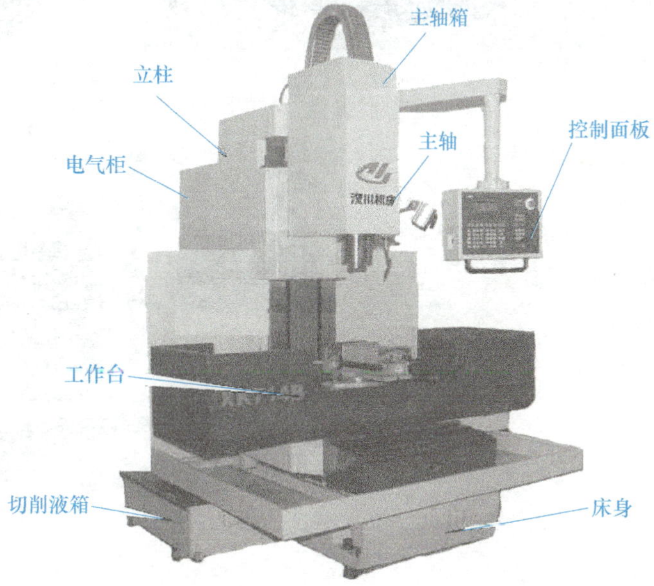

图 1-2　典型数控铣床的结构图

加工中心的自动换刀装置由存放刀具的刀库和换刀机构组成。刀库种类很多，常见的有盘式和链式两类，如图 1-4 所示，链式刀库存放刀具的容量较大。换刀机构在机床主轴与刀库之间交换刀具，常见的换刀机构是机械手；也有不带机械手而由主轴直接与刀库交换刀具的，称无臂式换刀装置。为进一步缩短非切削时间，有的加工中心配有两个自动交换工件的托板。当装有工件的工作台在实施加工操作的同时，操作人员则可以在工作台外的另一个托板上装卸工件，机床完成加工循环后自动交换托板，使装卸工件与切削加工的时间重合。

二、数控铣床/加工中心的常用附件

1. 数控回转工作台

数控回转工作台（图 1-5）适用于数控铣床和加工中心，它能使机床增加一个或两个回转坐标。数控回转工作台的运动可以由独立的控制装置控制，也可以通过相应的接口由主机的数控装置控制。

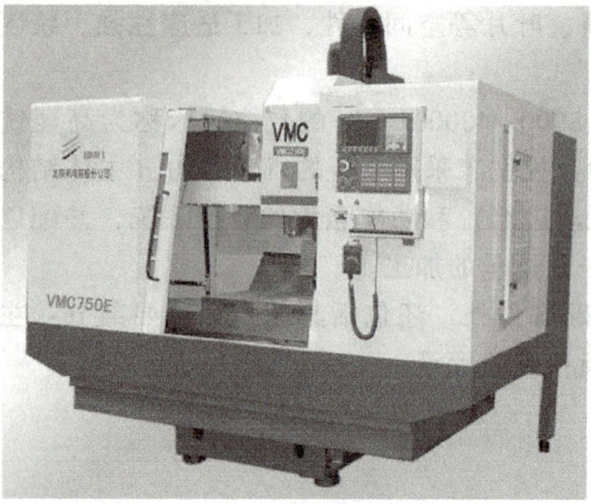

a)

b)

c)

图 1-3　加工中心按机床主轴的布局形式分类

a）立式加工中心　b）卧式加工中心　c）龙门式加工中心

a)

b)

图 1-4　加工中心刀库

a）盘式刀库　b）链式刀库

2. 数控分度头

数控分度头（图 1-6）与数控回转工作台在性能上有许多相似之处，有等分式和万能式两类。等分式只能完成指定的等分分度，万能式可实现连续分度。

利用数控回转工作台和数控分度头可以实现四坐标或五坐标加工。

图 1-5　数控回转工作台

图 1-6　数控分度头

三、刀具、刀柄及辅具

1. 刀具

刀具要根据被加工零件的材料、几何形状、表面质量要求、热处理状态、切削性能及加工余量等进行选择，一般应选择刚性好、寿命长的刀具。常见刀具如图 1-7 所示。铣较大平面时，为了提高生产效率和降低加工表面粗糙度值，一般采用刀片镶嵌式面铣刀；铣小平面或台阶面时一般采用通用立铣刀；铣键槽时，为了保证槽的尺寸精度，一般用两刃键槽铣刀；加工曲面类零件时，为了保证刀具切削刃与加工轮廓在切削点相切，而避免切削刃与工件轮廓发生干涉，一般采用球头刀。粗加工一般用两刃铣刀，半精加工和精加工用三、四刃铣刀。孔加工时，采用麻花钻、镗刀；螺纹加工时采用螺纹铣刀或机用丝锥。

图 1-7　常见刀具

2. 刀柄

加工中心刀柄是铣削必备的辅具，在刀柄上可安装不同的刀具，如图 1-8 所示。目前常用的有弹簧夹头刀柄（装夹直柄立铣刀、键槽铣刀、直柄麻花钻等）和莫氏锥度刀柄（装夹莫氏钻夹头和立铣刀等），弹簧夹头刀柄常用的是 BT40 和 BT50 系列刀柄。

刀柄要和主机的主轴孔相对应，刀柄是系列化、标准化产品，其锥柄部分和机械手抓拿部分都已有相应的国际和国家标准，与刀柄相连的刀具装夹部分也已标准化、系列化。如图1-9所示为加工中心的典型刀柄。

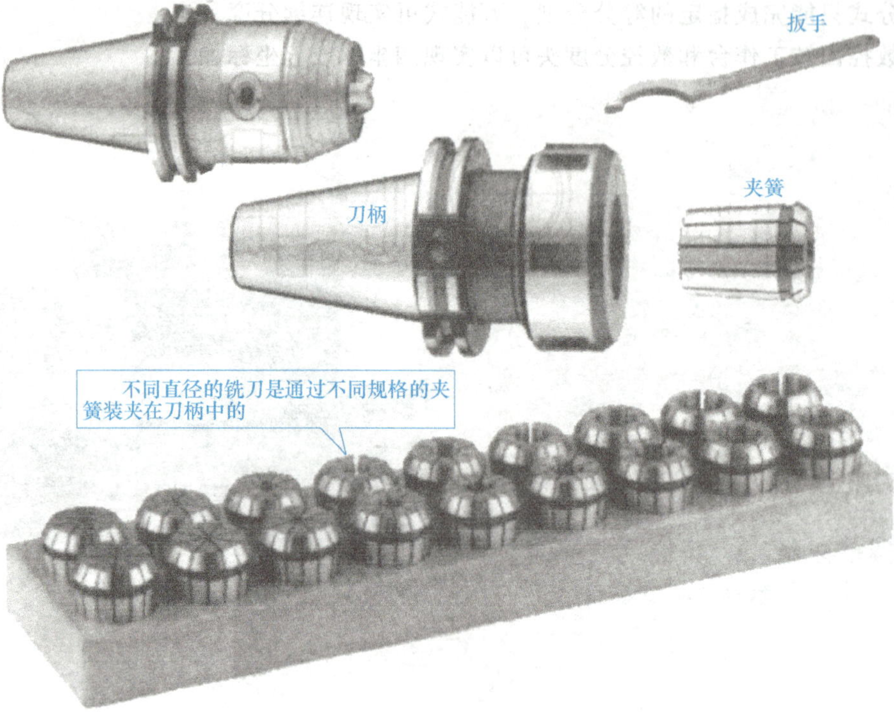

图 1-8　刀柄、夹簧、扳手

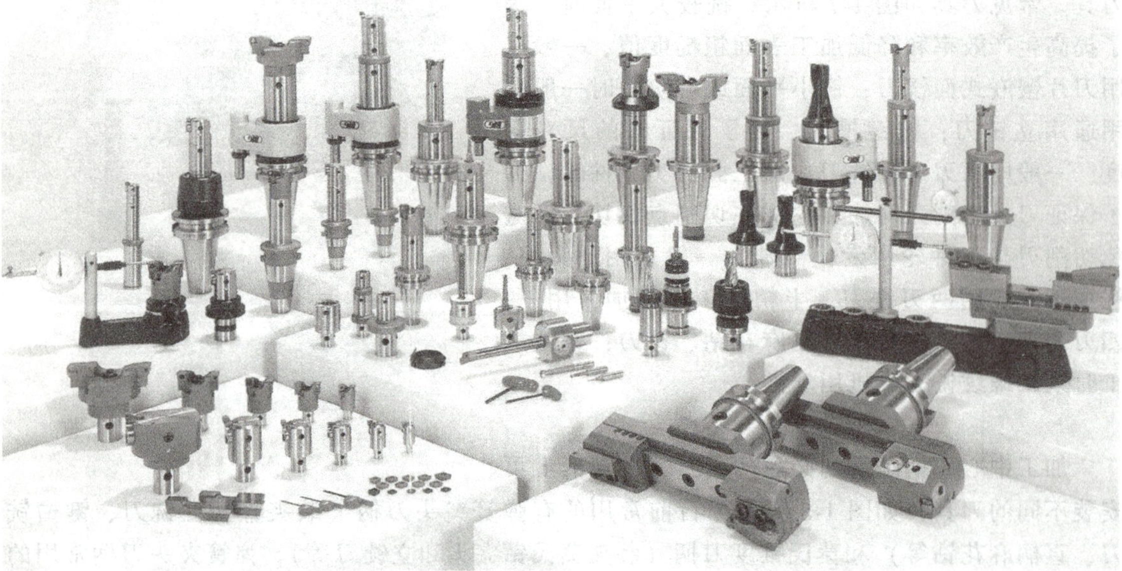

a)

图 1-9　加工中心的典型刀柄

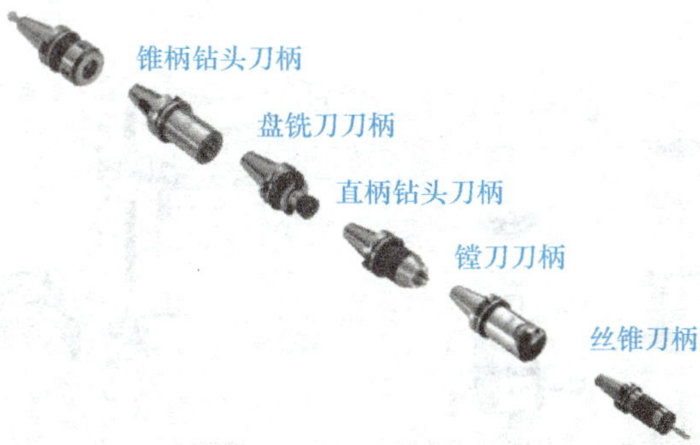

b)

图 1-9　加工中心的典型刀柄（续）

3. 辅具

（1）锁刀座　刀柄装入刀具时，一般把刀柄放在图 1-10 所示的锁刀座上，锁刀座上的键对准刀柄上的键槽，使刀柄无法转动，然后用扳手锁紧螺母。

（2）寻边器　寻边器用于确定工件坐标系原点在机床坐标系中的 X、Y 坐标值。如图 1-11 所示为光电式寻边器，这种寻边器轻轻接触工件时，会发出响声并亮起红光，精度很高。

（3）Z 轴设定器　Z 轴设定器用于确定工件坐标系原点在机床坐标系中的 Z 坐标值。如图 1-12 所示为 Z 轴设定器，这种 Z 轴设定器轻轻接触工件时，会发出亮光，精度很高。Z 轴设定器高度一般为 50～100mm。

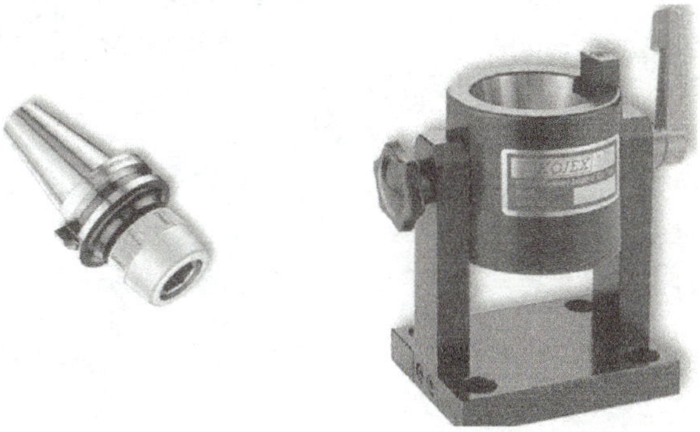

图 1-10　锁刀座与刀柄

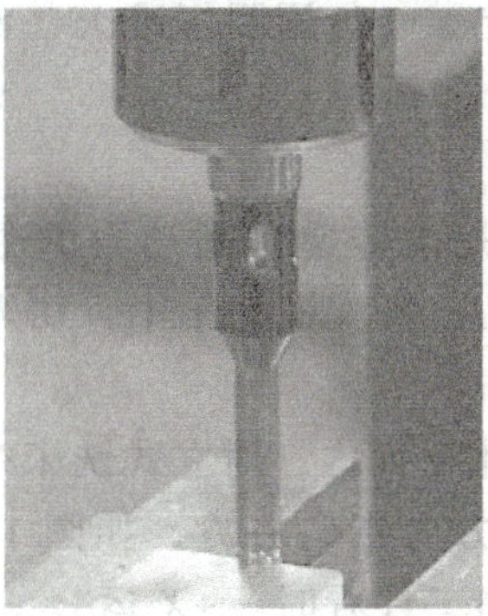

图 1-11　光电式寻边器

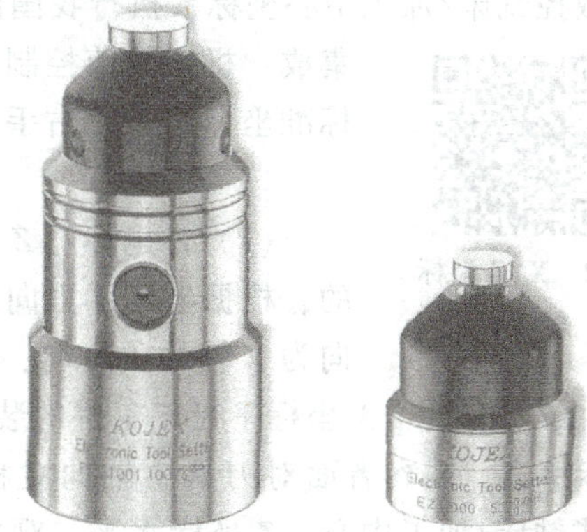

图 1-12　Z 轴设定器

（4）机外对刀仪　机外对刀仪是数控铣床和加工中心的重要辅具，利用机外对刀仪可将刀具预先在机床外校对好，测量刀具的半径和长度，并进行记录，然后将每把刀具的测量数据输入机床的刀具补偿表中，供加工中进行刀具补偿时调用。图 1-13 所示为一种典型的机外对刀仪结构。

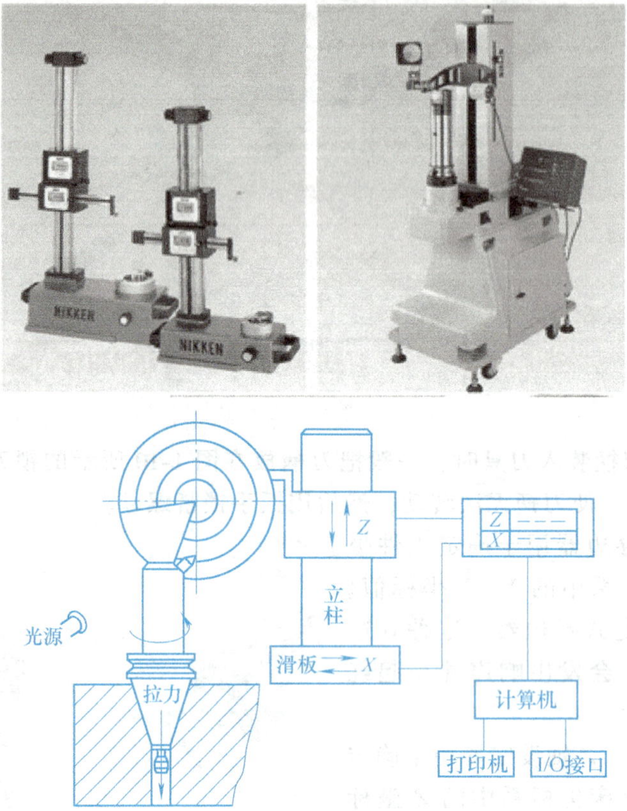

图 1-13　机外对刀仪

四、数控铣床/加工中心的坐标系

数控铣床/加工中心坐标系执行我国的行业标准 GB/T 19660—2005《工业自动化系统与集成　机床数值控制坐标系和运动命名》（与国际标准 ISO 841 等同）。标准坐标系采用右手笛卡儿坐标系。

1-2　XYZ 坐标轴运动

1. 坐标轴

（1）*Z* 坐标　*Z* 坐标的运动方向是由传递切削动力的主轴所决定的，根据坐标系方向的命名原则，在钻、镗、铣加工中，切入工件的方向为 *Z* 轴的负方向，如图 1-14 所示。

（2）*X* 坐标　*X* 坐标平行于工件的装夹平面，一般在水平面内。对立式铣床/加工中心，*Z* 坐标垂直，观察者面对刀具主轴向立柱看时，+*X* 运动方向指向右方，如图 1-14a 所示；对卧式铣床/加工中心，*Z* 坐标水平，观察者沿刀具主轴向工件看时，+*X* 运动方向指向左方，如图 1-14b 所示。

（3）*Y* 坐标　在确定 *X*、*Z* 坐标的正方向后，可以根据 *X* 和 *Z* 坐标的方向，按照右手笛卡儿坐标系来确定 *Y* 坐标的方向，如图 1-15b 所示。

（4）旋转轴　围绕 *X*、*Y*、*Z* 坐标旋转的旋转轴分别用 *A*、*B*、*C* 表示，

1-3　A 坐标

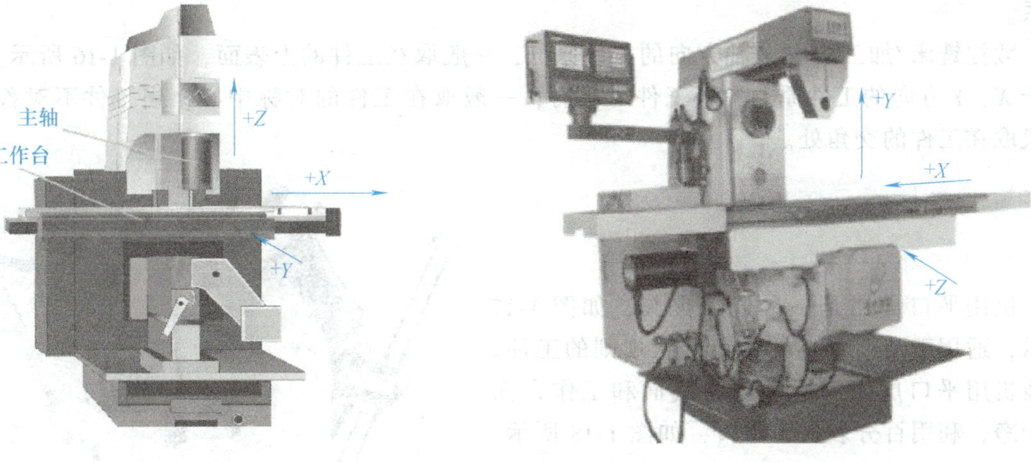

a)　　b)

图 1-14　坐标系

a）立式　b）卧式

根据右手螺旋定则，大拇指的指向为 X、Y、Z 坐标中任意轴的正向，则其余四指的旋转方向即为旋转坐标 A、B、C 的正向，如图 1-15a 所示。

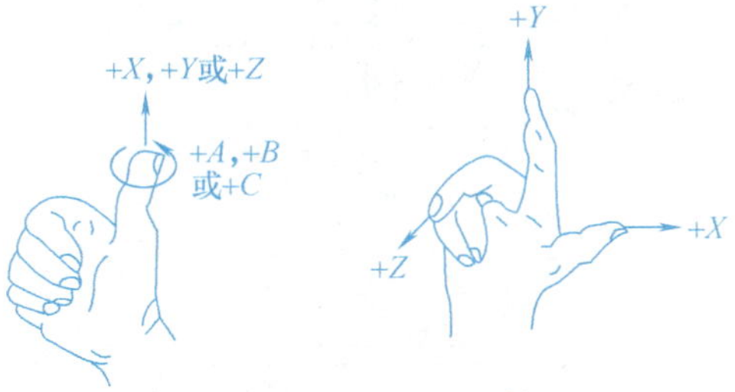

a)　　b)

图 1-15　旋转轴和右手法则

a）旋转轴　b）右手法则

目前数控机床按可控轴数进行分类，较常用的为：二轴半数控机床、三轴数控机床、四轴数控机床、五轴数控机床等。

2. 机床原点和参考点

（1）机床原点　数控铣床/加工中心的机床原点一般设在刀具远离工件的极限点处，即坐标正方向的极限点处，如图 1-16 所示。

（2）机床参考点　机床参考点是数控机床上一个特殊位置的点，该点一般位于靠近机床原点的位置。机床参考点与机床原点的距离由系统参数设定。如果其值为零，则表示机床参考点和机床原点重合；如果其值不为零，则机床开机回零后显示的机床坐标系的值即为系统参数中设定的距离值。

3. 编程坐标系和工件坐标系

编程人员首先根据零件图样及加工工艺建立编程坐标系（编程坐标系的原点称为编程原点）。当工件装夹后，加工人员通过对刀将编程原点转换为工件原点，从而确定工件坐

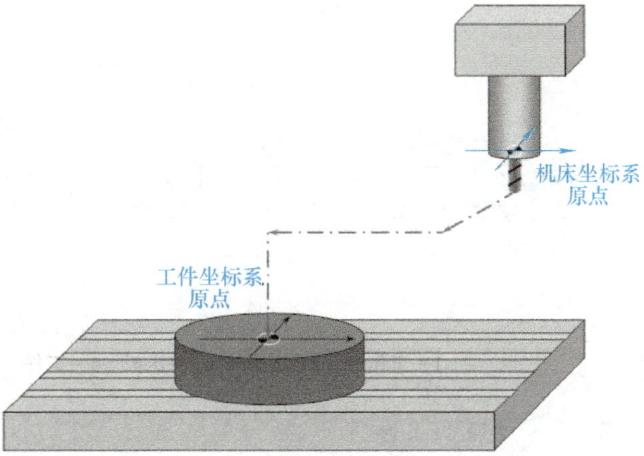

图 1-16　机床原点

标系。

数控铣床/加工中心 Z 轴方向的工件原点，一般取在工件的上表面，如图 1-16 所示。而对于 X、Y 方向的工件原点，当工件对称时，一般取在工件的对称中心；当工件不对称时，一般取在工件的交角处。

五、工件常见装夹方式

1. 用机用平口虎钳装夹工件

机用平口虎钳是一种通用夹具，如图 1-17 所示，适用于装夹中小尺寸和形状规则的工件。安装机用平口虎钳时必须先将底面和工作台面擦干净，利用百分表找正钳口，如图 1-18 所示，使钳口与横向或纵向工作台方向平行，以保证铣削的加工精度。

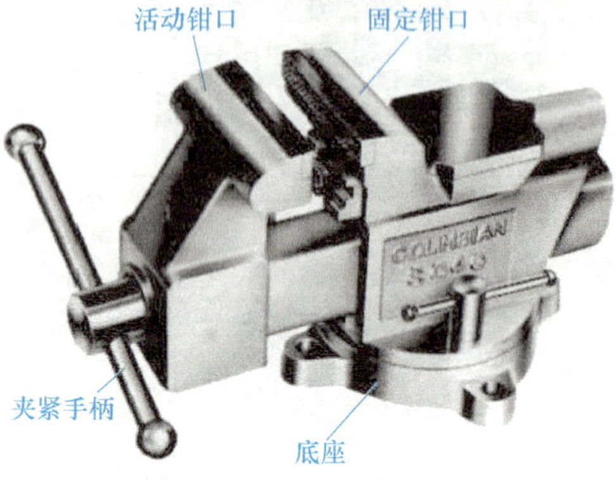

图 1-17 机用平口虎钳

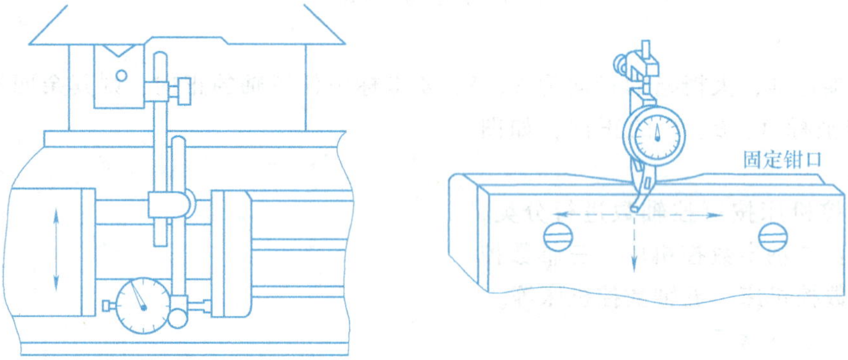

图 1-18 百分表校正钳口

2. 用组合压板装夹工件

对于体积较大的工件大多用组合压板来装夹。根据图样的加工要求，可将工件直接压在工作台面上，如图 1-19a 所示；也可在工件下面垫上厚度适当且要求较高的等高垫块后再将其压紧，如图 1-19b 所示，这种装夹方法可进行贯通的挖槽或钻孔加工。

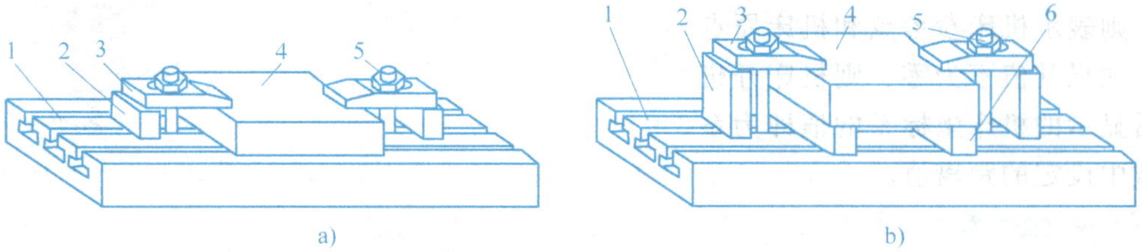

图 1-19 组合压板装夹工件的方法

1—工作台 2—支承块 3—压板 4—工件 5—双头螺柱 6—等高垫块

3. 用卡盘装夹工件

利用压板将卡盘（图 1-20）安装在工作台面上，可装夹圆柱形工件。

4. 用组合夹具装夹工件

图 1-20 卡盘

组合夹具是由一套结构已经标准化、尺寸已经规格化的通用元件、组合元件所构成，可以按工件的加工需要组成各种功用的夹具。图 1-21 所示为典型组合夹具。

组合夹具具有标准化、系列化、通用化的特点，比较适合加工中心应用。通常，采用组合夹具时其加工尺寸的公差等级能达到 IT8～IT9，因此对中、小批量，单件（如新产品试制等）或加工精度要求不十分严格的零件，在加工中心上加工时，应尽可能选择组合夹具。

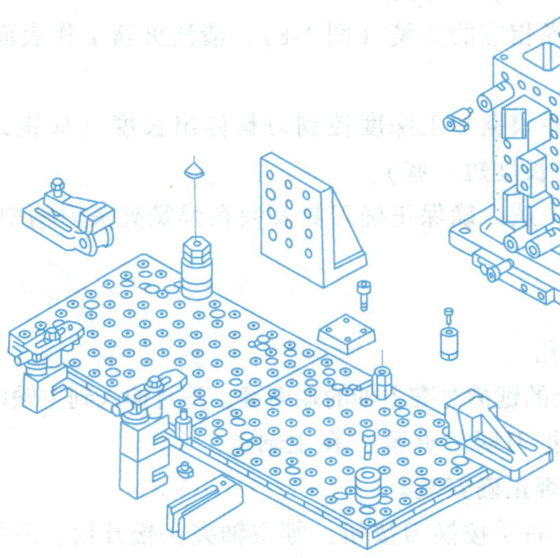

图 1-21 典型组合夹具

项目实施

一、铣削类工件的装夹

铣削类工件在机用平口虎钳上进行装夹，如图 1-22 所示，其具体步骤如下：

1）把工件放入机用平口虎钳钳口内，并在工件的下面垫上比工件窄、厚度适当且精度要求较高的等高垫块。

2）为使工件靠紧在垫块上，应用铜锤或木榔轻轻地敲击工件，直到用手不能推动等高垫块为止，最后将工件夹紧。

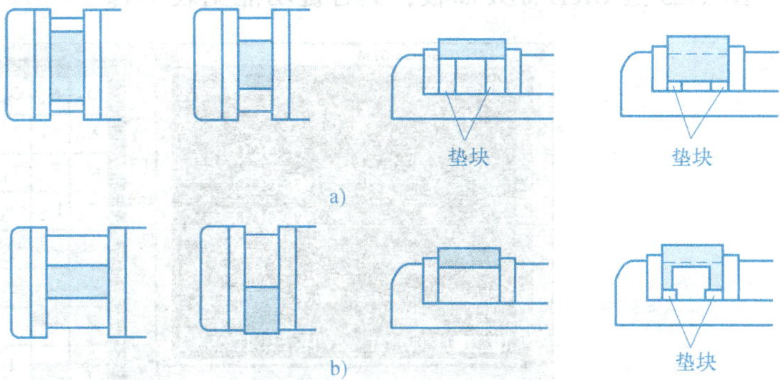

图 1-22 机用平口钳的使用

a）正确的安装 b）错误的安装

3）工件应当紧固在机用

平口虎钳钳口中间的位置，并使工件加工部位最低处高出钳口顶面，避免加工时出现干涉现象。

二、选用和安装常用铣刀

1. 铣刀的选择应遵循的原则

1）根据工件加工表面的特点和尺寸选择铣刀类型。

2）根据工件材料和加工要求选择刀具材料和尺寸。

3）根据加工条件选择刀柄。

2. 刀具应正确安装在弹簧夹头刀柄上

1）将刀柄放入锁刀座（图 1-10）并锁紧。

2）根据铣刀具直径尺寸选择相应的夹簧（图 1-8），清洁夹簧工作表面。

3）将夹簧按入锁紧螺母中。

4）将铣刀装入夹簧孔中，并根据加工深度控制刀具伸出长度（如铣刀直径小，为保证加工时的刚度，刀具尽可能伸出长度短一些）。

5）用扳手顺时针锁紧螺母，从而确保正确刀具安装在弹簧夹头刀柄中。

3. 主轴装、卸刀方法

（1）装刀

1）清洁刀柄锥面和主轴锥孔

2）左手握住刀柄，将刀柄上的键槽对准主轴的端面键，垂直伸入到主轴内，不可以倾斜。

3）右手按换刀按钮，直到把刀柄“夹紧”在主轴上。

4）转动主轴，检查刀柄是否正确安装。

（2）卸刀　左手握住刀柄，右手按换刀按钮，等主轴夹头松开后，左手取出刀柄。

项目实践

一、FANUC 0i 系统数控铣床/加工中心的基本操作

不同厂家生产的数控机床，其机床面板是不同的。现以 FANUC 0i M 为例进行简介。

（一）CRT/MDI 操作面板按键介绍

图 1-23 是 CRT/MDI 面板，其各键功能见表 1-1。

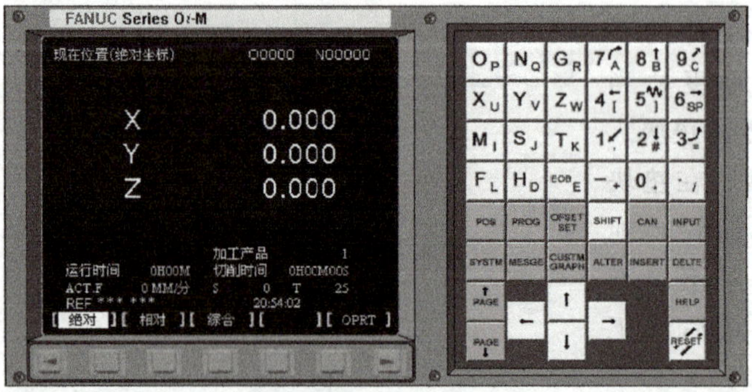

图 1-23　FANUC 0i M CRT/MDI 操作面板

表 1-1　CRT/MDI 面板上键的功能说明

键	名称	功能说明
RESET	复位键	按下此键可以使 CNC 复位或者取消报警、主轴故障复位、中途退出自动运行操作等
HELP	帮助键	当对 MDI 键的操作不明白时，按下此键可以获得帮助功能
O　p 等	地址和数字键	按下这些键，可以输入字母、数字或者其他字符
SHIFT	换档键	按下此键可以在地址和数字键上进行字符切换，同时在屏幕上显示一个特殊的字符"∧"，此时就可输入键右下角的字符
INPUT	输入键	要将输入缓存里的数据(参数)复制到偏置寄存器中，按下此键才能输入 CNC
CAN	取消键	按下此键，删除最后一个进入输入缓存里的字符和符号
ALTER	替换键	在编程时用于替换已在程序中的字符
INSERT	插入键	按下此键，将输入在缓存里的字符输入 CNC 程序
DELETE	删除键	按下此键，删除已输入的字符和删除在 CNC 中的程序
POS	位置显示键	按下此键，屏幕显示机床的工作坐标位置
PROG	程序显示键	按下此键，显示内存中的信息和程序。在 MDI 方式下，输入和显示 MDI 数据
OFFSET SETTING	偏置/设置键	按下此键，显示刀具偏置量数值、工作坐标系设定和主程序变量等参数的设定与显示
SYSTEM	系统显示键	按下此键，显示和设定参数表及自诊断表的内容
MESSAGE	报警显示键	按下此键，显示报警信息
CUSTOM GRAPH	图形显示键	按下此键，显示图形加工的刀具轨迹和参数
↑↓←→	光标移动键	用于在 CRT 屏幕页面上，按这些光标移动键，使光标向上、下、左、右等方向移动
PAGE	换页键	按下此键，用于 CRT 屏幕选择不同的页面(前后翻页)
EOB	程序段号键	按下此键为输入程序段结束符号(;)，接着自动显示新的顺序号
	软键	根据不同的页面，软键有不同的功能。软件功能显示在屏幕的底端。左端←的软件，为返回最初状态；→的软件为未显示的功能

(二) 控制面板介绍

图 1-24 是机床控制面板，其各键/旋钮的功能见表 1-2。

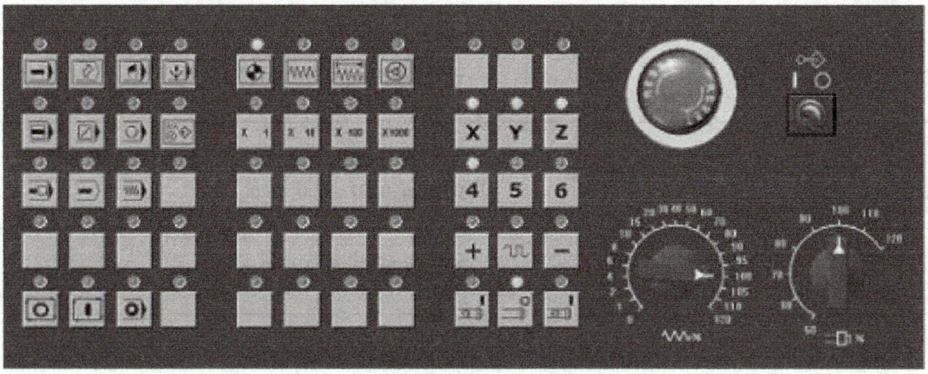

图 1-24　FANUC 0i M 面板

1 PROJECT

表 1-2　控制面板上键/旋钮的功能

键/旋钮	名称	功能说明
	自动 AUTO	按下此键后,系统进入自动加工模式
	编辑 EDIT	按下此键后,系统进入程序编辑状态
	MDI	按下此键后,系统进入 MDI 模式,手动输入并执行指令
	远程执行	按下此键后,系统进入远程执行(DNC)模式,输入输出资料
	回零 REF	按下此键后,机床处于回零模式
	手动进给 JOG	按下此键后,机床处于手动模式,连续移动
	手动脉冲 INC	按下此键后,机床处于手动脉冲控制模式
	手轮 HANDL	按下此键后,机床处于手轮控制模式
COOL	冷却 COOL	按下此键后,机床处于冷却“开/关”控制模式
TOOL	手动换刀 TOOL	按下此键后,机床处于手动换刀模式
	单段	按下此键后,运行程序时每次执行一条数控指令
	跳步	按下此键后,数控程序中的注释符号“/”有效
	选择停	按下此键后,“M01”代码有效
	示教	按下此键后,可进行示教
	进给倍率	分别按下这几个键,配合手动脉冲方式 INC,可分别移动 0.001mm、0.01mm、0.1mm
	程序重启动	按下此键后,可进行程序重启动
	机床锁定	按下此键后,可锁定机床

1 PROJECT

（续）

键/旋钮	名称	功能说明
	空运行	按下此键后，系统进入空运行状态
	进给保持	在程序运行过程中，按下此键运行暂停。按“循环启动”恢复运行
	循环启动	按下此键后，程序运行开始；系统处于“自动运行”或“MDI”位置时按下有效，其余模式下使用无效
	循环停止	在数控程序运行中，按下此键后，程序运行停止
X	*X* 向键	单击该键，配合“+、-”键，机床将向 *X* 轴“正、负”方向移动
Y	*Y* 向键	单击该键，配合“+、-”键，机床将向 *Y* 轴“正、负”方向移动
Z	*Z* 向键	单击该键，配合“+、-”键，机床将向 *Z* 轴“正、负”方向移动
	快速	按下此键后，机床处于手动快速状态
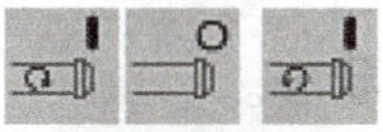	主轴控制键	依次为主轴正转、主轴停止、主轴反转
	急停旋钮	按下急停旋钮，使机床移动立即停止，并且所有的输出如主轴的转动等都会关闭
	程序保护旋钮	旋转保护旋钮，可控制程序的输入
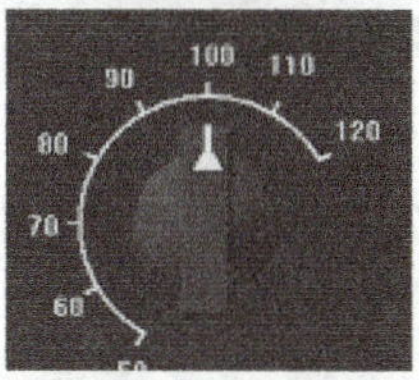	主轴速率修调	旋转此旋钮，可以调节主轴旋转倍率
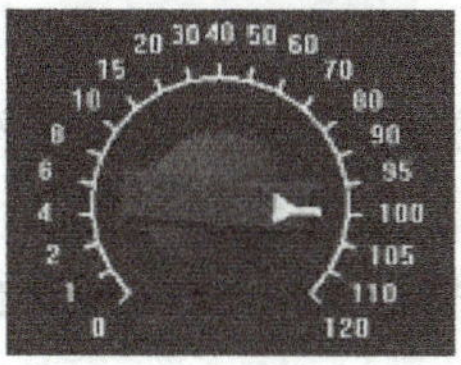	进给速率修调	旋转此旋钮，可以调节数控程序运行时的进给速度倍率

1-4　数控铣床基本操作

（三）FANUC 0i M 系统基本操作

FANUC 0i M 系统和 FANUC 0i T 系统的基本操作相似，现以图 1-25 为例进行介绍。

零件参考程序如下：

```
O0003;
G54  G90  G00  Z20;
X0  Y0;
M03  S1000;
G00  X-125  Y-150;
G01  Z-22  F80;
G01  Y125  F100;
X125;
Y-125;
X-150;
G00  Z20;
X0  Y0;
M05;
M30;
```

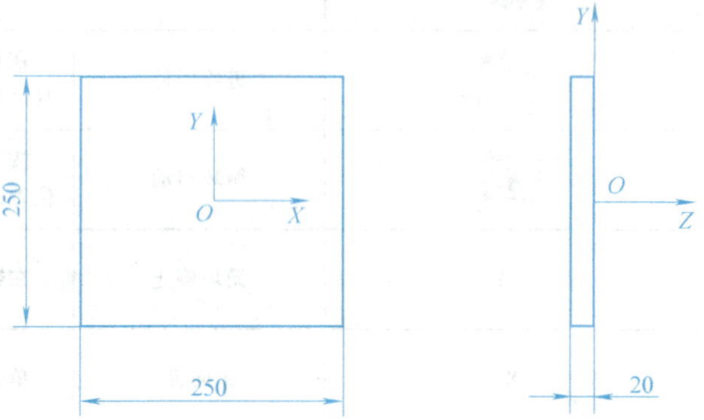

图 1-25　零件示例

1. 开机

1）接通机床电源，旋动机床背面电气柜总开关，使其处于“ON”状态。

2）按下机床操作面板上的“开机”绿色按钮。

3）等待启动画面，直至显示机床坐标。

2. 回参考点

按回零键（REF），选择回参考点模式，*Z* 轴回零→*X* 轴回零→*Y* 轴回零。

3. MDI 模式

按手动数据输入键按（MDI）→选择程序键 PROG（PROG）→输入字符（M03 S1000）→按 EOB 和 INSERT 键→按循环启动键，使主轴旋转。

4. 手轮方式

按手轮键（HANDL）→选择移动的轴和倍率，使刀具移动到所需要的位置。

5. 手动操作

按手动键（JOG）→选择进给速度——根据需要按+X、+Y、+Z、-X、-Y、-Z 键，直至所需位置。

一般在手轮或手动方式下进行对刀。

6. *Z* 向对刀

（1）试切对刀　在手轮（HANDL）方式或手动（JOG）方式下，自上而下沿 *Z* 向靠近工件上表面，听到切削刃与工件表面的摩擦声（但无切屑）时，立即停止进给。

［方法一］　将此时面板机械坐标系下的 *Z* 坐标值输入 CNC 偏置寄存器 G54（或 G55～G59）的 *Z* 坐标中，如图 1-26a 所示。

［方法二］　在此界面输入“Z0”，再单击“测量”，如图 1-26b 所示，则系统自动将当前的机床 Z 坐标值输入到 G54 对应位置。

试切法对刀，会在工件表面留下划痕，对刀精度不高，可采用 Z 轴设定器进行精确对刀。

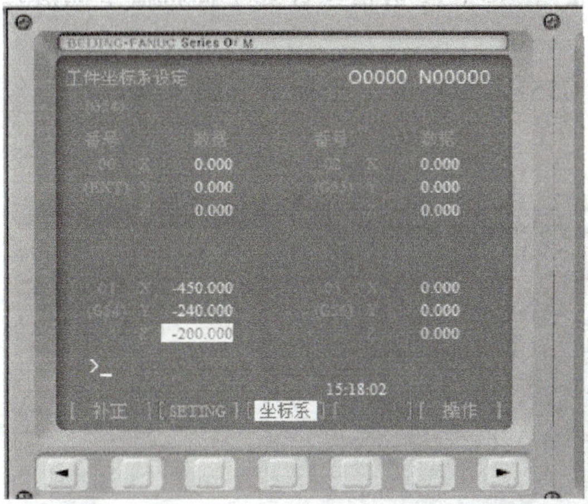

a)

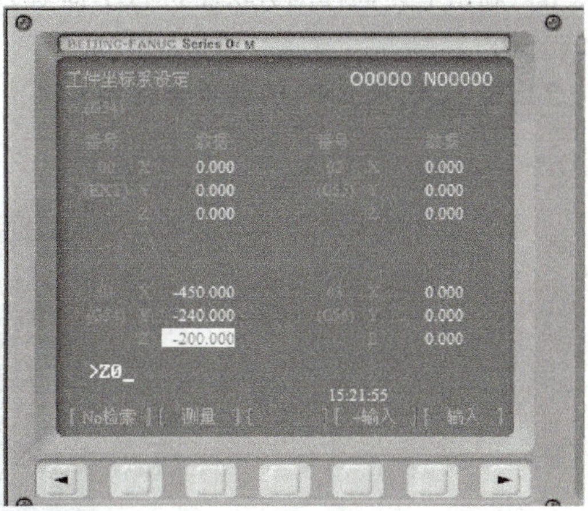

b)

图 1-26　对刀时 G54 的设置界面

（2）Z 轴设定器对刀　利用 Z 轴设定器可进行精确对刀。

在手轮（HANDL）或手动（JOG）方式下，使刀具自上而下缓慢移动，直至刀具接触 Z 轴设定器，此时设定器指示灯亮。然后刀具反向移动，使指示灯灭。逐级降低移动量（0.1mm、0.01mm、0.001mm），重复上述操作，最后使指示灯亮。读取此时机床坐标系下的 Z 坐标值，可利用图 1-26 的两种方法设置 G54 中的 Z 值。

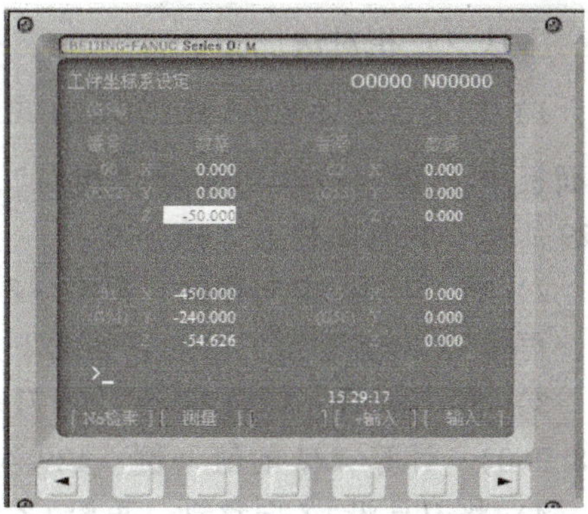

图 1-27　Z 轴设定器 Z 向对刀

注意：利用 Z 轴设定器对刀时，要考虑设定器的高度，可在设置界面中 EXT 的 Z 坐标栏输入高度值（如 Z 轴设定器高度为 50，则输入-50），如图 1-27 所示。

7. X、Y 向对刀

（1）试切对刀　如果工件精度不高，为方便操作，可用所加工时的刀具进行试切对刀。当刀具沿 X、Y 向靠近被测边时，直至铣刀轻微接触到工件表面，听到切削刃与工件的轻微摩擦声。

方法一：对称法

1）手轮 HANDL 方式或手动 JOG 方式下，使刀具移动到工件左侧，记下此时面板上的 X 轴机械坐标值（X_1），如图 1-28 所示。

2）将刀具沿 $-X$ 向移动，再沿 $+Z$ 向移动，超过工件表面，再沿 $+X$ 向运动到工件右侧面，再沿 $-Z$ 向移动至工件上表面的下方。

3）将刀具沿 $-X$ 向移动，使刀具靠近工件右侧面，记下此时 X 轴机械坐标值 X_2，如图

1 PROJECT

1-28 所示。

4）计算 $X_0=(X_1+X_2)/2$，此 X_0 值即为工件中心 X 向的机械坐标值。

5）将 X_0 输入 CNC 的偏置寄存器 G54（或 G55～G59）的 X 坐标下（图 1-26a）。

6）利用上述同样的方法将进行 Y 向对刀，记下 Y_1，Y_2 数值，计算 Y 向机械坐标值 $Y_0=1/2(Y_1+Y_2)$。

7）将 Y_0 输入 CNC 的偏置寄存器 G54（或 G55～G59）的 Y 坐标下（图 1-26a）。

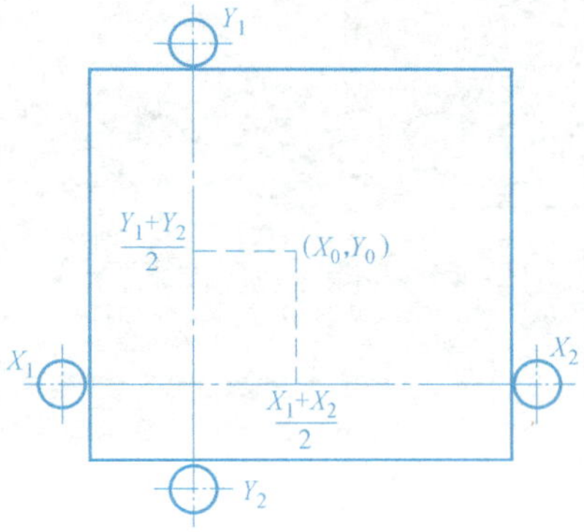

图 1-28　X、Y 方向对刀

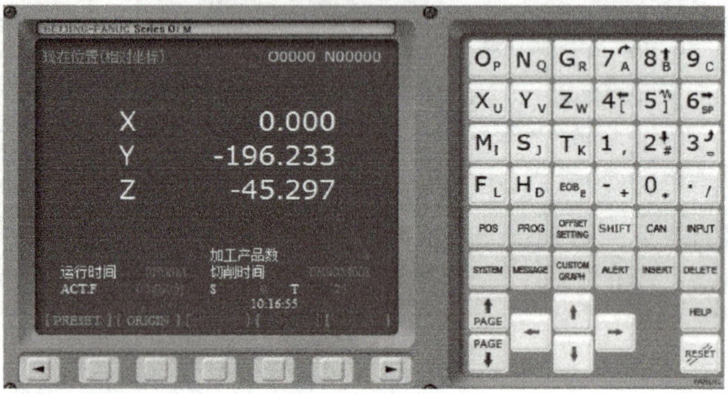

图 1-29　相对置零

方法二：相对法

1）同上，在手轮 HANDL 方式或手动 JOG 方式下，使刀具移动到工件左侧，此时按面板中 POS 键，按软功能键“相对”，按 XU 键，再按软功能键“ORIGN 起源”键，如图 1-29 所示，此时面板上 X 值为 0。

2）将刀具沿 $-X$ 向移动，再沿 $+Z$ 向移动，超过工件表面，再沿 $+X$ 向运动到工件右侧面，再沿 $-Z$ 向移动至工件上表面的下方。

3）将刀具沿 $-X$ 向移动，使刀具靠近工件右侧面，读取此时面板上 X 值（例：258.960），计算 $X/2$ 的值（例：129.480）。

4）将刀具沿 $+X$ 向移动，再沿 $+Z$ 向移动，超过工件表面，再沿 $-X$ 向运动，通过手轮微调等方法，将刀具移动到工件中心位置（129.480）。此时在图 1-26 界面，光标移动到 G54 对应的 X 位置，并在下方输入“X0”，再单击软功能键“测量”，则 X 向对刀完毕。

5）利用上述同样的方法可进行 Y 向对刀。

试切法对刀，会在工件表面留下划痕，对刀精度不高，可采用寻边器进行精确对刀。

（2）寻边器对刀方法　手轮 HANDL 方式或手动 JOG 方式下，使寻边器慢慢沿 X 向移动，使触头靠近工件侧面，此时指示灯亮。然后反向移动，使指示灯灭。逐级降低移动量（0.1mm　0.01mm　0.001mm）重复上述操作，最后使指示灯亮，此时即为 X 向精确坐标，根据实际情况可利用对称法或相对坐标法进行对刀。

8. 程序输入

按编辑键（EDIT）进入编程模式→选择程序键 PROG（PROG）→按下 DIR 软开关键，输新程序名（O0003）→按 INSERT 键→再按程序单输入程序（每段程序后按 EOB 和 INSERT 键）。

9. 自动运行

在编辑状态下，选择所需运行的程序→按自动加工键（AUTO），系统进入自动运行→按循环启动键，系统执行程序，进行数控加工。

如需中途停止程序加工，可按进给暂停键，则机床停止运行，再按循环启动键，机床则恢复运行。

如按复位键（RESERT），则可以中断程序运行。

二、SINUMERIK 802D 系统数控铣床/加工中心的基本操作

（一）机床面板

图 1-30、图 1-31 为机床的系统面板和控制面板。其各键功能见表 1-3。

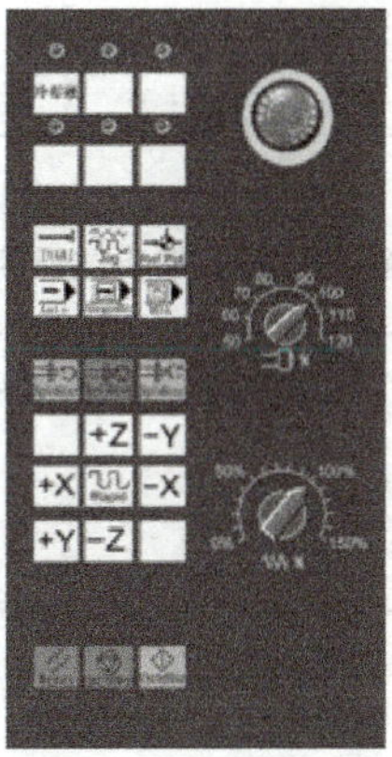

图 1-30　SINUMERIK 802D 系统面板

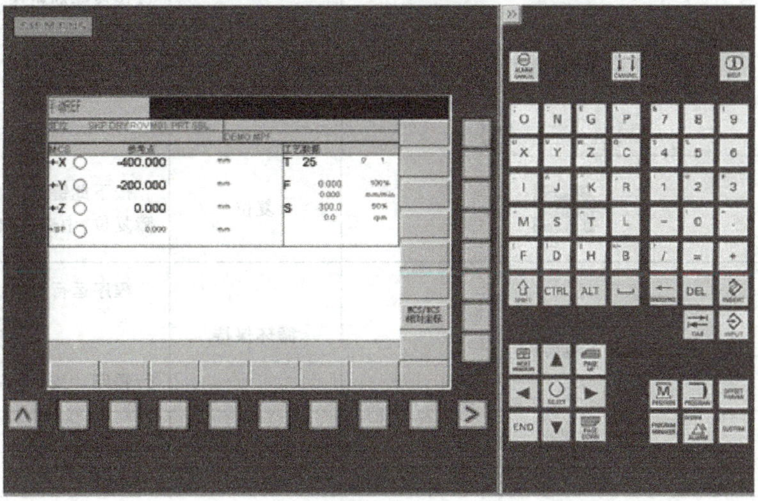

图 1-31　SINUMERIK 802D 系统控制面板

表 1-3　SINUMERIK 802D 系统功能说明

键	名　称	功 能 说 明
	紧急停止	按下急停按钮，使机床移动立即停止，并且所有的输出（如主轴的转动等）都会关闭
	点动距离选择	在单步或手轮方式下，用于选择移动距离
	手动方式	手动方式，连续移动
	回零方式	机床回零；机床必须首先执行回零操作，然后才可以运行
	自动方式	进入自动加工模式
	单段	当此键被按下时，运行程序时每次执行一条数控指令

1 PROJECT

（续）

键	名　　称	功 能 说 明
	手动数据输入（MDA）	单程序段执行模式
	主轴正转	按下此键，主轴开始正转
	主轴停止	按下此键，主轴停止转动
	主轴反转	按下此键，主轴开始反转
	快速键	在手动方式下，按下此键后，再按下移动按钮则可以快速移动机床
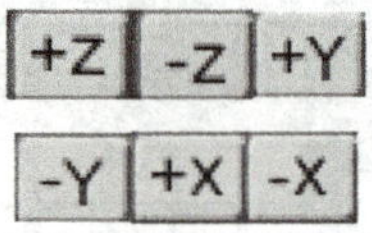	移动键	
	复位	按下此键，复位 CNC 系统，包括取消报警、主轴故障复位、中途退出自动操作循环和输入、输出过程等
	循环保持	程序运行暂停，在程序运行过程中，按下此按钮运行暂停。按  恢复运行
	运行开始	程序运行开始
	主轴倍率修调	将光标移至此旋钮上后，通过单击鼠标的左键或右键来调节主轴倍率
	进给倍率修调	调节数控程序自动运行时的进给速度倍率，调节范围为 0~120%。置光标于旋钮上，单击鼠标左键，旋钮逆时针转动，单击鼠标右键，旋钮顺时针转动
	报警应答键	
	通道转换键	
	信息键	
	上档键	对键上的两种功能进行转换。用了上档键，当按下字符键时，该键上行的字符（除了光标键）就被输出

（续）

键	名　称	功能说明
	空格键	
	删除键（退格键）	自右向左删除字符
	删除键	自左向右删除字符
	插入键	
	制表键	
	回车/输入键	(1)接受一个编辑值。(2)打开、关闭一个文件目录。(3)打开文件
	翻页键	
	加工操作区域键	按此键，进入机床操作区域
	程序操作区域键	
	参数操作区域键	按此键，进入参数操作区域
	程序管理操作区域键	按此键，进入程序管理操作区域
	报警/系统操作区域键	
	选择转换键	一般用于单选、多选框，（当光标后有 U 时使用）
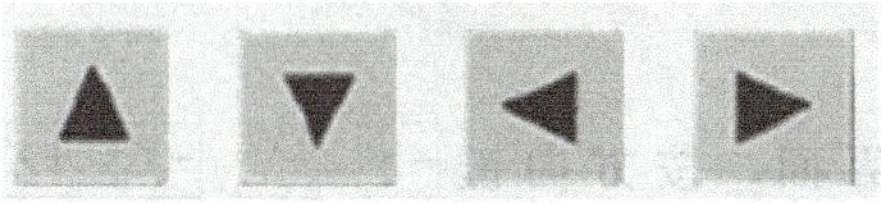	光标键	

1 PROJECT

（续）

键	名　称	功 能 说 明
	返回键	
	菜单扩展键	

（二）基本操作

1. 开机

1）接通机床电源，旋动机床背面开关，使其处于“ON”状态。

2）按下机床操作面板上的“开机”绿色按钮。

3）等待启动界面，系统启动以后进入“加工”操作区“JOG”模式，出现“回参考点窗口”，如图 1-32 所示。

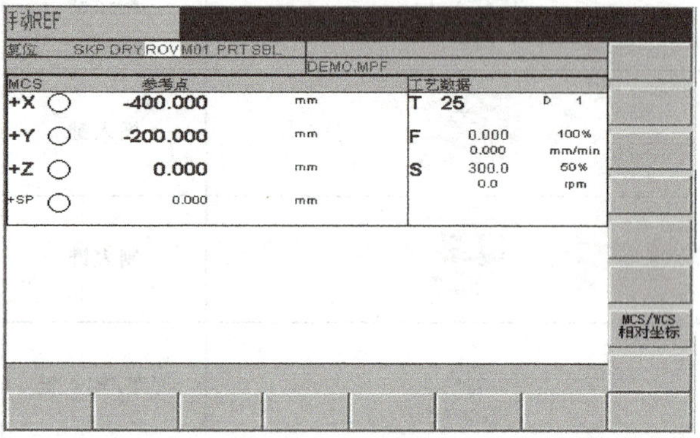

图 1-32　回参考点窗口

2. 回参考点——“加工”操作区

注意：“回参考点”只有在“JOG”模式下可以进行。

1）按键，按顺序点击 +Z　+X　+Y，即可自动回参考点。

2）在“回参考点”窗口中显示该坐标轴是否回参考点，如图 1-33 所示。

　坐标未回参考点

　坐标已到达参考点

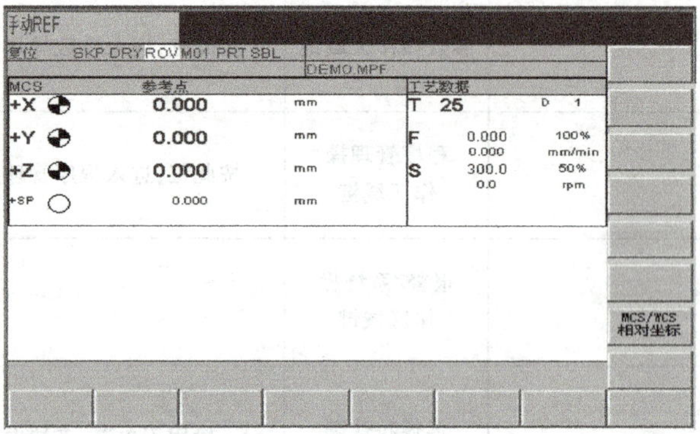

图 1-33　回参考点状态

3. “JOG”模式——“加工”操作区

1）选择JOG 模式，出现如图 1-34 所示的界面。按方向键 -X　-Y　-Z　+X

+Y +Z可以移动三轴。这时，移动速度由进给旋钮控制。

2）如果用鼠标单击Rapid键，则三轴快速移动，再单击一次取消快速移动。

3）连续按VAR键，在显示屏幕左上方显示增量的距离：1INC，10INC，100INC 1000INC（1INC = 0.001mm），三轴以增量移动。

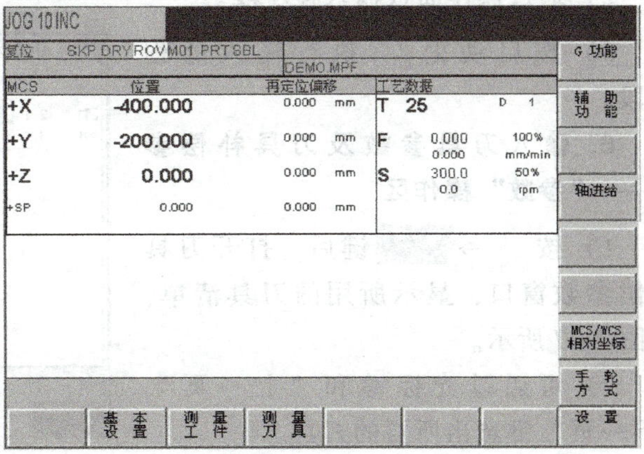

图 1-34　JOG 状态图

4. “手轮”模式——“加工”操作区

1）选择图 1-34 中的“HAND” 手轮方式 运行方式，出现如图 1-35 所示的界面。

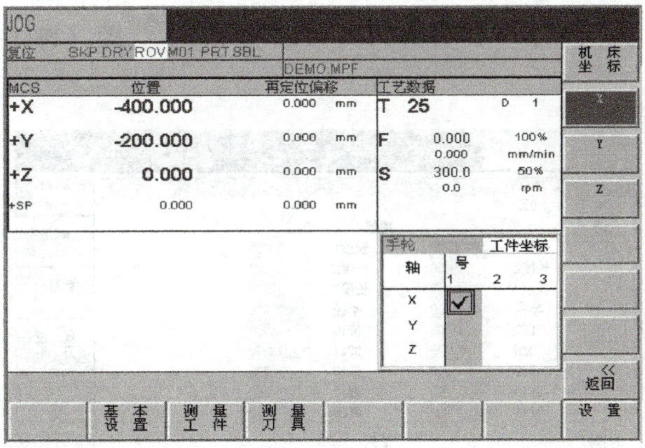

图 1-35　HAND 运行

2）选择 X、Y 或 Z 轴，调节手轮，旋转移动距离。

5. MDA 模式（手动输入）——“加工”操作区

1）选择机床操作面板上的 MDA 键，出现如图 1-36 所示的界面。

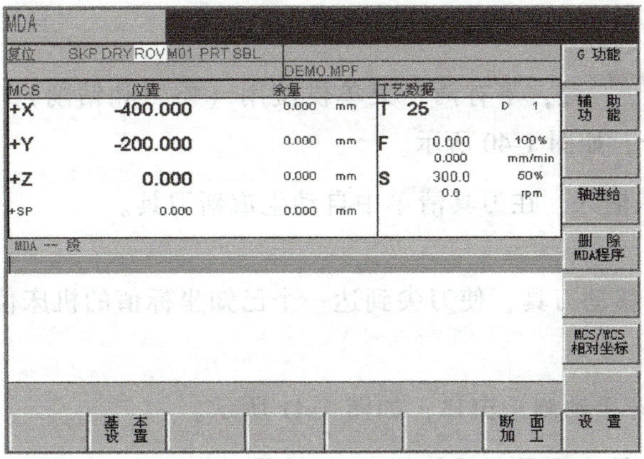

图 1-36　MDA 状态图

2）通过操作面板输入程序段。

3）按启动键 CycleStart 执行输入的程序段。

6. 输入刀具参数及刀具补偿参数——“参数”操作区

1）按 OFFSET PARAM → 刀具表 键后，打开刀具补偿参数窗口，显示所用的刀具清单，如图 1-37 所示。

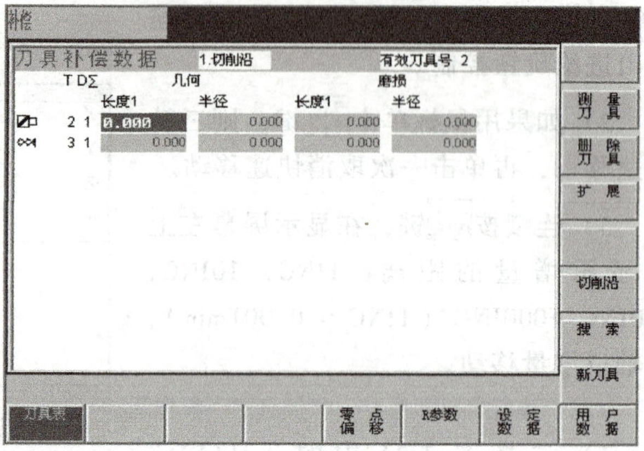

图 1-37　刀具清单

2）可通过光标键和“上一页”、“下一页”键选出所要的刀具。

通过以下步骤输入补偿参数：

① 移动光标选择参数。

② 输入数值。

3）按输入键 INPUT 确认，对于一些特殊刀具可以使用 扩展 键（图 1-37）在图 1-38 所示的界面中，输入参数。

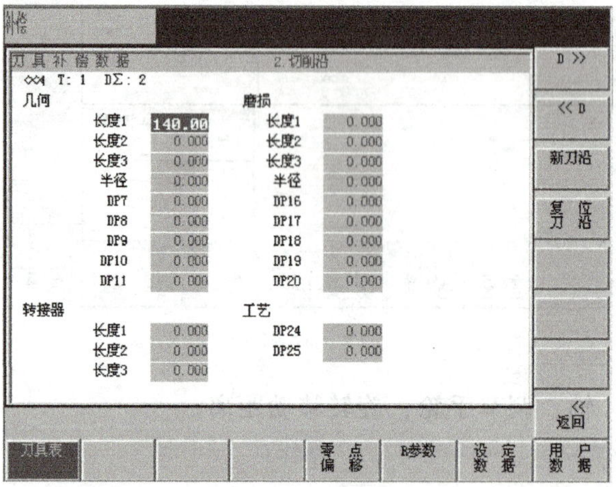

图 1-38　刀具补偿

7. 建立新刀具

1）按图 1-39 中 新刀具 键，下有两个菜单供使用（铣刀和钻削），分别用于选择刀具类型，填入相应的刀具号，如图 1-40 所示。

2）按 确认 键确认输入，在刀具清单中自动生成新刀具。

8. 确定刀具补偿（手动）

在“JOG”方式下移动刀具，使刀尖到达一个已知坐标值的机床位置或试切零件使刀具到工件表面。

1）按 测量刀具 键打开手动测量窗口，如图 1-41 所示。

2）再按 手动测量 键，铣床测量刀具如图 1-42 所示。

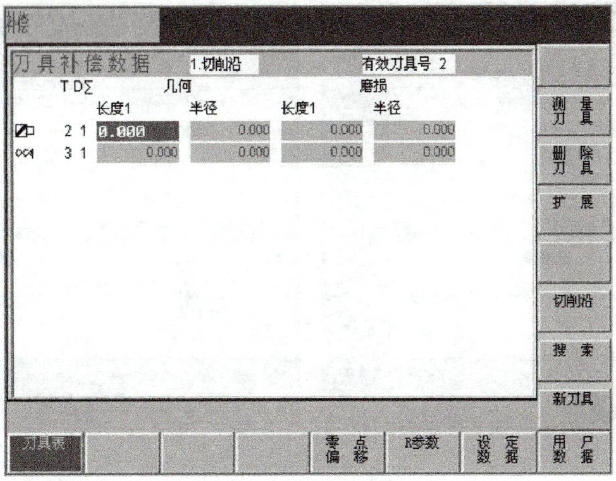

图 1-39　新刀具

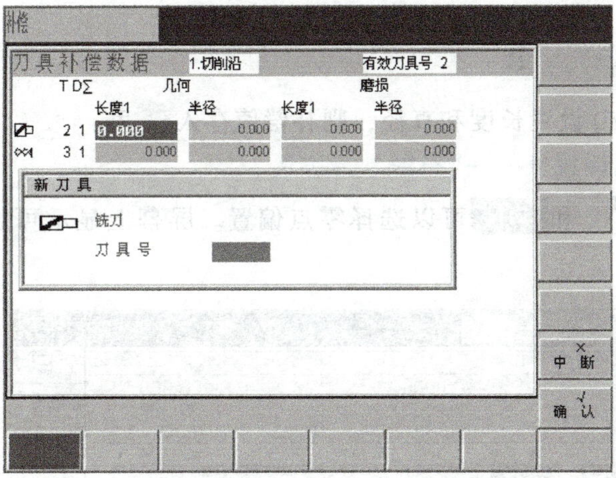

图 1-40　输入刀具号

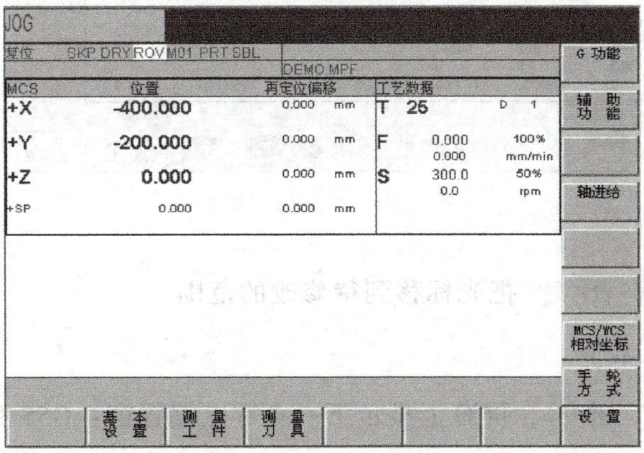

图 1-41　测量窗口

① 分别用长度和直径测量，确定刀具号T××和刀沿号D××（T 1　D 1）

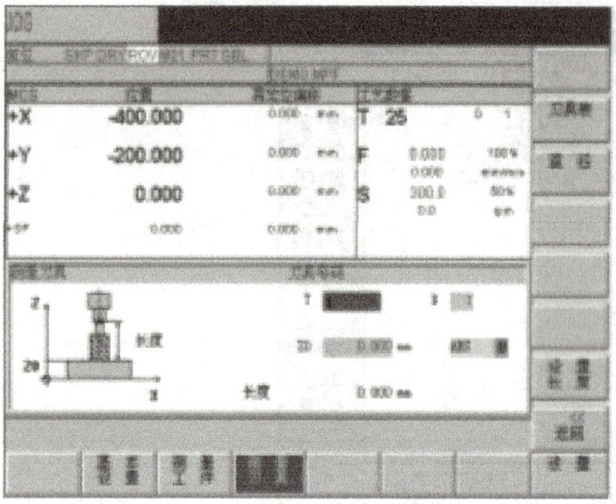

a)

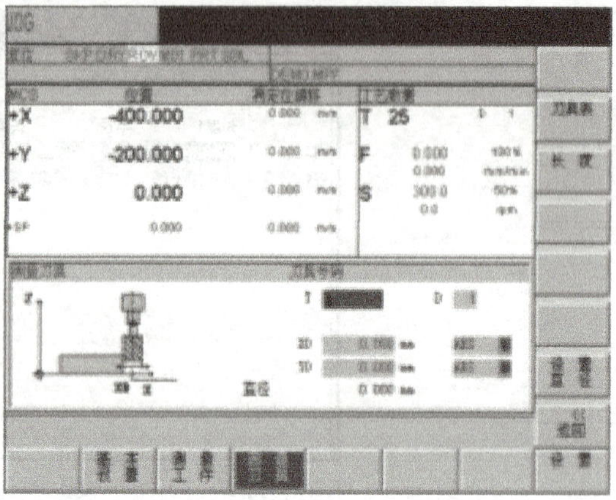

b)

图 1-42　铣床对刀

a）长度测量　b）直径测量

② 选择测量基准ABS U

③ 在 Z0 或 X0、Y0 设置长度和直径，则补偿值存入OFFSET PARAM里。

9. 输入/修改零点偏置值——“参数” 操作区

通过操作软键R参数和零点偏移可以选择零点偏置。屏幕上显示可设定零点偏置的情况，如图 1-43 所示。

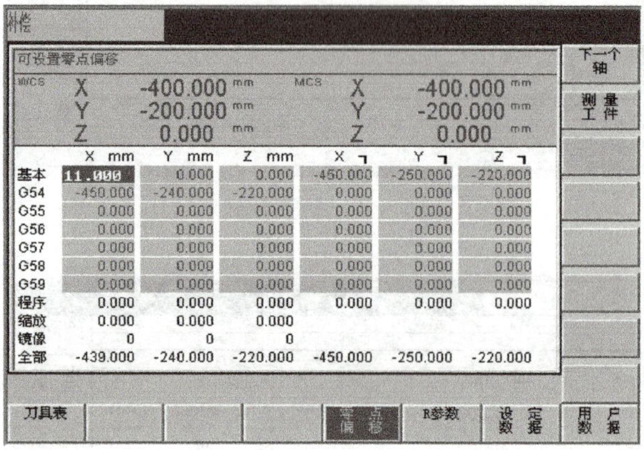

图 1-43　零点偏置窗口

1）用光标键▲ ▼ ◄ ►把光标移到待修改的范围。

2）按 1 ~ 9 输入数值。

3）按“向下翻页”键PAGE DOWN，屏幕上显示下一页零点偏置窗：G55 和 G56。

4）按“返回键”∧取消零点偏置值，直接返回上一级菜单。

10. 计算零点偏置值

在“JOG”模式下可以进行。

1）设当前机床坐标为工件原点位置：在图 1-43 所示的界面下，按软键 测量工件 显示屏幕转换到“加工”操作区，出现对话框用于测量零点偏置。

2）按软键 X 、 Y 等选择轴向，移动光标到“存储在”按 SELECT 选择坐标系（例：G54），移动光标到“设置位置到”中，输入当前所设定的工件坐标系位置。

3）按软键 计算 ，工件零点偏置被存；按软键 中断 退出窗口，如图 1-44 所示。

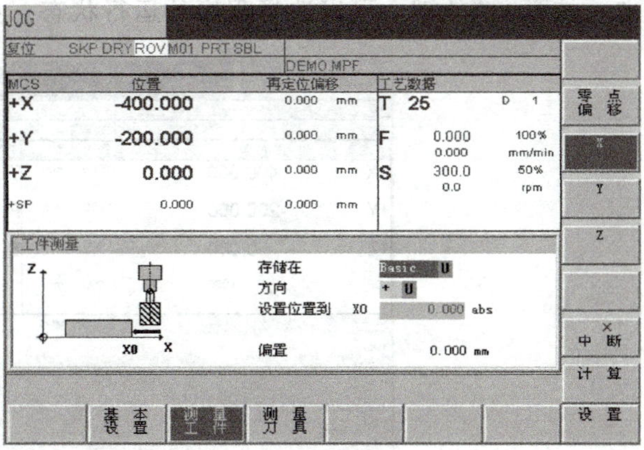

图 1-44　零点偏置

11. 选择和启动零件程序——“加工”操作区

1）按 Auto 选择自动模式。

2）按 PROGRAM MANAGER 打开“程序目录窗口”，如图 1-45 所示。

3）在第一次选择“程序”操作区时会自动显示“零件程序和子程序目录”。用光标键 ▲ ▼ 把光标定位到所选的程序上。

4）按软键 执行 键选择待加工的程序，被选择的程序名称显示在屏幕区“程序名”下。

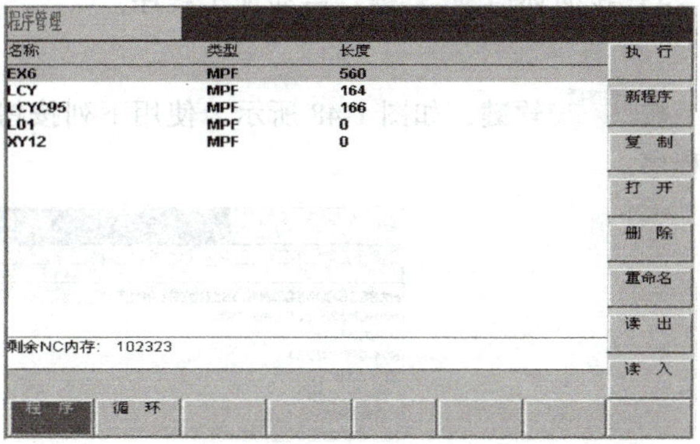

图 1-45　程序目录

12. 自动模式

1）按 Auto 键选择自动模式，如图 1-46 所示。

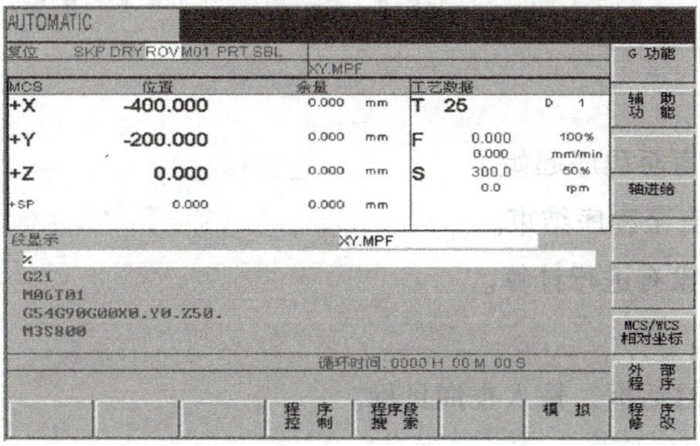

图 1-46　“自动模式”状态图

2）按程序控制软键，可以选择程序的运行状态，如图 1-47 所示。

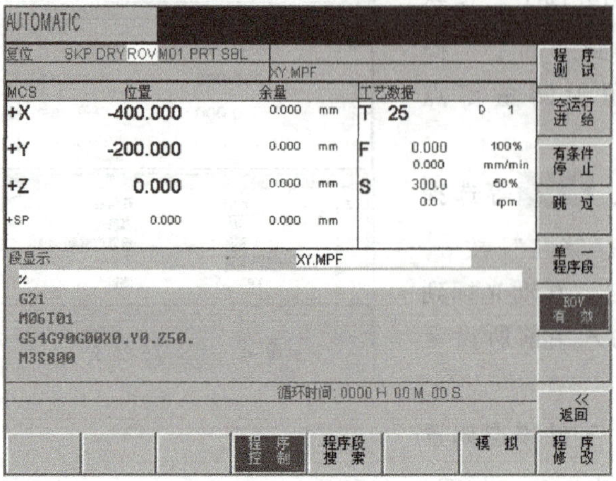

图 1-47　程序控状态

3）按单步循环键，选择单步循环加工。

4）按循环启动键，启动加工程序。

13. 程序段搜索——“加工”操作区

按程序段搜索软键，如图 1-48 所示，使用下列按钮，根据提示输入内容，直到找到所需的零件程序。

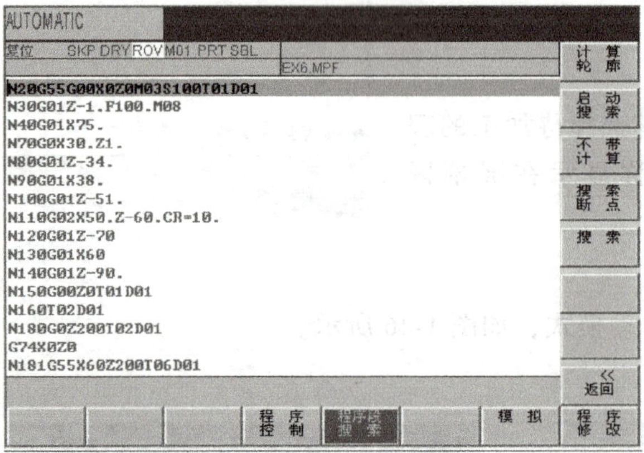

图 1-48　程序段搜索窗口

计算轮廓　程序搜索，直至程序起始。

启动搜索　程序搜索，直至程序结束。

不带计算　程序搜索，没有进行计算。

搜索断点　装载中断点。

搜索　按此键显示对话框，输入查询目标。

14. 输入新程序——“程序”操作区

功能：编制新的零件程序文件。

1 PROJECT

操作步骤：

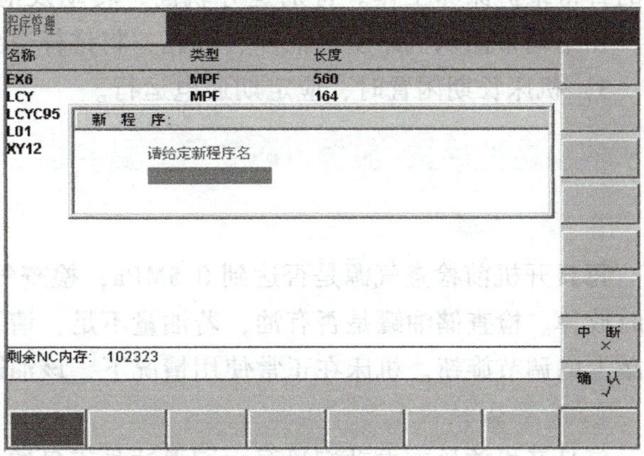

图 1-49　新程序

1）选择 PROGRAM MANAGER → 程序 操作区，显示数控系统中已经存在的程序目录。

2）按 新程序 键，出现如图 1-49 所示的对话窗口，在此输入新的程序名称，在名称后输入扩展名（.mpf 或 .spf），默认为 *.mpf 文件。注意：程式名称前两位必须为字母。

3）按 确认 键确认输入，生成零件程序编辑界面，就可以对新程序进行编辑。

4）用 中断 键结束程序的编制，这样才能返回到程序目录管理层。

三、数控铣床/加工中心的安全生产规则

1. 工作前

1）按规定穿好工作服、安全鞋，并戴上安全帽等，不允许戴手套操作数控机床。

2）检查机械和电气装置，各操作手柄、防护装置等是否安全可靠，设备接地是否牢靠。

3）观察油标指示，检查油量是否合适，油路是否畅通，在规定部位加足润滑油、冷却液。

4）确认润滑、电气、机械各部位是否正常。

5）检查主控制面板及按钮的位置是否正确，清楚紧急停止按钮的准确位置。

2. 工作中

1）每次开机后，必须首先进行回机床参考点的操作。

2）工件和夹具没有固定在工作台上、刀具没有夹紧在主轴上时，禁止起动机床主轴。

3）工作中随时观察各种指示信号、仪表和控制数据，如发现异常现象立即停机，向维修人员报告。

4）工作中必须集中精力，观察机床动作及进给方向与程序相符，不能在机床运行时离开机床，如中途离开时，必须关闭机床工作电源。

5）工作中观察判断铣削、加工声音和机床振动情况是否正常。

6）当发生紧急情况时，应迅速停止程序，必要时可使用紧急停止按钮。

7）当机床因报警而停机时，应先清除报警信息，将主轴安全移出加工位置，确定排除警报故障后，再恢复加工。

8）中断的程序在恢复加工前，应修改数控程序，并缓慢进给至原加工位置，观察修改后的数控程序是否有误，确定无误后再逐渐恢复到正常切削速率。

9）在机床运行期间，操作者决不许进入防护罩内，也不许将身体的任何部位靠近工作台等机床加工区域。

3. 工作后

1）停止设备运转，切断电源、气源等。

2）清扫工作现场，全面擦拭机床。将刀具、工具、量具、材料等物品整理好，并作好设

备的日常维护保养工作。特别是导轨面、转动及滑动面、定位基准面、工作台面等处加油保养，并用绸布擦拭机床主轴锥杆、锥孔，将锥杆退到最短处。

3）机床长期闲置时，应定期通电运行。

四、数控铣床/加工中心的日常维护保养

1. 气压系统

每日开机前检查气源是否达到0.5MPa，检查气路中的气水分离罐中是否有积水，若有应及时放掉。检查储油罐是否有油，若油量不足，请及时补充；若耗油过快或过慢可适当调节此油罐上的调节旋钮。机床在正常使用情况下，该油罐中的油每两月左右添加一次。

2. 润滑系统

每日开机前检查自动润滑泵中润滑油是否足够，如有必要及时补充。开机后，用手按住润滑泵上的强制打油按钮不放，检查压力表指示油压是否达到5~10MPa。若压力过低，可能润滑油路油管破裂或润滑泵自身有问题，应及时维修。

3. 切削液冲刷装置

每日开机前检查切削液箱液位是否正常，不足时应及时补充。每日工作结束时，应将机床切屑冲刷干净，将集屑槽中的切屑清空。至少每半年应将切削液箱彻底清理一次。切削液更换周期依据切削液厂商提供的数据而定，定期更换。

4. 自动换刀装置

对于加工中心，每日运转时应注意换刀动作是否正常、顺畅，有无卡刀现象或异响。若有问题应及时维修。对于机械手换刀型机床，应定期检查刀库旋转机构油箱中是否要加油。至少每三个月应在机械臂锁紧销、刀套上下机构等处，加入适当的润滑脂。对于盘式刀库，应至少每三个月在刀库旋转凸轮机构、刀库左右移动气缸活塞处加入适当的润滑脂。

拓展知识　数控铣削加工工艺

1. 数控铣削加工的主要对象

数控铣削是机械加工中最常用和最主要的数控加工方法之一。数控铣削除了能铣削普通铣床所能铣削的各种零件表面外，还能铣削普通铣床不能铣削的、需要二~五坐标联动的各种平面轮廓和立体轮廓。数控铣床加工内容与加工中心加工内容有许多相似之处，但从实际应用的效果来看，数控铣削加工更多地用于复杂曲面的加工，而加工中心更多地用于有多工序零件的加工。适合数控铣削加工的零件主要有如下几类：

（1）平面类零件　平面类零件是指加工面平行或垂直于水平面，以及加工面与水平面的夹角为一定值的零件，这类加工面可展开为平面，如图1-50所示。目前铣削加工的大多数零件是平面类零件，它是铣削加工中最简单的一类零件，一般只需三坐标两联动即可加工。

（2）曲面类零件　加工面为空间曲面的零件称为曲面类零件。这类零件的加工面不能展成平面，一般使用球头铣刀铣削，加工面与铣刀始终为点接触。

1）行切加工法。采用三坐标进行二轴半联动加工的方法，即行切加工法。如图1-51所示，球头铣刀沿 XZ 平面的曲线进行插补加工，当一段曲线加工完后，沿 Y 方向进给 ΔY 再加工相邻的另一曲线，如此依次用平面曲线来逼近整个曲面。这种加工常用于不太复杂的空间曲

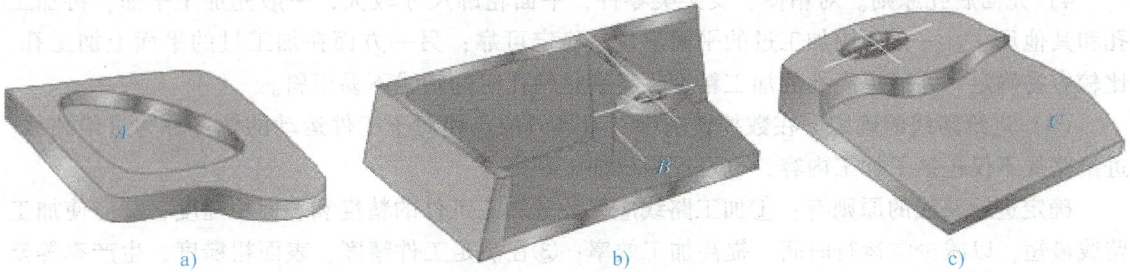

图 1-50　平面类零件

面的加工。

2）三坐标联动加工。三坐标联动加工常用于较复杂空间曲面的加工。这时，数控机床用 X、Y、Z 三坐标可联动进行空间直线插补，实现曲面加工。

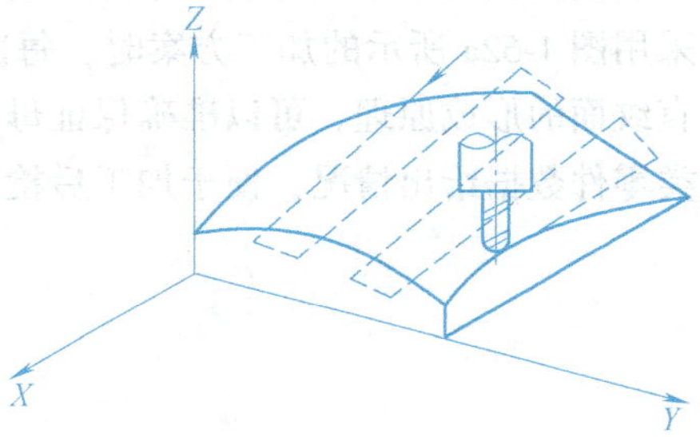

图 1-51　行切加工法

（3）其他在普通铣床难加工的零件

1）形状复杂、尺寸繁多、划线与检测均较困难、在普通铣床上加工又难以观察和控制的零件。

2）高精度零件，即尺寸精度、几何精度和表面粗糙度等要求较高的零件。

3）一致性要求好的零件。在批量生产中，由于数控铣床本身的定位精度和重复定位精度都较高，能够避免在普通铣床加工中因人为因素而造成的多种误差。

2. 数控铣削工艺的制订

（1）零件工艺性分析

1）零件图样尺寸的正确标注。由于加工程序是以准确的坐标点来编制的，因此，各图形几何元素间的相互关系（如相切、相交、垂直和平行等）应明确，各种几何元素的条件要充分，应无引起矛盾的多余尺寸或者影响工序安排的封闭尺寸等。

2）零件的内腔和外表最好采用统一的几何类型和尺寸，以减少刀具规格和换刀次数，方便编程，提高生产率。

（2）工序顺序的安排　在数控铣床及加工中心上加工零件，工序比较集中，在一次装夹中，尽可能完成全部工序。根据数控机床的特点，为保证加工精度，降低生产成本，延长使用寿命，通常在普通机床上进行零件的粗加工，特别是基准面、定位面的粗加工。

铣削零件的加工工序通常包括切削加工工序、热处理工序和辅助工序（包括表面处理、清洗和检验等），这些工序的加工顺序直接影响到零件的加工质量、生产效率和加工成本。

工序顺序的安排通常要考虑如下原则：

1）基面先行原则。用作精基准的表面应优先加工出来。

2）先粗后精原则。各表面的加工顺序按粗加工→半精加工→精加工→光整加工的顺序依次进行，逐步提高表面的加工精度，并减小表面粗糙度值。

3）先主后次原则。零件的主要工作面、装配基面应先加工，从而能及早发现毛坯中主要表面可能出现的缺陷。次要表面可穿插进行，放在主要加工表面加工到一定程度后、最终精加工之前。

4）先面后孔原则。对箱体、支架类零件，平面轮廓尺寸较大，一般先加工平面，再加工孔和其他尺寸。一方面用加工过的平面定位，稳定可靠；另一方面在加工过的平面上加工孔，比较容易确定，并能提高孔的加工精度，特别是钻孔时的轴线不易歪斜。

（3）进给路线的确定　在数控铣削中，刀具刀位点相对于工件运动的轨迹称为进给路线。进给路线不仅包括了加工内容，也可反映出加工顺序。

确定进给路线的原则有：①加工路线应保证被加工工件的精度和表面粗糙度；②应使加工路线最短，以减少空运行时间，提高加工效率；③在满足工件精度、表面粗糙度、生产率等要求的前提下，尽量简化数学处理时的数值计算工作量，以简化编程工作；④当某段进给路线重复使用时，为简化编程、缩短程序长度，应使用子程序。

铣削曲面时，常用球头刀采用"行切法"进行加工。如图 1-52 所示，对于发动机大叶片，当采用图 1-52a 所示的加工方案时，每次沿直线加工，刀位点计算简单，程序少，加工过程符合直纹面的形成原理，可以准确保证母线的直线度；当采用图 1-52b 所示的加工方案时，符合这类零件数据给出情况，便于加工后检验，叶形的准确度高。

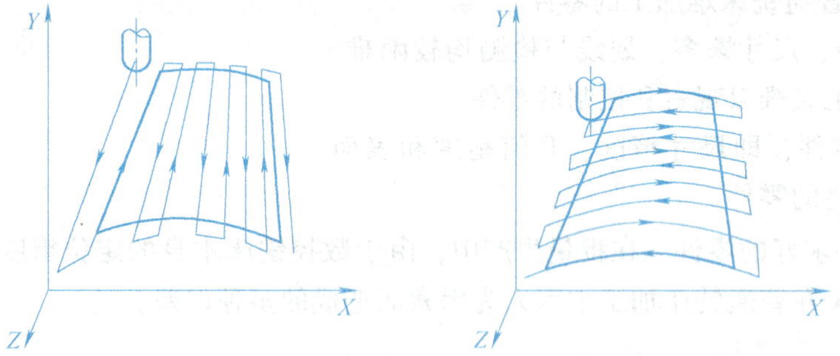

图 1-52　曲面加工进给路线

（4）切削用量的选择　从刀具寿命的角度考虑，切削用量选择的次序是：根据侧吃刀量 a_e 先选较大的背吃刀量 a_p（图 1-53），再选较大的进给量 f，最后再选较大的铣削速度 v_c（转换为主轴转速 n）。

1）背吃刀量 a_p 的选择。当侧吃刀量 $a_e<d/2$（d 为铣刀直径）时，取 $a_p=(1/3\sim1/2)d$；当侧吃刀量 $d/2\leqslant a_e<d$ 时，取 $a_p=(1/4\sim1/3)d$；当侧吃刀量 $a_e=d$（即满刀切削）时，取 $a_p=(1/5\sim1/4)d$。

当机床的刚性较好，且刀具的直径较大时，a_p 可取得更大。

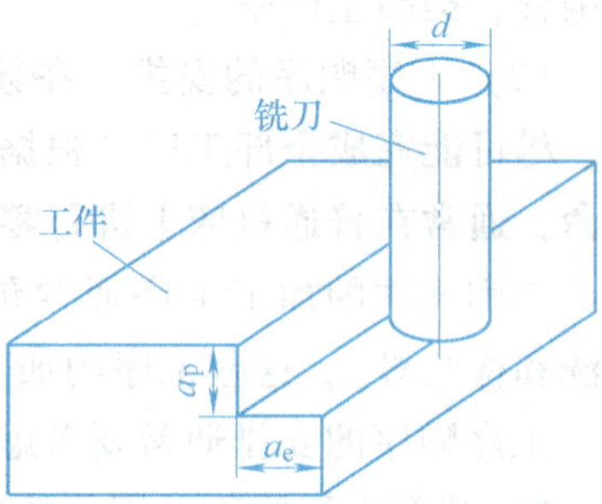

图 1-53　铣刀的侧吃刀量 a_e 和背吃刀量 a_p

2）进给速度 v_f 的选择。粗铣时铣削力大，根据刀具形状、材料以及被加工工件材质的不同，在强度、刚度许可的条件下，进给速度应尽量取大些；精铣时，为了减小工艺系统的弹性变形，减小已加工表面的表面粗糙度值，一般采用较小的进给速度，见表 1-4。进给速度 v_f（单位为 mm/min）或进给量 f（单位为 mm/r）与铣刀每齿进给量 f_z（单位为 mm/z）、铣刀齿数 z 及主轴转速 n（单位为 r/min）的关系为

$$f=f_z z \text{ 或 } v_f=fn \tag{1-1}$$

表 1-4　铣刀每齿进给量 f_z 推荐值　（单位：mm/z）

工件材料	工件材料硬度 HBW	硬质合金		高速钢	
		面铣刀	立铣刀	面铣刀	立铣刀
低碳钢	150~200	0.2~0.35	0.07~0.12	0.15~0.3	0.03~0.18
中、高碳钢	220~300	0.12~0.25	0.07~0.1	0.1~0.2	0.03~0.15
灰铸铁	180~220	0.2~0.4	0.1~0.16	0.15~0.3	0.05~0.15
可锻铸铁	240~280	0.1~0.3	0.06~0.09	0.1~0.2	0.02~0.08
合金钢	220~280	0.1~0.3	0.05~0.08	0.12~0.2	0.03~0.08
工具钢	36HRC	0.12~0.25	0.04~0.08	0.07~0.12	0.03~0.08
铝镁合金	95~100	0.15~0.38	0.08~0.14	0.2~0.3	0.05~0.15

3）铣削速度 v_c 的选择。在背吃刀量和进给量选好后，应在保证合理的刀具寿命、机床功率等因素的前提下确定铣削速度，具体参见表 1-5。主轴转速 n 与铣削速度 v_c 及铣刀直径 d 的关系为

$$n=\frac{1000v_c}{\pi d} \tag{1-2}$$

式中　n——主轴转速（r/min）；

v_c——切削速度（m/min）；

d——工件直径（mm）。

表 1-5　铣刀的铣削速度 v_c　（单位：m/min）

工件材料	铣刀材料					
	碳素钢	高速钢	超高速钢	合金钢	碳化钛	碳化钨
铝合金	75~150	180~300		240~460		300~600
镁合金		180~270				150~600
钼合金		45~100				120~190
黄铜(软)	12~25	20~25		45~75		100~180
黄铜	10~20	20~40		30~50		60~130
灰铸铁(硬)		10~15	10~20	18~28		45~60
冷硬铸铁			10~15	12~18		30~60
可锻铸铁	10~15	20~30	25~40	35~45		75~110
钢(低碳)	10~14	18~28	20~30		45~70	
钢(中碳)	10~15	15~25	18~28		40~60	
钢(高碳)		10~15	12~20		30~45	
合金钢					35~80	
合金钢(硬)					30~60	
高速钢			12~25		45~70	

一些常见的切削参数见附录 B。

1 PROJECT

3. 数控铣削工艺文件

工艺文件既是数控加工和产品验收的依据，也是操作者遵守、执行的规程。其目的是让操作者更明确加工程序的内容、装夹方式、各个加工部位所选用的刀具及其他技术问题。以下提供了常用工艺文件格式，文件格式可根据企业实际情况自行设计。

（1）数控编程任务书　它阐明了工艺人员对数控加工工序的技术要求和工序说明以及数控加工前应保证的加工余量。它是编程人员和工艺人员协调工作和编制数控程序的重要依据之一。数控编程任务书见表 1-6。

表 1-6　数控编程任务书

<table>
<tr><td colspan="2" rowspan="3">工艺处</td><td colspan="4" rowspan="3">数控编程任务书</td><td colspan="2">产品零件图号</td><td></td><td colspan="2">任务书编号</td></tr>
<tr><td colspan="2">零件名称</td><td></td><td colspan="2"></td></tr>
<tr><td colspan="2">使用数控设备</td><td></td><td colspan="2">共　页第　页</td></tr>
<tr><td colspan="11">主要工序说明及技术要求：</td></tr>
<tr><td colspan="6" rowspan="2"></td><td colspan="2">编程收到日期</td><td>月　日</td><td>经手人</td><td></td></tr>
<tr><td colspan="2"></td><td></td><td></td><td></td></tr>
<tr><td>编制</td><td></td><td>审核</td><td></td><td>编程</td><td></td><td>审核</td><td></td><td>批准</td><td colspan="2"></td></tr>
</table>

（2）数控加工工序卡　数控加工工序卡与普通机械加工工序卡有较大区别。数控加工一般采用工序集中，每一加工工序可划分为多个工步，工序卡不仅应包含每一工步的加工内容，还应包含其所用刀具号、刀具规格、主轴转速、进给速度及切削用量等内容。标准的数控加工工序卡见表 1-7，本书采用简化的数控加工工序卡（表 1-8）。

表 1-7　数控加工工序卡

<table>
<tr><td rowspan="2">单位</td><td rowspan="2">数控加工工序卡片</td><td>产品型号</td><td></td><td>零件图号</td><td></td><td colspan="3"></td></tr>
<tr><td>产品名称</td><td></td><td>零件名称</td><td></td><td colspan="2">共　　页</td><td>第　　页</td></tr>
<tr><td colspan="2" rowspan="8"></td><td colspan="2">车间</td><td>工序号</td><td colspan="2">工序名称</td><td colspan="2">材料牌号</td></tr>
<tr><td colspan="2"></td><td></td><td colspan="2"></td><td colspan="2"></td></tr>
<tr><td colspan="2">毛坯种类</td><td>毛坯外形尺寸</td><td colspan="2">毛坯件数</td><td colspan="2">每台件数</td></tr>
<tr><td colspan="2"></td><td></td><td colspan="2"></td><td colspan="2"></td></tr>
<tr><td colspan="2">设备名称</td><td>设备型号</td><td colspan="2">设备编号</td><td colspan="2">同时加工件数</td></tr>
<tr><td colspan="2"></td><td></td><td colspan="2"></td><td colspan="2"></td></tr>
<tr><td colspan="4">夹具编号</td><td>夹具名称</td><td colspan="2">切削液</td></tr>
<tr><td colspan="4"></td><td></td><td colspan="2"></td></tr>
</table>

（续）

工步号	工步内容	工艺装备	主轴转速	切削速度	进给速度	背吃刀量	进给次数	时间定额	
			r/min	m/min	mm/min	mm		机动	辅助
1									
2									
…									

										编制（日期）	审核（日期）	会签（日期）	备注
标记	处数	更改文件号	签字	日期	标记	处记	更改文件号	签字	日期				

表 1-8　简化数控加工工序卡

数控加工工序卡片		工序号		工序内容			
单位		零件名称		零件图号	材料	夹具名称	使用设备
工步号	工步内容	刀具号	刀具规格/mm	主轴转速 n/(r/min)	进给速度 v_c/(mm/ min)	背吃刀量 a_p/mm	备注
1							
2							
…							
编制		审核		批准		第　页	共　页

(3) 数控加工刀具卡　数控加工刀具卡主要反映使用刀具的规格名称、编号、刀具补偿值等内容，它是调刀人员准备刀具、机床操作人员输入刀补参数的主要依据。数控加工刀具卡见表 1-9。

表 1-9　数控加工刀具卡

产品名称或代号			零件名称		零件图号		程序号	
工步号	刀具号	刀具名称	刀具型号规格	刀具		刀尖半径/mm	备注	
				直径/mm	长度/mm			
1								
2								
…								
编制		审核		批准		共　页	第　页	

项目自测题

一、填空题

1. 数控铣床按主轴布局形式可分为__________、__________、__________等。

2. 数控铣床一般有__________、__________、__________、__________、__________等几部分组成。加工中心是带有刀库和__________________的数控铣床。

3. 数控铣刀按材料可以分为：__________、__________、__________、__________、__________等几类。

4. 工厂常用的刀柄型号有__________和__________。

5. 铣削时，Z 轴零点一般设置在工件__________________，当工件对称时，X、Y 轴零点一般设置在______________。

6. 数控铣床适宜按__________、__________、__________、__________原则安排加工工序，以减少换刀次数。

7. 若加工型腔要素，需要刀具在 Z 方向进行切削进给，比较合适的刀具是__________。

二、选择题

1. 铣小平面或台阶面时一般采用（　　）铣刀

A．面铣刀　　B. 键槽铣刀　　C. 立铣刀　　D. 玉米铣刀

2. 数控铣床是一种加工功能强大的数控机床，但不具有（　　）工艺手段。

A. 镗削　　B. 钻削　　C. 螺纹加工　　D. 车削

3. 加工中心与数控铣床编程的主要区别是（　　）。

A. 指令格式　　B. 换刀程序　　C. 宏程序　　D. 指令功能

4. 加工中心与数控铣床结构的主要区别是（　　）

A. 数控系统复杂程序不同　　B. 机床精度不同

C. 有无自动换刀系统　　D. 价格贵

5. 用数控铣床加工较大平面时，应选择（　　）

A．立铣刀　　B. 面铣刀　　C. 鼓形铣刀　　D. 玉米铣刀

6. 通常用球刀加工比较平滑的曲面时，表面的质量不会很高，这是因为（　　）造成的

A. 行距不够密　　B. 球刀切削刃不太锋利

C. 球刀尖的切削速度几乎为零　　D. 刀具材料

7. 确定数控机床坐标系时，最先确定（　　）轴，其次确定（　　）轴，最后根据笛卡儿直角坐标系确定（　　）轴。

A. X　　B. Y　　C. Z　　D. A

8. 用机用平口虎钳装夹工件时，必须使余量层（　　）钳口。

A. 略高于　　B. 略低于　　C. 平齐于　　D. A 大量高于

9. ϕ20mm 立铣刀用于精铣时，其切削刃数较常选用（　　）。

A. 1 刃　　B. 2 刃　　C. 3 刃　　D. 5 刃

10. 在工件上既有平面又有孔需要加工时，可采用（　　）。

A. 粗铣平面—钻孔—精铣平面　　B. 先加工平面，后加工孔

C. 先加工孔，后加工平面　　D. 任一种形式

11. 粗铣时选择切削用量应先选择较大的（　　），这样才能提高效率。

A. f　　B. a_p　　C. v_c　　D. f 和 v_c

12. 选择切削用量时，通常的选择顺序是（　　）

A. 切削速度、背吃刀量、进给量

B. 切削速度、进给量、背吃刀量

C. 背吃刀量、进给量、切削速度

13. 铣刀直径为 50mm，铣削铸铁时其切削速度为 20m/min，则其主轴转速为（　　）

A. 60r/min　　B. 120r/min　　C. 240r/min　　D. 128r/min

14. 数控机床长期不用时最重要的日常维护工作是（　　）

A. 清洁　　B. 干燥　　C. 通电

15. 数控机床每次接通电源后，运行前首先要做机床操作的是（　　）。

A. 检查刀具安装　B. 检查工件安装　C. 机床各轴回参考点

三、判断题

1. 立式铣床工作台是垂直的，卧式铣床工作台是水平的。（　　）

2. 机床原点是机床一个固定不变的极限点。（　　）

3. 常用的数控机床不回参考点也能正常工作。（　　）

4. 平口虎钳装夹在工作台上一般不需找正。（　　）

5. BT40 比 BT50 刀柄尺寸型号要大。（　　）

6. 锥柄铰刀的锥度常用莫氏锥度。（　　）

7. 铣削零件轮廓时进给路线对加工精度和表面质量无直接影响。　（　　）

8. 粗铣平面时，因加工表面质量不均，选择铣刀时直径要小一些。精铣时，铣刀直径要大，最好能包容加工面宽度。（　　）

9. 用面铣刀铣平面时，铣刀刀齿参差不齐，对铣出平面的平面度精度高低没有影响。（　　）

10. 同一工件，无论用数控机床还是普通机床加工，其工序都一样。（　　）

11. 铣刀直径为 100mm，以 25m/min 速度铣削，其每分钟转数为 40。（　　）

12. 铣削中发生紧急状况时，必须先按紧急停止开关。（　　）

四、简答题

1. 数控加工对刀具有哪些要求？

2. 对刀的目的是什么？对刀的过程是什么？

3. 确定铣刀进给路线时，应考虑哪些问题？

4. 数控铣床开关机时应注意哪些事项？开机时回参考点的目的是什么？

项目二 槽类零件的加工

项目目标

1. 了解槽类零件的数控铣削加工工艺，合理安排槽加工的进给路线，正确选择数控加工参数。

2. 正确选择和安装铣削刀具，掌握对刀的方法并能进行对刀正确性的检验。

3. 掌握工件坐标系的设定方法。

4. 了解数控铣削程序的基本结构，正确编制槽类零件的数控加工程序。

5. 进一步掌握数控铣床的操作流程，培养操作技能和文明生产的习惯。

6. 掌握检测量具的使用，能对槽类工件做简单质量分析。

项目任务一 直槽的加工

如图 2-1 所示，已知毛坯外形各基准面已加工完毕，规格为 120mm×120mm×10mm，材

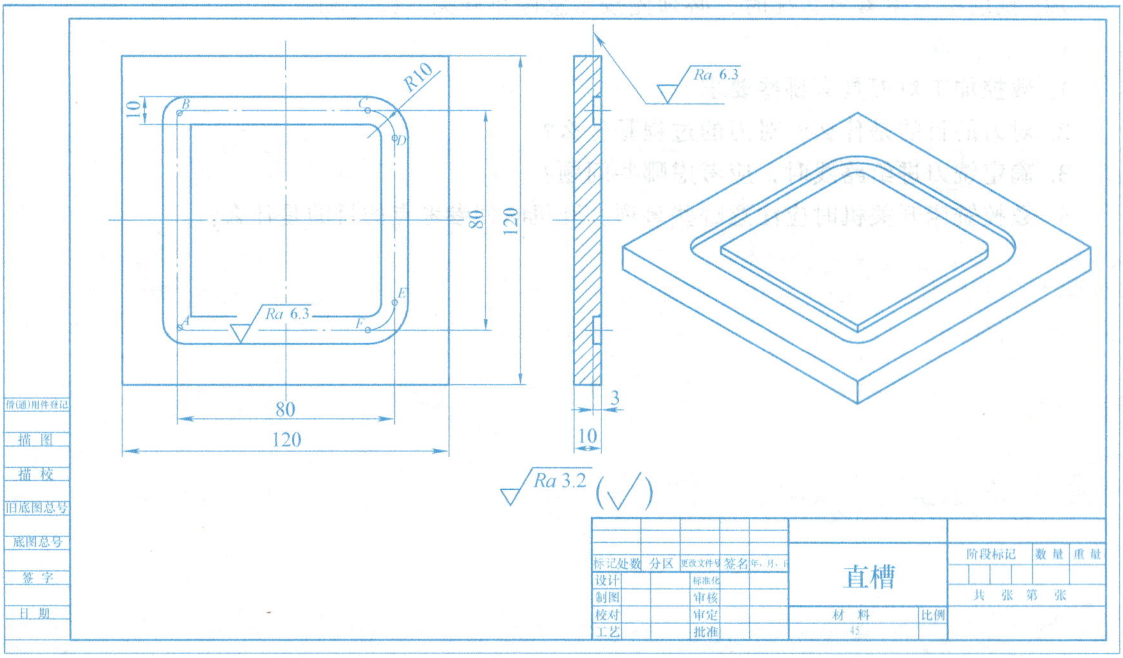

图 2-1 直槽

料为 45 钢，要求编制直槽的零件加工程序并完成零件的加工。

相关知识

一、槽加工的工艺

1. 刀具选择

对于封闭的直沟槽一般采用两刃键槽铣刀加工，如图 2-2 所示。键槽铣刀的圆柱面和端面均有切削刃，且端面刃延至刀具中心。键槽铣刀加工时，不必预先钻孔，可以先轴向加工到槽深，再沿槽的方向铣削，键槽铣刀尺寸精度较高，其直径的基本偏差有 d8 和 e8 两种。

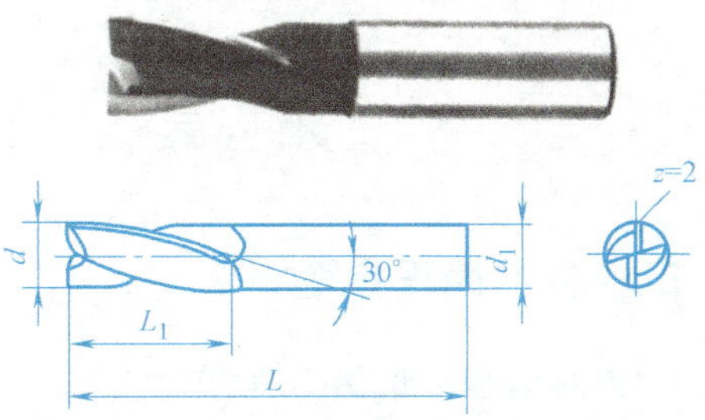

图 2-2　键槽铣刀

2. 槽的铣削方法

槽的铣削可采用轨迹法或型腔法。轨迹法实际是成型铣削，刀具沿槽的方向运动的轨迹就是槽的形状，其尺寸由刀具的尺寸决定，如图 2-3 所示。为保证加工精度，可以把槽看成细长的型腔，进行型腔加工如图 2-4 所示。

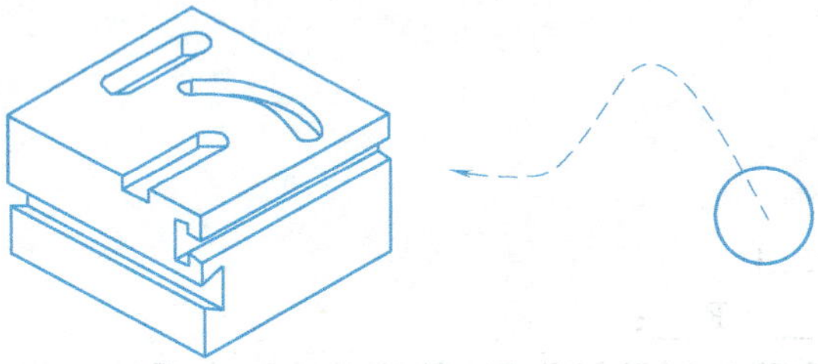
图 2-3　轨迹法加工

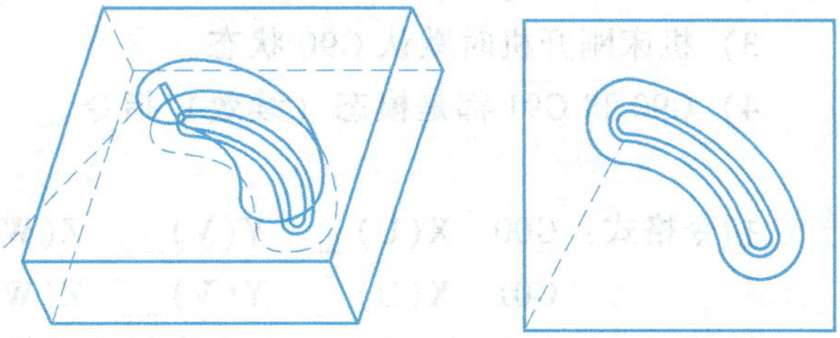
图 2-4　型腔法加工

二、工件坐标系的设定

指令格式：G54/G55/G56/G57/G58/G59

说明：1）G54~G59 指令可以分别用来选择相应的工件坐标系，工件坐标系是通过 CRT/MDI 方式进行工件设置的。在电源接通并返回参考点后，系统自动选择 G54 坐标系。

2）G54~G59 为模态指令，可相互取消。

3）在加工比较复杂的零件时，为编程方便，可用 G54~G59 指令对不同的加工部位设定不同的工件坐标系，但这些工件坐标系原点的值，在参数设置方式下应输入到相应的位置。

例 2-1　如图 2-5 所示，利用工件坐标系编程，要求刀具从当前点移动到 *A* 点，再从 *A* 点移动到 *B* 点。

程序：G54　G00　G90　X30　Y40；（到达 *A* 点）

　　　G55　G00　X20　Y20；（到达 *B* 点）

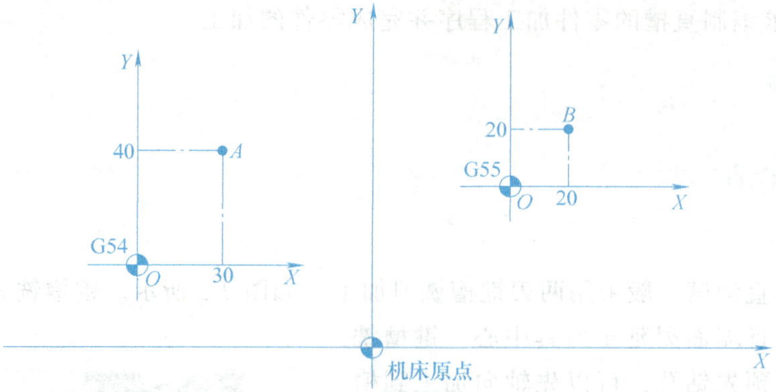

图 2-5　利用工件坐标系编程

三、基本编程指令

1. 绝对编程和增量编程指令

指令格式：G90/G91

说明：1）G90 绝对编程方式下，每个编程坐标轴上的编程值是相对于编程原点而言的。

2）G91 增量编程方式下，每个编程坐标轴上的编程值是相对于前一位置而言的，该值等于轴移动的距离。

3）机床刚开机时默认 G90 状态。

4）G90 和 G91 都是模态（续效）指令。

2. 点位控制和直线插补指令

指令格式：G00　X(U)__　Y(V)__　Z(W)__;

　　　　　G01　X(U)__　Y(V)__　Z(W)__　F__;

说明:1)在 G00 时,刀具以点位控制方式快速移动到目标位置,其移动速度由系统来设定。因此要注意刀具在运动过程中是否与工件及夹具发生干涉。

2)在 G01 时,刀具以 F 指定的进给速度移动到目标位置。

3)G00、G01、F 都是模态(续效)指令,在程序的第一个 G01 后必须规定一个 F 值,F 值一直有效,直到指定新值。

3. 圆弧编程指令

指令格式：

$$XY\text{ 平面},G17\left\{\begin{matrix}G02\\G03\end{matrix}\right\}X(U)\_\ \ Y(V)\_\left\{\begin{matrix}I\_\ \ J\_\\R\_\end{matrix}\right\}F\_;$$

$$ZX\text{ 平面},G18\left\{\begin{matrix}G02\\G03\end{matrix}\right\}X(U)\_\ \ Z(W)\_\left\{\begin{matrix}I\_\ \ K\_\\R\_\end{matrix}\right\}F\_;$$

$$YZ\text{ 平面},G19\left\{\begin{matrix}G02\\G03\end{matrix}\right\}Y(V)\_\ \ Z(W)\_\left\{\begin{matrix}J\_\ \ K\_\\R\_\end{matrix}\right\}F\_;$$

说明：1）G17/G18/G19 表示圆弧加工所在平面，为模态指令。G17 设定为 *XY* 平面，G18 设定为 *ZX* 平面，G19 设定为 *YZ* 平面，多数数控系统默认为 *XY* 平面。

2 PROJECT

2）G02 为顺时针圆弧插补指令，G03 为逆时针圆弧插补指令。

圆弧顺逆方向的判别：沿着不在圆弧平面内的坐标轴，由正方向向负方向看，顺时针方向为 G02，逆时针方向为 G03，如图 2-6 所示。

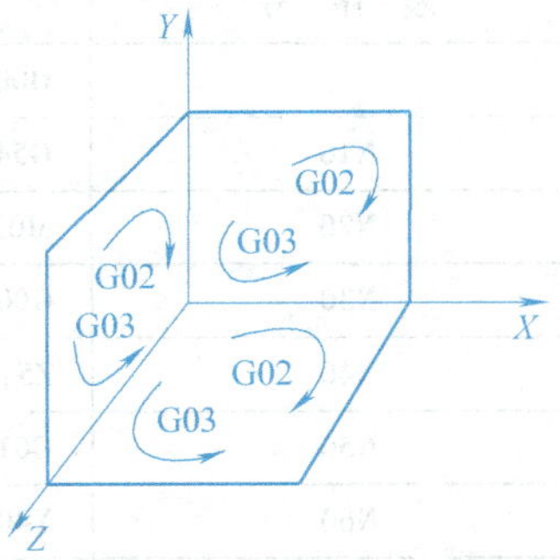

图 2-6　圆弧方向判别

3）X(U)、Y(V)、Z(W)是指圆弧插补的终点坐标值。

4）I、J、K 是指圆弧圆心到起点的增量坐标，与 G90、G91 无关。I、J、K 是矢量值，并且 I0、J0、K0 可以省略，但 I、J、K 不能同时为零。

5）R 为指定圆弧半径，当圆弧的圆心角≤180°时，R 值为正；当圆弧的圆心角>180°时，R 值为负。

6）整圆编程。当圆弧起点和终点相同且圆心用 I、J、K 指定时，即可进行 360°整圆编程。

注意：如果圆心 I、J、K 和半径 R 同时指定，由地址 R 指定的圆弧优先，其余被忽略。

项目实施

一、制订零件的加工工艺

1. 零件结构及技术要求分析

1）如图 2-1 所示，零件主体加工结构为一“口”形直槽。

2）零件尺寸要求不高。

2. 零件加工工艺及工装分析

1）零件采用机用平口虎钳装夹，注意零件装夹在钳口中间，伸出钳口 4mm 左右，以免刀具与钳口干涉。

2）加工方法：在一次装夹中完成直槽加工。

3）刀具选择：ϕ10mm 键槽铣刀。

3. 数控加工工序卡

填写表 2-1 所示的数控加工工序卡。

表 2-1　直槽零件数控加工工序卡

数控加工工序卡片		工序号		工序内容			
单位		零件名称		零件图号	材料	夹具名称	使用设备
		直槽		2-1	45 钢	机用平口虎钳	数控铣床
工步号	工步内容	刀具号	刀具规格/mm	主轴转速 n /(r/min)	进给速度 v_f /(mm/min)	背吃刀量 a_p /mm	备注
1	铣直槽	T01	ϕ10 键槽铣刀	1000	100	3	
编制		审核		批准		第　页	共　页

二、编制数控加工程序

选取图 2-1 所示工件的上表面中心为编程原点，FANUC 0i M 系统数控铣削加工程序见表 2-2。

表 2-2 FANUC 0i M 数控铣削加工程序

顺 序 号	程 序	注 释
	O0001;	程序名
N10	G54 G90 G17;	建立工件坐标系
N20	M03 S1000;	
N30	G00 X-40 Y-40;	*A* 点定位
N40	Z5;	
N50	G01 Z-3 F100;	
N60	Y40;	*B* 点定位
N70	X30;	*C* 点定位
N80	G02 X40 Y30 R10;	*D* 点定位
N90	G01 Y-30;	*E* 点定位
N100	G02 X30 Y-40 R10;	*F* 点定位
N110	G01 X-40;	*A* 点定位
N120	G00 Z100;	
N130	M05;	
N140	M30;	

三、零件的数控加工（FANUC 0i M）

1）选择机床、数控系统并开机。
2）机床各轴回参考点。
3）安装工件。
4）安装刀具并对刀。
5）输入加工程序，并检查调试。
6）手动移动刀具退至距离工件较远处。
7）自动加工。
8）测量工件，对工件进行误差与质量分析并优化程序。

2-1 虚拟加工 2-2 机床加工

零件检测及评分见表 2-3。

表 2-3 零件检测及评分表

<table>
<tr><td colspan="2">准考证号</td><td colspan="2"></td><td>操作时间</td><td></td><td>总得分</td><td></td></tr>
<tr><td colspan="2">工件编号</td><td colspan="2"></td><td colspan="2">系统类型</td><td colspan="2"></td></tr>
<tr><td colspan="2">考核项目</td><td>序号</td><td>考核内容与要求</td><td>配分</td><td>评分标准</td><td>检测结果</td><td>得分</td></tr>
<tr><td rowspan="5">工件加工评分（60%）</td><td rowspan="5">直槽</td><td>1</td><td>80mm，80mm</td><td>18</td><td>超差无分</td><td></td><td></td></tr>
<tr><td>2</td><td>R10mm</td><td>9</td><td>不符要求无分</td><td></td><td></td></tr>
<tr><td>3</td><td>10mm，3mm（各 4 处）</td><td>16</td><td>超差无分</td><td></td><td></td></tr>
<tr><td>4</td><td>Ra6.3μm</td><td>12</td><td>每处降 1 级，扣 2 分</td><td></td><td></td></tr>
<tr><td>5</td><td>按时完成，无缺陷</td><td>5</td><td>缺陷一处扣 2 分，未按时完成全扣</td><td></td><td></td></tr>
</table>

2 PROJECT

（续）

考核项目	序号	考核内容与要求	配分	评分标准	检测结果	得分
程序与工艺（30%）	6	工艺制订合理，选择刀具正确	10	每错一处扣1分		
	7	指令应用合理、得当、正确	10	每错一处扣1分		
	8	程序格式正确、符合工艺要求	10	每错一处扣1分		
现场操作规范（10%）	9	刀具的正确使用	2			
	10	量具的正确使用	3			
	11	刃的正确使用	3			
	12	设备正确操作和维护保养	2			
	13	安全操作	倒扣	出现安全事故时停止操作；酌情扣5~30分		

项目任务二　圆弧槽的加工

如图2-7所示，已知毛坯外形各基准面已加工完毕，规格为120mm×120mm×40mm，材料为铝合金，要求编制零件上各种槽的加工程序并完成零件上槽的加工（切深3mm）。

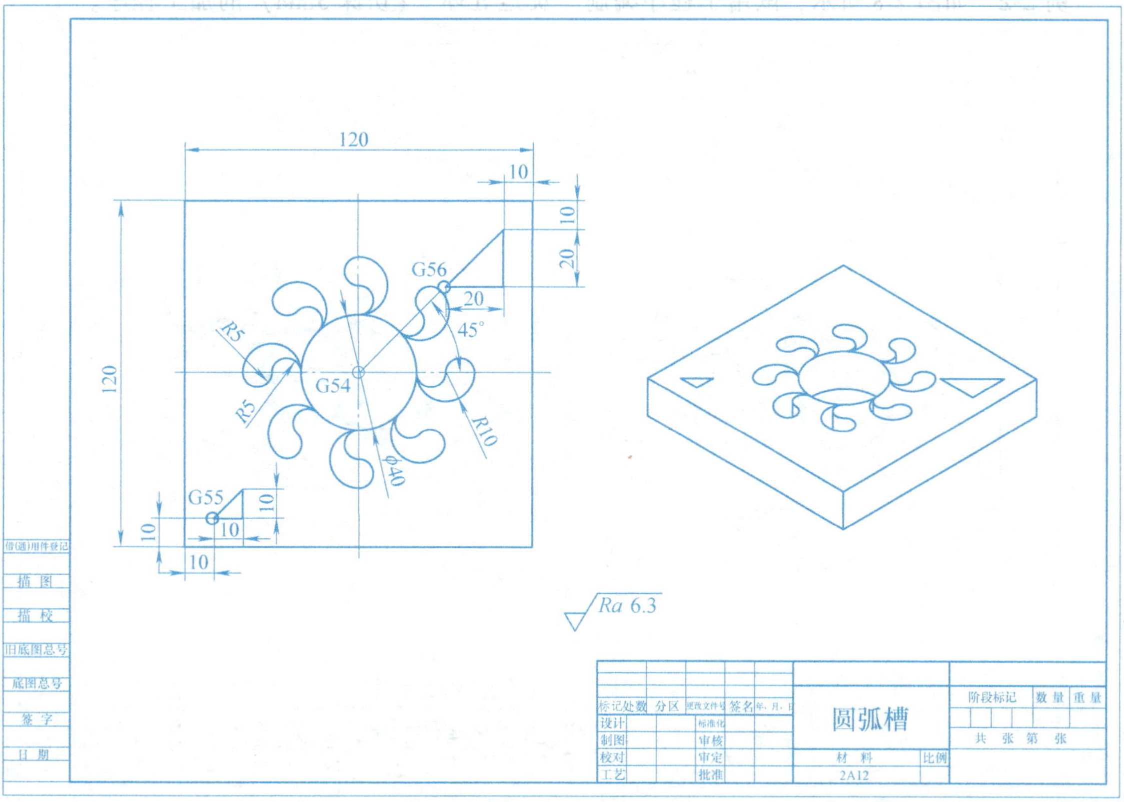

图2-7　圆弧槽

2 PROJECT

相关知识

一、子程序

1. 子程序格式

O××××；（子程序号，由 1~4 位数字组成）

…

…

M99；（子程序结束字）

说明：子程序号与主程序基本相同。只是程序结束字用 M99 表示，表示子程序结束并返回。

2. 子程序调用

M98 P△△△△ ××××

××××——被调用的子程序号

△△△△——重复调用次数(省略时表示调用一次)

M98 P3 0023 表示调用 3 次程序名为 O0023 的子程序。

说明：在 FANUC 0i 系统中，子程序还可以调用另一个子程序，嵌套深度为 4 级。

例 2-2 如图 2-8 所示，试用子程序编制“奥运五环”（切深 5mm）的加工程序。

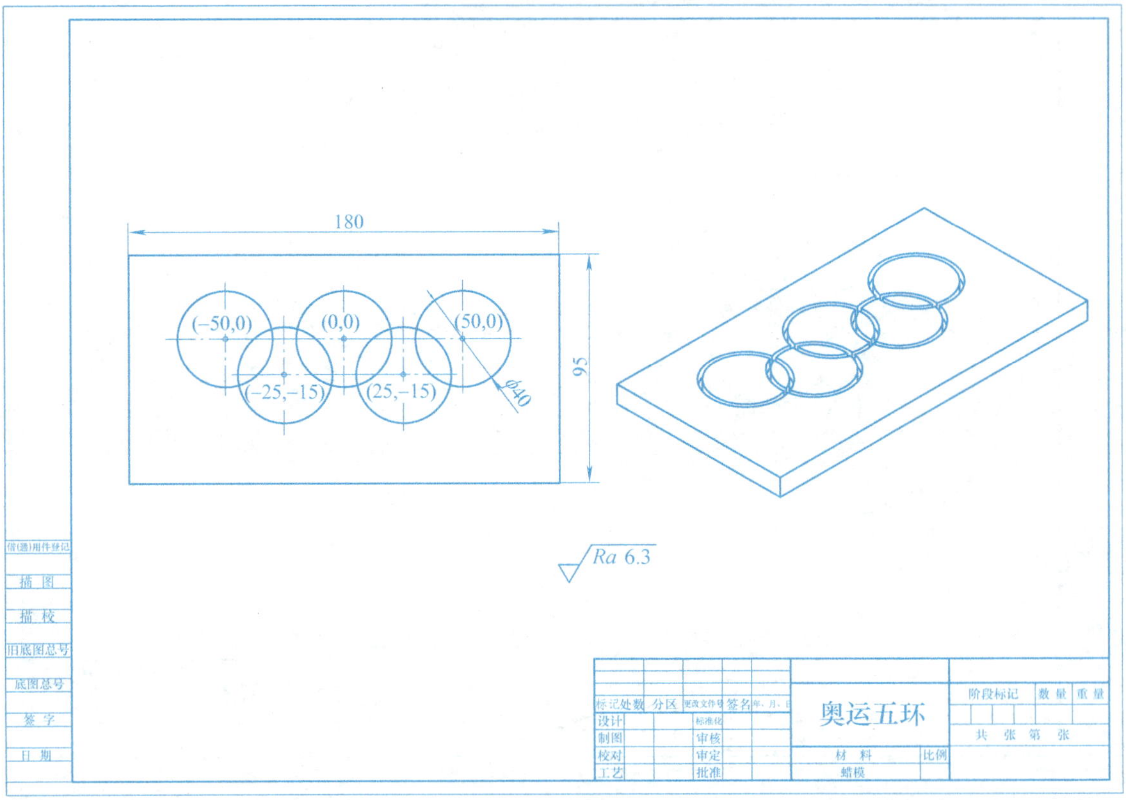

图 2-8 奥运五环

分析：由于在平面上加工，故采用 ϕ10mm 键槽铣刀加工。数控加工工序卡见表 2-4。数控铣削加工程序见表 2-5。

表 2-4 “奥运五环”零件数控加工工序卡

数控加工工序卡片			工序号		工序内容			
单位			零件名称		零件图号	材料	夹具名称	使用设备
			奥运五环		2-8	铝合金	机用平口虎钳	数控铣床
工步号	程序号	工步内容	刀具号	刀具规格/mm	主轴转速 n/(r/min)	进给速度 v_f/(mm/min)	背吃刀量 a_p/mm	备注
1	O0002	主程序	T01	ϕ10 键槽铣刀	1000	200	5	
2	O0022	子程序	T01	ϕ10 键槽铣刀	1000	200	5	
编制			审核		批准		第　页	共　页

表 2-5 “奥运五环”零件数控铣削加工程序

顺 序 号	程 序	注 释
	O0002;	主程序名
N10	G54 G90 G17;	建立工件坐标系
N20	M03 S1000;	
N30	G90 G00 X-50 Y0 Z10;	
N40	M98 P0022;	调用圆子程序
N50	G90 G00 X50 Y0;	
N60	M98 P0022;	调用圆子程序
N70	G90 G00 X0 Y0;	
N80	M98 P0022;	调用圆子程序
N90	G90 G00 X-25 Y-15;	
N100	M98 P0022;	调用圆子程序
N110	G90 G00 X25 Y-15;	
N120	M98 P0022;	调用圆子程序
N130	M05;	
N140	M30;	
	O0022;	子程序名
N10	G91 G00 X-20;	
N20	G01 Z-15 F200;	
N30	G02 X0 Y0 I20 J0;	
N40	G90 G00 Z10;	
N50	M99;	子程序结束

二、缩放镜像指令

1. 沿所有轴以相同比例缩放

指令格式：G51 X__ Y__ Z__ P__;

…

G50；

说明：1）X、Y、Z 表示比例中心坐标。

2）P 表示比例系数，最小输入量为 0.001，比例系数的范围为 0.001～999.999。该指令以后的移动指令，从比例中心点开始，实际移动量为原数值的 *P* 倍。*P* 值对偏移量无影响。

2. 沿各轴以不同比例缩放

指令格式：G51　X__　Y__　Z__　I__　J__　K__；

…

G50；

说明：1）X、Y、Z 表示比例中心坐标（绝对方式）。

2）I、J、K 表示对应 *X*、*Y*、*Z* 轴的比例系数，在±0.001～±9.999 范围内。系统一般设定 I、J、K 不能带小数点，即比例为 1 时，应输入 1000。

3）当各轴用不同比例缩放，缩放比例为“-1”时，可获得镜像加工功能。

注意：1）对于圆弧，各轴指定不同的缩放比例，刀具也不会走出椭圆轨迹。

2）具有刀具补偿时，要先进行缩放，才可进行刀具半径补偿和刀具长度补偿。

例 2-3　如图 2-9 所示，试用缩放镜像指令编程。

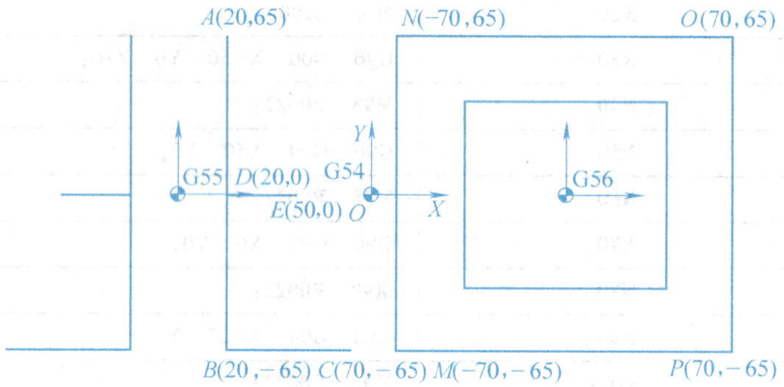

图 2-9　“北回”示意图

图形分析：零件轮廓较为对称，以零件对称中心作为 G54 工件原点，G55 的坐标为（-80，0），G56 的坐标为（80，0），G54、G55、G56 在加工前已在机床中设置完参数。图案由“北”和“回”两个小图案组成，“北”可由 *Y* 轴镜像功能加工，“回”可由图形缩放功能加工。数控铣削加工程序见表 2-6。

表 2-6　“北回”的数控铣削加工程序

顺序号	程序	注释
	O0001；	主程序名
N10	G54　G90　G17；	建立 G54 坐标系
N20	M03　S1000；	
N30	G55　G90　G00　X0　Y0　Z10；	调 G55 坐标系
N40	M98　P0002；	调用子程序
N50	G51　X0　Y0　I-1　J1；	建立 *Y* 轴镜像
N60	M98　P0002；	调用子程序
N70	G50；	
N80	G56　G90　G00　X0　Y0　Z10；	调 G56 坐标系

（续）

顺　序　号	程　　序	注　　释
N90	M98　P0003；	调用子程序
N100	G51　X0　Y0　P0.6；	缩放 0.6 倍
N110	M98　P0003；	调子程序
N120	G50；	取消缩放功能
N130	M05；	
N140	M30；	
	O0002；	子程序名
N10	G00　X20　Y65；	
N20	G01　Z-5　F150；	
N30	Y-65　F200；	
N40	X70；	
N50	G00　Z5；	
N60	X20　Y0；	
N70	G01　Z-5　F150；	
N80	G01　X50　F200；	
N90	G00　Z5；	
N100	M99；	子程序结束
	O0003；	子程序名
N10	G00　X-70　Y-65；	
N20	G01　Z-5　F150；	
N30	Y65　F200；	
N40	X70；	
N50	Y-65；	
N60	X-70；	
N70	G00　Z5；	
N80	M99；	子程序结束

三、旋转指令

指令格式：G68　X__　Y__　R__；

…

G69；

说明：1）X、Y 表示旋转中心的坐标值（可以是 X、Y、Z 中的任意两个，它们由当前平面选择指令 G17、G18、G19 中的一个确定）。当 X、Y 省略时，G68 指令认为当前的位置即为旋转中心。

2）R 表示旋转角度，逆时针旋转定义为正方向，顺时针旋转定义为负方向。

例 2-4　如图 2-10 所示，试用旋转指令编程。

数控铣削加工程序见表 2-7。

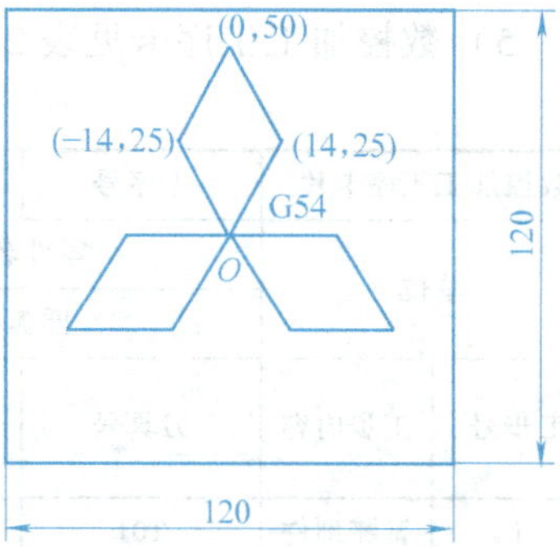

图 2-10　“三菱”示意图

表 2-7 “三菱”的数控铣削加工程序

顺序号	程序	注释
	O0001;	主程序名
N10	G54 G90 G17;	建立 G54 坐标系
N20	M03 S1000;	
N30	G00 X0 Y0 Z10;	
N40	M98 P0011;	调子程序
N50	G68 X0 Y0 R-120;	顺时针旋转 120°
N60	M98 P0011;	调子程序
N70	G68 X0 Y0 R120;	逆时针旋转 120°
N80	M98 P0011;	调子程序
N90	G69;	
N100	M05;	
N110	M30;	
N10	O0011;	子程序名
N20	G01 Z-5 F150;	
N30	G01 X14 Y25 F200;	
N40	X0 Y50;	
N50	X-14 Y25;	
N60	X0 Y0;	
N70	G00 Z10;	
N80	M99;	子程序结束

项目实施

一、制订零件的加工工艺

1）如图 2-7 所示，零件主体加工内容由八个花瓣和两个三角形组成。

2）零件用机用平口虎钳装夹。

3）加工方法：在一次装夹中完成所有加工。

4）采用 ϕ2mm 键槽铣刀进行雕刻加工，由于槽深为 3mm，考虑铝切削性能良好，深度可以一次切削到位。

5）数控加工工序卡见表 2-8 所示。

表 2-8 雕刻件数控加工工序卡

数控加工工序卡片		工序号		工序内容			
单位		零件名称		零件图号	材料	夹具名称	使用设备
		圆弧槽		2-7	铝合金	机用平口虎钳	数控铣床
工步号	工步内容	刀具号	刀具规格/mm	主轴转速 n /(r/min)	进给速度 v_f /(mm/min)	背吃刀量 a_p /mm	备注
1	铣雕刻件	T01	ϕ2 键槽铣刀	1600	40	2	
编制		审核		批准		第 页	共 页

二、编制数控加工程序

选取图 2-7 所示的工件上表面中心为编程原点，FANUC 0i M 系统数控铣削加工程序见表 2-9。

2-3　任务二

表 2-9　FANUC 0i M 系统数控铣削加工程序

顺　序　号	程　　序	注　　释
	O0003;	主程序
N10	G54　G90　G17;	建立工件坐标系
N20	M03　S1600;	
N30	G90　G00　X0　Y0;	建立 G54 工件坐标系
N40	G00　Z5;	
N50	M98　P0011;	调用子程序，加工花瓣 1
N60	G68　X0　Y0　R45;	旋转 45°
N70	M98　P0011;	调用子程序，加工花瓣 2
N80	G68　R45;	旋转 45°
N90	M98　P0011;	调用子程序，加工花瓣 3
N100	G68　R45;	旋转 45°
N110	M98　P0011;	调用子程序，加工花瓣 4
N120	G68　R45;	旋转 45°
N130	M98　P0011;	调用子程序，加工花瓣 5
N140	G68　R45;	旋转 45°
N150	M98　P0011;	调用子程序，加工花瓣 6
N160	G68　R45;	旋转 45°
N170	M98　P0011;	调用子程序，加工花瓣 7
N180	G68　R45;	旋转 45°
N190	M98　P0011;	调用子程序，加工花瓣 8
N200	G69　G90;	取消旋转
N210	G55　G90　G00　X0　Y0;	建立 G55 工件坐标系（左下角）
N220	M98　P0012;	调用 O0012 子程序，加工左下角形体
N230	G56　G90　G00　X0　Y0;	建立 G56 工件坐标系（右上角）
N240	G51　X0　Y0　P2;	放大 2 倍
N250	M98　P0012	调用 O0012 子程序，加工右上角形体
N260	G50;	取消比例缩放
N270	M05;	
N280	M30;	
	O0011;	子程序名
N10	G91　G01　X20　Y0　F40;	

2 PROJECT

（续）

顺序号	程　序	注　释
N20	Z-10；	
N30	G03　X20　Y0　R10；	
N40	G03　X-10　Y0　R5；	
N50	G02　X-10　Y0　R5；	
N60	G00　Z10；	
N70	G00　X-20　Y0；	
N80	M99；	
	O0012；	子程序名
N10	G01　Z-3；	
N20	G01　X10　F40；	
N30	Y10；	
N40	X0　Y0；	
N50	Z5；	
N60	M99；	

三、零件的数控加工（FANUC 0i M）

1）选择机床、数控系统并开机。
2）机床各轴回参考点。
3）安装工件。
4）安装刀具并对刀。
5）输入加工程序，并检查调试。
6）手动移动刀具退至距离工件较远处。
7）自动加工。
8）测量工件，对工件进行误差与质量分析并优化程序。

零件检测及评分见表2-10。

表2-10　零件检测及评分表

<table>
<tr><td colspan="3">准考证号</td><td></td><td>操作时间</td><td></td><td>总得分</td><td></td></tr>
<tr><td colspan="3">工件编号</td><td></td><td colspan="2">系统类型</td><td colspan="2"></td></tr>
<tr><td colspan="2">考核项目</td><td>序号</td><td>考核内容与要求</td><td>配分</td><td>评分标准</td><td>检测结果</td><td>得分</td></tr>
<tr><td rowspan="3">工件加工评分（60%）</td><td rowspan="3">花瓣</td><td>1</td><td>R5mm，R5mm</td><td>8</td><td>不符要求无分</td><td></td><td></td></tr>
<tr><td>2</td><td>R10mm</td><td>4</td><td>不符要求无分</td><td></td><td></td></tr>
<tr><td>3</td><td>ϕ40mm</td><td>4</td><td>超差无分</td><td></td><td></td></tr>
</table>

（续）

考核项目		序号	考核内容与要求	配分	评分标准	检测结果	得分
工件加工评分（60%）	右上三角	4	20mm，20mm	8	超差无分		
		5	10mm，10mm（定位）	6	超差无分		
		6	45°	3	不符要求无分		
	左下三角	7	10mm，10mm	8	超差无分		
		8	10mm，10mm（定位）	6	超差无分		
	其他	9	$Ra=6.3\mu m$	8	每处降1级，扣2分		
		10	按时完成，无缺陷	5	缺陷一处扣2分，未按时完成全扣		
程序与工艺（30%）		11	工艺制订合理，选择刀具正确	10	每错一处扣1分		
		12	指令应用合理、得当、正确	10	每错一处扣1分		
		13	程序格式正确、符合工艺要求	10	每错一处扣1分		
现场操作规范（10%）		14	刀具的正确使用	2			
		15	量具的正确使用	3			
		16	刃的正确使用	3			
		17	设备正确操作和维护保养	2			
		18	安全操作	倒扣	出现安全事故时停止操作；酌情扣5~30分		

拓展知识

一、SINUMERIK 802D M 系统的基本编程（一）

1. SINUMERIK 802D 系统程序命名原则

SINUMERIK 802D 系统程序命名原则与 802S 相似。主程序名开始的两个符号必须是字母，其后的符号可以是字母、数字或下划线，最多为 16 个字符，不得使用分隔符，例如 LINGJ52。

子程序名与主程序名的选取方法一样，例如 LRAHMEN 7。另外，在子程序中还可以使用地址字 L…，其后的值可以有 7 位（只能为整数）。

2. 设置工件坐标系

G54：第一可设定零点偏置。

G55：第二可设定零点偏置。

G56：第三可设定零点偏置。

G57：第四可设定零点偏置。

G58：第五可设定零点偏置。

G59：第六可设定零点偏置。

G500：取消可设定零点偏置——模态有效。

3. 米制编程和英制编程指令

指令格式：G71/G70

说明：G71 为米制编程方式，G70 为英制编程方式。

4. 绝对编程和增量编程指令

指令格式：G90/G91

说明：G90 绝对编程方式下，每个编程坐标轴上的编程值是相对于编程原点而言的；G91 相对编程方式下，每个编程坐标轴上的编程值是相对于前一位置而言的，该值等于轴移动的距离。

5. 点位控制和直线插补指令

指令格式：G0 X__ Y__ Z__;

G1__ X__ Y__ Z__ F__;

说明：G0 为点位控制指令，G1 为直线插补指令。

6. 圆弧编程指令

指令格式：G2/G3 X__ Y__ I__ J__; 说明：用圆心和终点编程。

G2/G3 X__ Y__ CR=__; 说明：用半径和终点编程。

G2/G3 AR=I__ J__ 说明：用张角和圆心编程。

G2/G3 AR=X__ Y__ 说明：用张角和终点编程。

7. 加工平面指令

指令格式：G17/G18/G19

说明：G17 指定 *XY* 平面，G18 指定 *ZX* 平面，G19 指定 *YZ* 平面。

8. 螺旋线插补

指令格式：

G2/G3 X__ Y__ Z__ I__ J__ TURN= 说明：用圆心和终点编程

G2/G3 CR=X__ Y__ Z__ TURN= 说明：用半径和终点编程

G2/G3 AR=I__ J__ Z__ TURN= 说明：用张角和圆心编程

G2/G3 AR=X__ Y__ Z__ TURN= 说明：用张角和终点编程

螺旋线插补是利用加工平面 G17（G18 或 G19）上两个坐标轴的圆弧插补，加上垂直于该平面的另一坐标运动构成的三轴螺旋插补运动，如图 2-11 所示。

例 2-5 用 SINUMERIK 802D 系统编制图 2-12 所示的圆台零件。

以工件上表面中心为编程原点，采用 ϕ10mm 铣刀加工圆台。编程时要考虑刀具半径 ϕ5mm，参考程序见表 2-11。

表 2-11 圆台零件的数控铣削加工程序

顺序号	程　序	注　释
	YUANTAI. MPF	程序名
N10	G54 G90 G17	建立工件坐标系
N20	M3 S1000	

2 PROJECT

（续）

顺序号	程　　序	注　　释
N30	G0 Z10	
N40	X25 Y0	下刀点
N50	G1 Z0 F100	下刀至工件上表面
N60	X20	刀具定位到(X20、Y0、Z0)处
N70	G3 X20 Y0 Z-25 I-20 J0 TURN=12	螺旋铣削,循环圈数 12 圈
N80	G3 I-20 J0	底面修平
N90	G1 X20 Y-20	切向退刀
N100	G0 Z50	
N110	X0 Y0	
N120	M5	
N130	M30	

图 2-11　螺旋插补示意

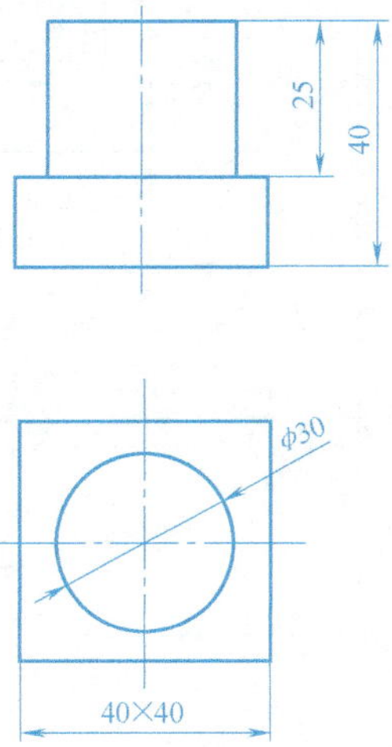

图 2-12　圆台零件

9. 暂停指令

指令格式：G04　F__（S__）

说明：F 表示暂停时间单位为 s，S 表示暂停主轴转速。

10. 子程序

（1）子程序结构　子程序结构与主程序相似，除了用 M2 指令外，还可以用 RET 指令结束子程序，RET 要求占用一个独立的程序段。

（2）子程序调用　在一个程序中（主程序或子程序）可以直接用程序名调用子程序，子程序调用要求占用一个独立的程序段。

例：N10L785；　调用子程序 L785。

（3）程序重复调用次数 P　如果要求多次连续地执行某一子程序，则在设置时必须在所调用子程序的程序名中的地址 P 后写入调用次数，最大次数可以为 9999（P1～P9999）。

例：N10 L888 P3；调用子程序 L888，运行 3 次。

（4）嵌套深度　SINUMERIK 802D 子程序不仅可以从主程序中调用，也可以从其他子程序中调用，子程序的嵌套深度可以为八层。

例 2-6　用 SINUMERIK 802D M 系统编制图 2-13 所示品字零件的程序。（毛坯六面已加工，刀具直径为 10mm）

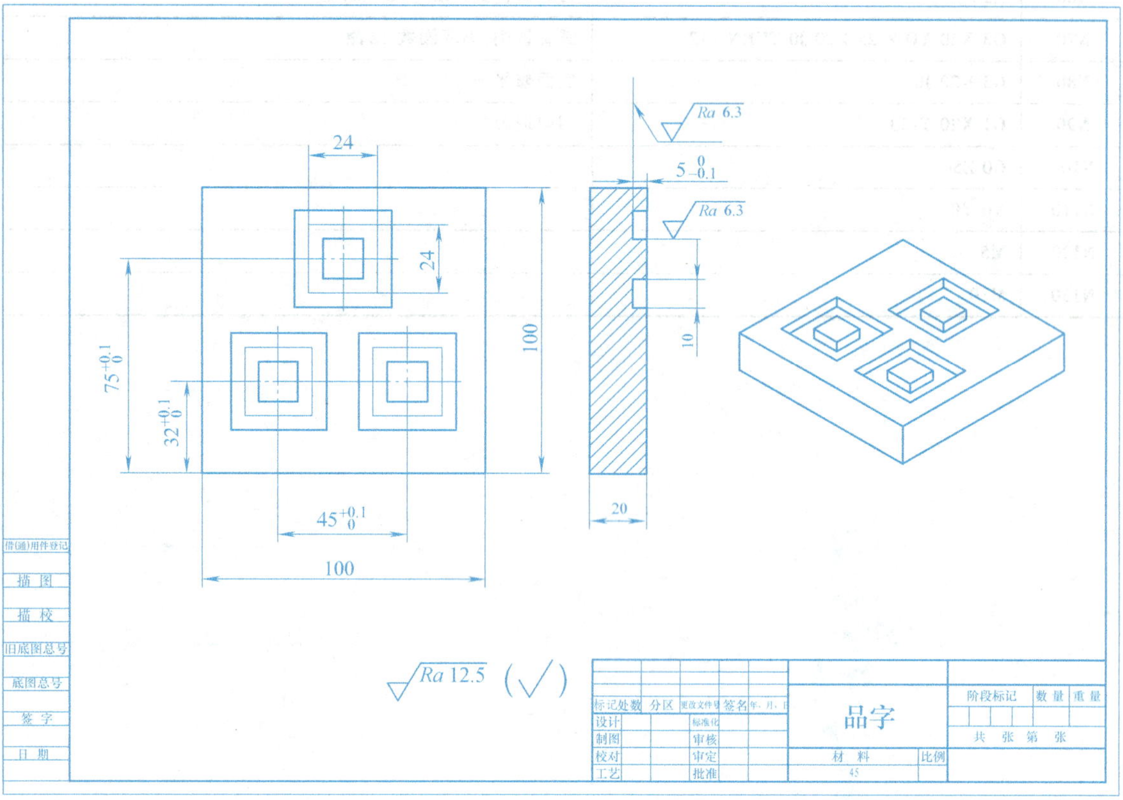

图 2-13　品字

零件编程原点在零件上表面中心，该零件数控铣削加工程序见表 2-12。

表 2-12　SINUMERIK 802D M 系统数控铣削加工程序

顺序号	程序	注释
	AA. MPF	程序名
N10	G54　G90　G17;	建立工件坐标系
N20	M3　S1000;	
N30	G0　X0　Y25;	定位第一个“口”字
N40	Z5;	
N50	L12;	调用轮廓加工子程序
N60	G0　X-22.5　Y-18;	定位第二个“口”字
N70	L12;	调用轮廓加工子程序
N80	G0　X22.5　Y-18;	定位第三个“口”字

（续）

顺　序　号	程　　序	注　　释
N90	L12；	调用轮廓加工子程序
N100	G0　Z50；	
N110	M5；	
N120	M30；	
L12. SPF		
N10	G91；	
N20	G0　X-12　Y-12；	
N30	G1　Z-10　F120；	
N40	G1　Y24　F150；	
N50	X24；	子程序轮廓
N60	Y-24；	
N70	X-24；	
N80	G0　Z10；	
N90	G90；	
N100	RET	

11. 主轴转速极限

指令格式：G25　S__；

G26　S__；

说明：G25 为主轴转速下限，G26 为主轴转速上限。

12. 可编程的坐标平移

指令格式：TRANS　X__　Y__；　说明：绝对平移，将 G54~G59 坐标系平移到 X、Y 指定位置。

ATRANS　X__　Y__；　说明：相对平移。

TRANS；　说明：取消平移。

TRANS/ATRANS；　说明：要求一个独立的程序段。

13. 可编程的旋转

指令格式：ROT　X__　Y__或 ROT　RPL=__；　说明：绕 G54~G59 建立的坐标系的零点绝对旋转。

AROT　X__　Y__或 AROT　RPL=__；　说明：相对旋转。

ROT；　说明：取消旋转。

ROT/AROT；　说明：要求一个独立的程序段。

例 2-7　用 SINUMERIK 802D 系统编制图 2-14 所示的零件（假设仅编写轨迹，不考虑刀具直径尺寸）。

工件在不同位置上出现重复的形状，且个别形状旋转，假设 G54 编程原点设置在（0，0）处，编程时可以先平移再旋转。参考程序见表 2-13。

2 PROJECT

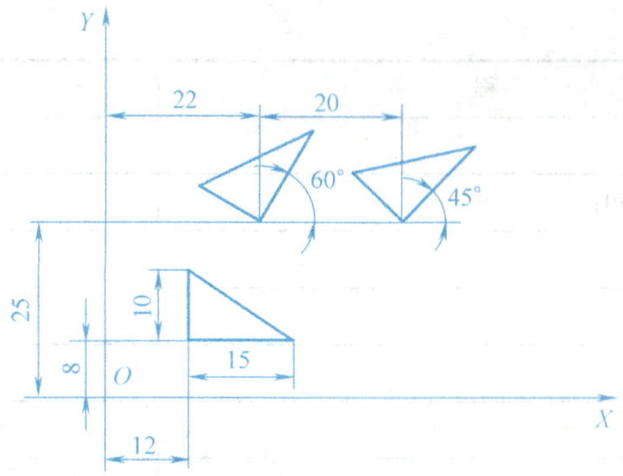

图 2-14　坐标平移和旋转

表 2-13　坐标平移和旋转零件的数控铣削加工程序

顺序号	程　序	注　释
	PYHXZ. MPF	程序名
N10	G54 G90 G17	建立工件坐标系
N20	M3 S1000	
N30	G0 Z10	
N40	TRANS X12 Y8	将 G54 平移到(X12、Y8)处加工轮廓
N50	L10	
N60	TRANS	
N70	TRANS X22 Y25	将 G54 平移到(X22、Y25)处,并旋转 60°,加工轮廓
N80	AROT RPL=60	
N90	L10	
N100	AROT	
N110	TRANS	
N120	ATRANS X20 Y0	将 G54 相对平移到(X20、Y0)处,并旋转 45°,加工轮廓
N130	AROT RPL=45	
N140	L10	
N150	AROT	
N160	ATRANS	
N170	G0 Z50	
N180	M5	
N190	M30	
	L10. SPF	子程序名
N10	G0 X0 Y0	子程序轮廓
N20	Z5	
N30	G1 Z-5 F80	
N40	G1 X15	
N50	X0 Y10	
N60	Y0	
N70	G0 Z50	
N80	M2	

14. 可编程的比例

指令格式：SCALE　X＿　Y＿；　　说明：通过 G54～G59 建立的坐标系设置的有效坐标绝对缩放。

ASCALE　X＿　Y；＿　　说明：相对缩放。

SCALE；　　说明：取消缩放。

SCALE/ASCALE；　　说明：要求一个独立的程序段。

例 2-8　如图 2-15 所示，如将 30mm×20mm 的矩形框轮廓尺寸缩小 0.5 倍（15mm×10mm），则程序为：

SCALE　X0.5　Y0.5

15. 可编程的镜像

指令格式：MIRROR　X＿　Y＿　　说明：通过 G54～G59 建立的坐标系设置的有效坐标绝对镜像

AMIRROR　X＿　Y＿　　说明：相对镜像

MIRROR　　说明：取消镜像

MIRROR / AMIRROR　　说明：要求一个独立的程序段

例：用 SINUMERIK 802D 系统编制图 2-16 所示的零件。

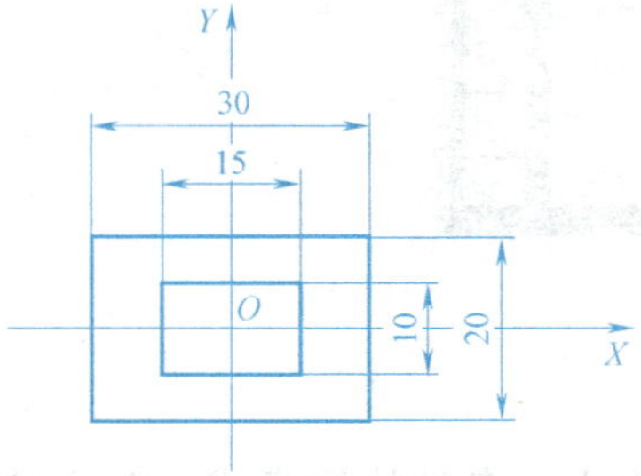

图 2-15　比例缩放

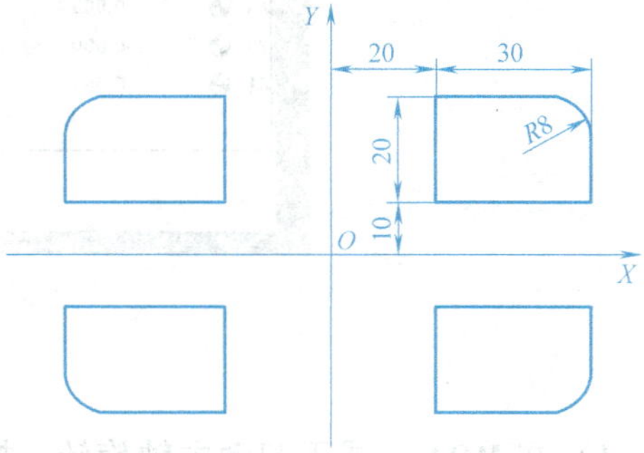

图 2-16　可编程镜像

工件利用镜像编程假设其子程序为 L11，则主程序可参考表 2-14。

表 2-14　镜像零件的数控铣削加工程序

顺序号	程序	注释
	JX	程序名
N10	G54　G90　G17	建立工件坐标系
N20	M3　S1000	
N30	G0　Z10	
N40	L11	加工第一象限轮廓Ⅰ
N50	MIRROR X0	*Y* 轴镜像，加工第二象限轮廓Ⅱ
N60	L11	
N70	AMIRROR Y0	*X* 轴镜像，加工第三象限轮廓Ⅲ
N80	L11	

（续）

顺 序 号	程 序	注 释
N90	MIRROR Y0	*X* 轴镜像，加工第四象限轮廓Ⅳ
N100	L11	
N110	G0Z50	
N120	M5	
N130	M30	

2-4 拓展-虚拟加工

二、零件的数控加工（SINUMERIK 802D M）

例如：加工如图 2-13 所示的品字，程序如表 2-12 所示。其基本步骤为：

1. 回零（回参考点）

按[Ref Pot]键，选择回参考点模式，按[+Z]键，使 Z 轴回零→按[+X]键，使 X 轴回零→按[+Y]件，使 Y 轴回零→回参考点完毕（图 2-17）。

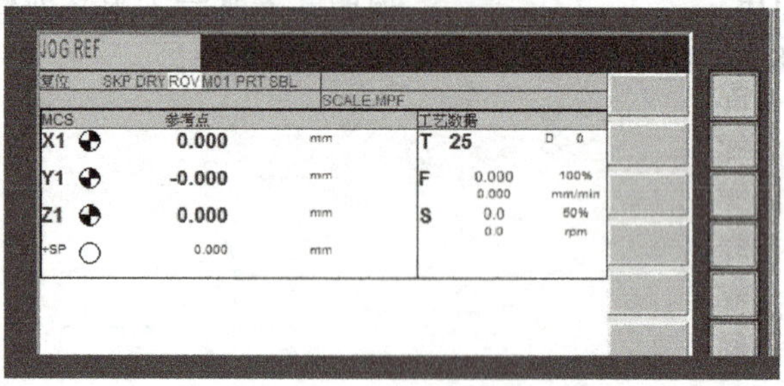

图 2-17 回参考点

2. 对刀

1）在 MDA 方式下起动主轴旋转。按[MDA]键，选择手动输入、自动执行模式→输主轴转速（例 M03 S1000）（图 2-18），→按循环启动键[CycleStart]，则主轴开始转动。

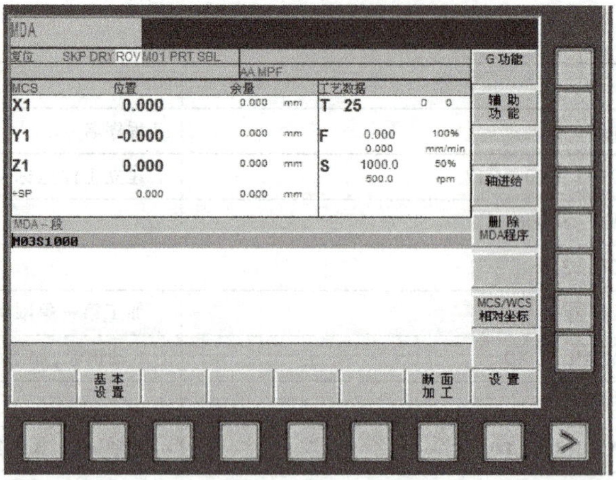

图 2-18 MDA 方式下启动主轴旋转

2）按键进入手动模式→使刀具自上而下沿 Z 向靠近工件上表面，听到切削刃与工件表面的摩擦声（但无切屑），立即停止进给→按键进入参数输入界面（图 2-19）→按键进入图 2-20 所示界面→移动光标至 G54 坐标系→在 Z 列中输入 MCS 的 Z 坐标值→按“改变有效”键，此时，Z 轴对刀完毕。

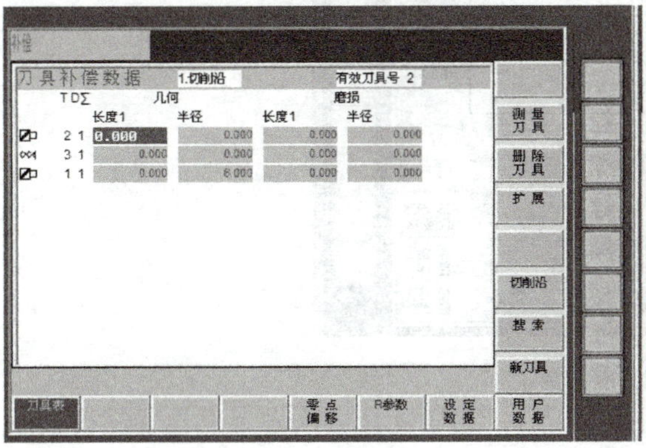

图 2-19　参数输入界面

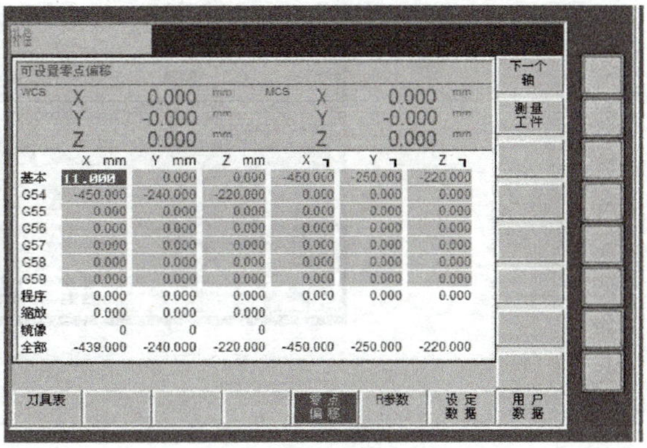

图 2-20　零点偏移界面

如选取原点为工件中心，则对刀方法如下：

3）移动刀具，使刀具在 X 轴的正方向靠近工件右侧→按键→按“MCS/WCS 相对坐标”键→按“相对实际值”键→按“基本设置”键→按“X=0”键→此时，REL 的 X 位置值清零→移动刀具到工件左侧，读取 REL 的 X 位置值（例如−116. 552）→将刀具再反向移动到工件中心（即：REL 的 X 位置值为-58. 276）→按进入参数输入界面→移动光标至 G54 坐标系→在 X 列中输入此时 MCS 的 X 坐标值→按“改变有效”，此时，X 轴对刀完毕。

4）用同样的相对坐标法进行 Y 轴对刀。

3. 程序输入

按键进入程序列表模式（图 2-21）→按“新程序”键——输入新程序名 AAA. MPF，按“确认”→进入程序编辑模式进行程序输入（图 2-22）。

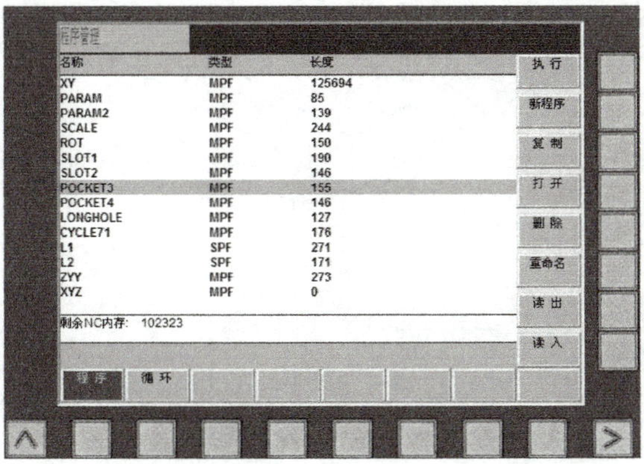

图 2-21　程序列表模式

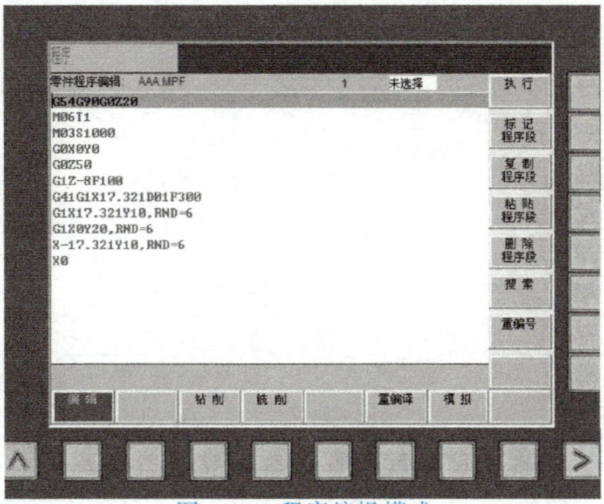

图 2-22　程序编辑模式

4. 加工零件

按 Auto 键自动模式键→ Cycle Start 程序启动→程序自动运行（图 2-23）。

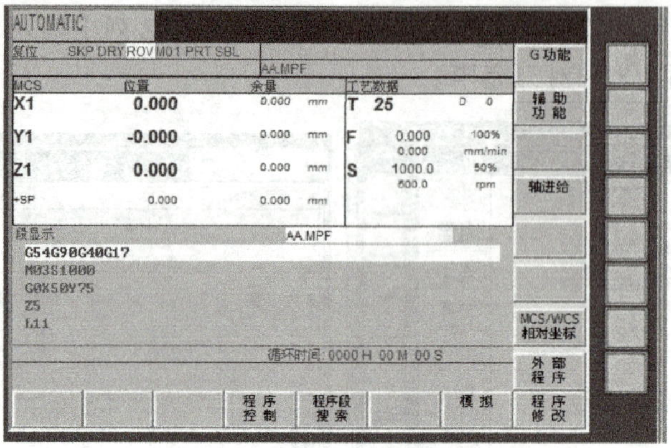

图 2-23　自动加工

项目实践　腔槽加工及精度检测

一、实践内容

完成图 2-24 所示零件的数控加工程序的编制，并对零件进行加工。

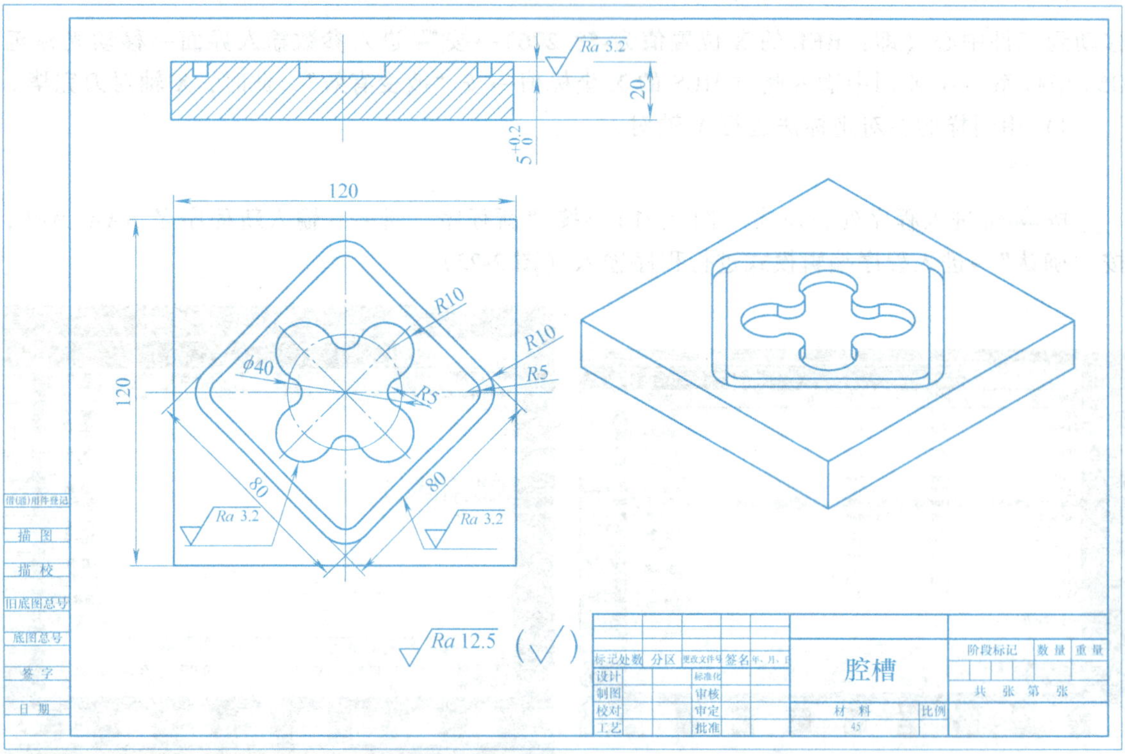

图 2-24　腔槽综合实践题

二、实践步骤

1）零件数控加工参考方案：

① 用中心钻及麻花钻在下刀点钻预孔。

② 用 ϕ16mm 键槽铣刀粗铣十字凹槽，留 0.1mm 精加工单边余量。

③ 用 ϕ4mm 键槽铣刀粗铣四边凹槽，留 0.1mm 精加工单边余量。

④ 用 ϕ16mm 立铣刀精铣十字凹槽。

⑤ 用 ϕ4mm 立铣刀精铣四边凹槽。

2）确定切削用量，填写工序卡。

3）编制数控加工程序。

4）零件数控加工。

5）零件精度检测。零件检测及评分见表 2-15。

表 2-15　零件检测及评分表

准考证号				操作时间		总得分	
工件编号				系统类型			
考核项目		序号	考核内容与要求	配分	评分标准	检测结果	得分
工件加工评分（60%）	十字凹槽	1	R10mm	5	不符要求无分		
		2	R5mm	5	不符要求无分		
		3	ϕ40mm	5	超差无分		
		4	$5^{+0.2}_{0}$mm	8	超差 0.01mm 扣 1 分		
	四边凹槽	5	80mm，80mm	8	超差无分		
		6	R10mm（4 处）	8	不符要求无分		
		7	R5mm（4 处）	8	不符要求无分		
	其他	8	Ra3.2μm	8	每处降 1 级，扣 2 分		
		9	按时完成，无缺陷	5	缺陷一处扣 2 分，未按时完成全扣		
程序与工艺（30%）		10	工艺制订合理、选择刀具正确	10	每错一处扣 1 分		
		11	指令应用合理、得当、正确	10	每错一处扣 1 分		
		12	程序格式正确，符合工艺要求	10	每错一处扣 1 分		
现场操作规范（10%）		13	刀具的正确使用	2			
		14	量具的正确使用	3			
		15	刃的正确使用	3			
		16	设备正确操作和维护保养	2			
		17	安全操作	倒扣	出现安全事故时停止操作；酌情扣 5~30 分		

6）对工件进行误差与质量分析并优化程序。

7）槽类加工的注意事项：

① 下刀点位置应设在要加工的废料部位。如果下刀点位于空料位置，可直接用 G00 下

刀；若在料中，最好用键槽铣刀下刀；若一次切深较多，应先钻引孔，然后用立铣刀或键槽铣刀从引孔处下刀。

② 精修槽形边界时，应考虑刀具的引入、引出，尽可能地采用切向引入、引出。

③ 如槽底加工要求较高，为保证槽底的质量，宜在最后深度时对槽底作小余量的精修加工。

④ 从一个槽形加工完成到另一槽形时，必须进行 G00 的抬刀，提到坯料表面安全处，再移动 *XY* 方向，移动过程中应考虑可能的干涉情形。

项目自测题

一、填空题

1. 直槽加工一般采用的刀具为__________，为避免槽表面产生刀痕，其下刀方式为__________。

2. G90 表示__________，G91 表示__________，G91 还可用__________表示 X、Y 的增量。

3. G00 指令表示__________，一般用于__________场合；G01 指令表示__________，一般用于__________场合。

4. G02 指令表示__________；G03 指令表示__________。其 I、K 表示圆弧__________到圆弧__________的增量坐标。

5. M98 P20011 表示调用程序名为__________的子程序__________次。

6. G17 是指__________平面；G18 是指__________平面；G19 是指__________ 平面。

7. G68 X_ Y_ R_ 中 X、Y 的含义是__________，R 的含义是__________。

8. G51 X0 Y0 I-1 J1 表示是以__________轴镜像，该零件以__________轴对称。

9. 一般工件坐标系的设定指令通常有____________________等六个。

10. 数控铣床常用的进给速度 F 的一般单位为__________。

二、选择题

1. 可用作直线插补的准备功能代码是（　　）。

A. G01　　B. G03　　C. G02　　D. G04

2. （　　）不是工件坐标系指令。

A. G55　　B. G57　　C. G54　　D. G53

3. 在 G00 程序段中，（　　）值将不起作用。

A. X　　B. S　　C. F　　D. T

4. G91 G00 X30.0 Y-20.0；表示（　　）。

A. 刀具按进给速度移至机床坐标系 X=30mm，Y=-20mm 点

B. 刀具快速移至机床坐标系 X=30mm，Y=-20mm 点

C. 刀具快速向 X 正方向移动 30mm，向 Y 负方向移动 20mm

D. 编程错误

5. 采用半径编程方法编制圆弧插补程序段时，当其圆弧所对应的圆心角（　　）180°时，该半径 R 取负值。

2 PROJECT

A. 大于　　　　B. 小于　　　　C. 大于或等于　　　　D. 小于或等于

6. 在 FANUC 0i 系统中，程序段 G02　X__　Y__　I__　J__中，I 和 J 表示（　）。

A. 起点相对圆心的位置　　　　B. 圆心的绝对距离

C. 圆心相对终点的位置　　　　D. 圆心相对起点的位置

7. 圆弧插补指令 G03　X__　Y__　R__中，X__　Y__后的值表示圆弧的（　　）

A. 起点坐标值　　　　B. 终点坐标值

C. 圆心坐标相对于起点的值

8. 在 *XY* 平面上，某圆弧圆心为（0，0），半径为 80，如果需要刀具从（80，0）沿该圆弧逆时针到达（0，80），程序指令为（　　）。

A. G02 X0.　Y80.　I80.0 F300　　　　B. G03 X0.　Y80.　I-80.0 F300

C. G02 X80.　Y0.　J80.0 F300　　　　D. G03 X80.　Y0.　J-80.0 F300

9. 整圆的直径为 ϕ40mm，要求由 *A*（20，0）点逆时针圆弧插补并返回 *A* 点，其程序段格式为（　　）。

A. G91　G03　X20.0　Y0　I-20　J0　F50.0

B. G90　G03　X20.0　Y0　I-20.0　J0　F50.0

C. G91　G03　X20.0　Y-20.0　F150.0

D. G90　G03　X20.0　Y0　R-20.0　F150.0

10. 从子程序返回到主程序用（　　）

A．M98　　　　B. G98　　　　C. M99　　　　D. M30

11. 有些零件需要在不同的位置上重复加工同样的轮廓形状，应采用（　　）。

A. 比例加工功能　　　　B. 镜像加工功能

C. 旋转功能　　　　D. 子程序调用功能

12. 辅助功能指令 M05 代表（　　）

A. 主轴顺时针旋转　B. 主轴逆时针旋转　C. 主轴停止　　　　D. 切削液开

三、判断题

1. G54、G55、G56、G57、G58 等零点偏置的功能是等效的，使用任意其中一个都不会影响零件的加工。（　　）

2. G00、G01 指令都能使机床坐标轴准确到位，因此他们都是插补指令。（　　）

3. 圆弧插补中，对于整圆，其起点和终点相重合，用 R 编程无法定义，所以只能用圆心坐标编程（　　）

4. S1000 表示每小时主轴转过 1000 转。（　　）

5. M00 为程序停止，M01 为计划停止，两者功能在使用时是一样的。（　　）

6. 编制数控加工程序时，一般以机床坐标系作为编程的坐标系。（　　）

7. 在子程序中，不可以再调用另外的子程序，既不可调用二重子程序。（　　）

8. 子程序调用不是数控系统的标准功能，不同的数控系统所用的指令和格式不同。（　　）

9. 子程序的编写方式必须是增量方式。（　　）

10. G68 指令只能在平面中旋转坐标系。（　　）

11. 在镜像功能有效后，刀具在任何位置都可以实现镜像指令。（　　）

12. 执行 M30 时，机床所有运动都将停止。（　　）

四、编程题

如图 2-25a、b 所示，零件材料为 45 钢，用 ϕ6mm 高速钢键槽铣刀加工图 2-25a 所示零件中间的环形槽，用 ϕ5mm 高速钢键槽铣刀加工图 3-25b 所示零件的梅花槽。要求在图中标出工件坐标系，并编写零件加工程序。

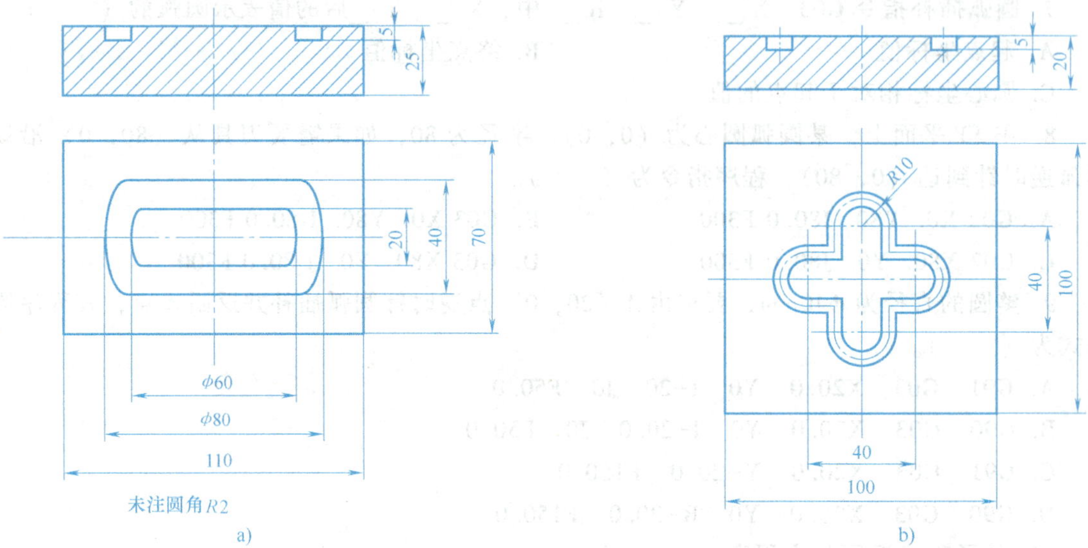

图 2-25　槽加工零件图

a）环形槽零件图　b）梅花瓣零件图

项目三 轮廓类零件的加工

项目目标

1. 了解轮廓类零件的数控铣削加工工艺，合理安排轮廓加工的进给路线，正确选择数控加工参数。

2. 正确选择和安装刀具，掌握刀具半径补偿、刀具长度补偿的设置。

3. 正确运用编程指令编制轮廓类零件的数控加工程序。

4. 进一步掌握数控铣床的独立操作技能。

5. 正确使用检测量具，并能够对轮廓类工件进行质量分析。

项目任务一　凸模板的加工

如图 3-1 所示，已知毛坯外形各基准面已加工完毕，规格为 80mm×80mm×20mm，材料

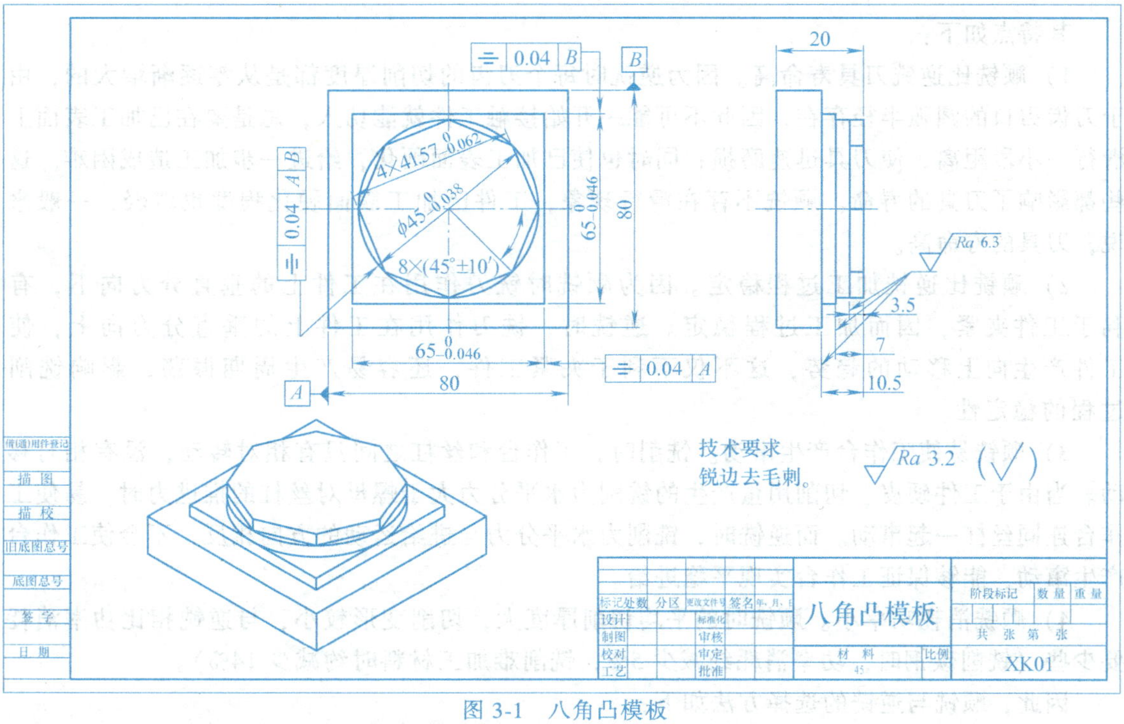

图 3-1　八角凸模板

为 45 钢，要求编制八角凸模板零件加工程序，并完成零件的加工。

相关知识

3-1　轮廓的加工

一、外轮廓加工的工艺

1. 加工方案的选择

轮廓多由直线和圆弧或各种曲线构成，粗铣的尺寸公差等级和表面粗糙度一般可达 IT11～IT13 级，*Ra*6.3～25μm；精铣的尺寸公差等级和表面粗糙度一般可达 IT8～IT10 级，*Ra*1.6～6.3μm。

2. 顺铣和逆铣的选择

轮廓铣削有顺铣和逆铣两种方式，如图 3-2 所示，铣刀旋转切入工件的方向与工件的进给方向相同时称为顺铣，相反时称为逆铣。

3-2　顺铣

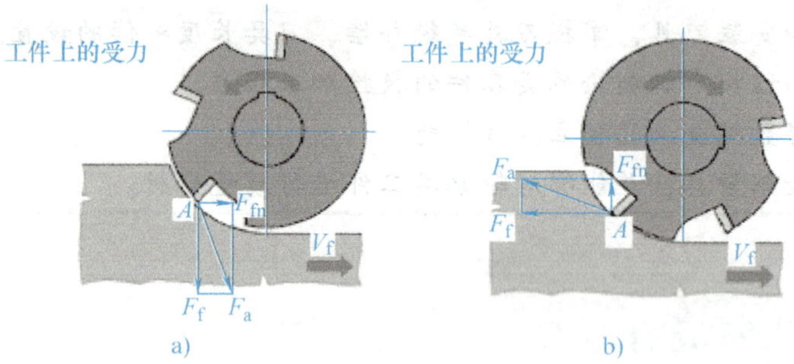

3-3　逆铣

图 3-2　顺铣和逆铣

a）顺铣　b）逆铣

其特点如下：

1）顺铣比逆铣刀具寿命高。因为逆铣时每个刀齿的切削厚度都是从零逐渐增大的，由于刀齿刃口的圆弧半径存在，因此不可能一开始接触工件就能切入，总是要在已加工表面上滑行一小段距离，使刀具迅速磨损；同时也使已加工表面硬化，给进一步加工造成困难。这些都影响了刀具的寿命。顺铣不存在滑行现象，工件已加工表面硬化程度也较轻，一般来说，刀具的寿命高。

2）顺铣比逆铣加工过程稳定。因为顺铣时铣刀作用在工件上的垂直分力向下，有利于工件夹紧，因而加工过程稳定。逆铣时，铣刀作用在工件上的垂直分力向上，使工件产生向上移动的趋势，这不仅不利于夹紧工件，还容易产生周期振荡，影响铣削过程的稳定性。

3）顺铣易使工作台产生窜动。铣削时，工作台和丝杠之间只有相对转动，没有相对移动。当由于工件硬皮、切削用量产生的铣削力水平分力大于螺母对丝杠的推进力时，易使工作台连同丝杠一起窜动。而逆铣时，铣削力水平分力与进给运动的方向相反，不会使工作台产生窜动，能够保证工作台实现平稳进给。

4）顺铣消耗功率小。顺铣时的平均切削厚度大，切削变形较小，与逆铣相比功率消耗要少些（铣削碳钢时，功率消耗约减少 5%，铣削难加工材料时约减少 14%）。

因此，顺铣与逆铣的选择方法如下：

1）顺铣有利于提高刀具的寿命和工件装夹的稳定性，但容易引起工作台窜动，甚至造成事故。顺铣的加工范围应是无硬皮的工件表面。精加工时，铣削力较小，不容易引起工作台窜动，多用顺铣。同时顺铣时无滑移现象，加工后的表面比逆铣好。对难加工材料的铣削，采用顺铣可以减少切削变形，降低切削力和功率。

2）逆铣多用于粗加工，在铣床上加工有硬皮的铸件、锻件毛坯时，一般采用逆铣。

3）对于铝镁合金、钛合金和耐热合金等材料来说，建议采用顺铣加工，以利于降低表面粗糙度值和提高刀具寿命。

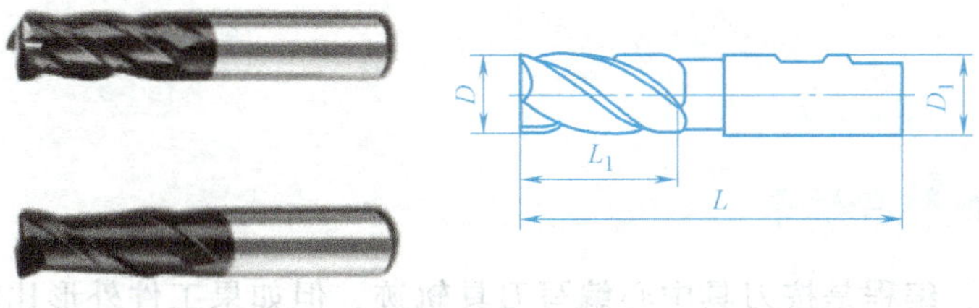

图 3-3 立铣刀

3. 刀具的选择

外轮廓（凸台、台阶等）一般采用立铣刀加工（图 3-3），常用立铣刀有高速钢和硬质合金两种。立铣刀是数控铣削中最常用的一种铣刀，其圆柱面上的切削刃是主切削刃，端面上分布着副切削刃，主切削刃一般为螺旋齿，这样可以增加切削平稳性，提高加工精度。由于普通立铣刀端面中心处无切削刃，所以立铣刀工作时不能做轴向进给，端面刃主要用来加工与侧面相垂直的底平面。

为改善切屑卷曲情况，增大容屑空间，防止切屑堵塞，立铣刀刀齿数比较少，容屑槽圆弧半径则较大。一般粗齿立铣刀齿数 $z=3\sim4$，细齿立铣刀齿数 $z=5\sim8$，套式结构 $z=10\sim20$，容屑槽圆弧半径 $r=2\sim5\text{mm}$。当立铣刀直径较大时，还可制成不等齿距结构，以增强抗振作用，使切削过程平稳。

标准立铣刀的螺旋角 β 为 40°~45°（粗齿）和 30°~35°（细齿），套式结构立铣刀的螺旋角 β 为 15°~25°。

直径较小的立铣刀，一般制成带柄形式。$\phi2\sim\phi71\text{mm}$ 的立铣刀为直柄；$\phi6\sim\phi63\text{mm}$ 的立铣刀为莫氏推柄；$\phi25\sim\phi80\text{mm}$ 的立铣刀为带有螺孔的 7∶24 锥柄，螺孔用来拉紧刀具。直径大于 $\phi40\sim\phi160\text{mm}$ 的立铣刀可做成套式结构。

除了普通立铣刀外，还有粗齿大螺旋角立铣刀、玉米铣刀、硬质合金波形刃立铣刀等，它们的直径较大，可以采用大的进给量，生产率很高。

4. 切入切出点的确定

铣削外轮廓时，一般采用立铣刀侧刃进行切削。为减少接刀痕迹，保证零件表面质量，铣刀的切入和切出点应沿零件轮廓曲线的延长线切入和切出零件表面，而不应沿法向直接切入零件，以避免加工表面产生划痕，如图 3-4 所示。对于连续铣削轮廓，特别是用圆弧插补方式铣削外整圆时，刀具应从切向进入圆周铣削加工，当整圆加工完毕后，不要在切点处直接退刀，而要让刀具沿切线方向多运动一段距离（图 3-5），以免取消刀具补偿时，刀具与工件表面相碰撞，造成工件报废。

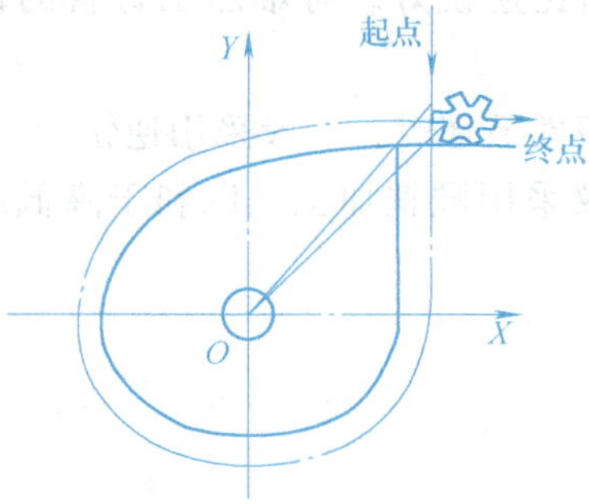

图 3-4 刀具切入和切出时的外延

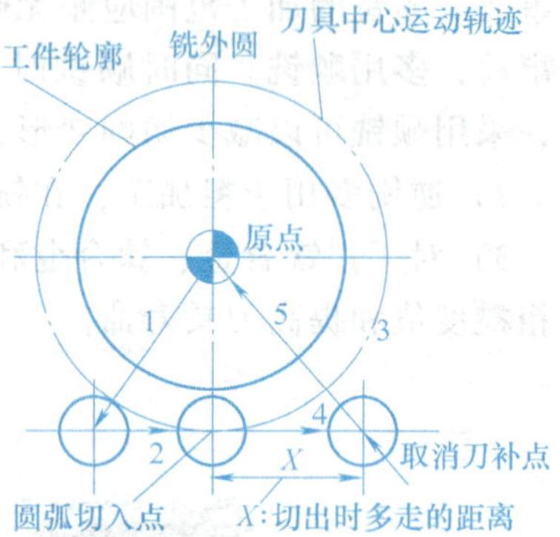

图 3-5 铣削外圆进给路线

二、刀具半径补偿指令

由项目二可知，编程是按刀具中心编写刀具轨迹，但如果工件外形比较复杂，则计算刀具中心轨迹的难度和工作量是很大的。为避免计算，数控系统提供了刀具半径补偿功能，使用该功能可直接按零件图样上的轮廓尺寸进行编程。

指令格式：G41/G42 G01/G00 X__ Y__ D__;

…

…

…

G40 G01/G00 X__ Y__;

说明：

1）G41、G42 分别指刀具半径左补和右补，如图 3-6 所示。

图 3-6 刀具半径补偿

a）刀具半径左补 b）刀具半径右补

2）G40 为取消刀具半径补偿。

3）D 为刀具半径补偿地址。例如，D01 表示刀具半径补正地址为 01 号，如 D01=5，则表示补正值为 5mm。D01 的设置如图 3-7 所示（在 JOG 方式 OFFSET 界面，番号 001 行，形状 D 列）。

4）一般情况下，刀具半径补偿值为正值，但若取负值，则会引起 G41 和 G42 的相互

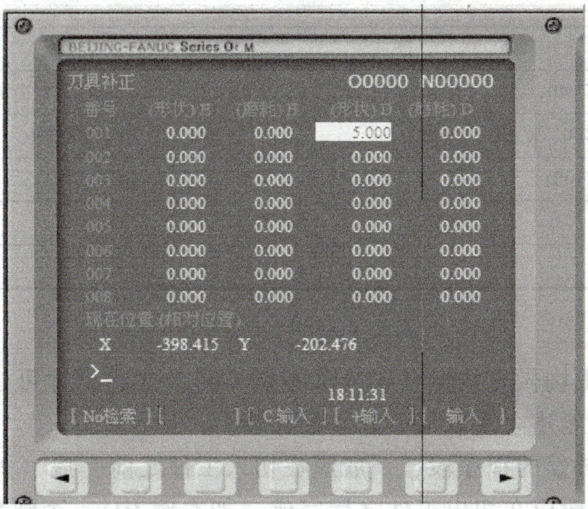

图 3-7　刀具半径补偿 D01 的设置

转化。

例 3-1　直径为 10mm 的刀具加工图 3-8 所示的零件，试用刀具半径补偿指令进行编程。

程序见表 3-1。

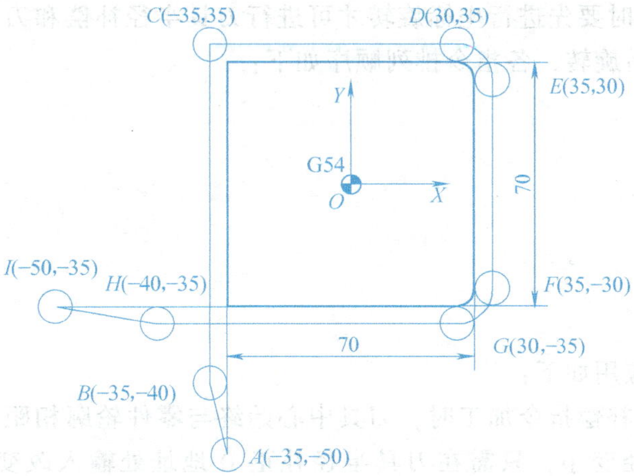

图 3-8　刀具半径补偿编程

表 3-1　刀具半径补偿编程

顺序号	程　序	注　释
N10	G54　G90　G17　G40；	建立加工坐标系
N20	M03　S1000；	
N30	G01　Z-5　F80；	下刀
N40	G00　X-35　Y-50；	*A* 点定位
N50	G41　G01　X-35　Y-40　F100　D01；	*AB* 建立刀补
N60	Y35；	*BC* 沿切线切入加工
N70	X30；	切削到 *D* 点
N80	G02　X35　Y30　R5；	圆弧切削到 *E* 点
N90	G01　Y-30；	切削到 *F* 点
N100	G02　X30　Y-35　R5；	圆弧切削到 *G* 点

（续）

顺序号	程　　序	注　　释
N110	G01　X-40；	*GH* 沿切线切出
N120	G40　G00　X-50　Y-35；	*HI* 取消刀补
N130	G00　Z100；	抬刀
N140	M05；	
N150	M30；	

注意：

1）刀具只有在平面内做直线运动时（如本例 G00、G01），才可建立或取消刀具半径补偿，在圆弧运动时，不能建立或取消刀具半径补偿。

2）建立刀具半径补偿的程序段，一般应在切入工件之前完成（如本例 *AB*）；取消刀具半径补偿的程序段，一般应在切出工件之后完成（如本例 *HI*），否则都会引起过切现象。

3）使用刀具半径补偿编程时，不必考虑刀具的半径，直接按零件图样的尺寸进行编程。在加工时按图 3-7 所示，在 D01 中直接输入刀具半径值 5 即可。

4）刀具半径补偿建立段和取消段直线长度应大于补正值（如本例 *AB*、*HI* 应大于 5mm），否则在加工时系统会报警。

5）具有刀具补偿时要先进行坐标旋转才可进行刀具半径补偿和刀具长度补偿；在有缩放功能时，要先缩放后旋转，各指令排列顺序如下：

```
G51  …
G68  …
G41/G42  …
G40  …
G69  …
G50  …
```

刀具半径补偿的应用如下：

1）应用刀具半径补偿指令加工时，刀具中心始终与零件轮廓相距一个刀具半径值。当刀具磨损时，刀具半径变小，只需在刀具半径补正 D 地址处输入改变后的刀具半径即可，不必修改程序。

2）应用刀具半径补偿功能，可实现利用一把刀具、同一个程序对零件进行粗、精加工。如图 3-9 所示，设粗加工余量为 $R+\Delta$，则把 $R+\Delta$ 值输入到对应的 D 地址中，即可进行粗加工。设精加工余量为 R，则把 R 值输入到对应的 D 地址中，即可进行精加工。

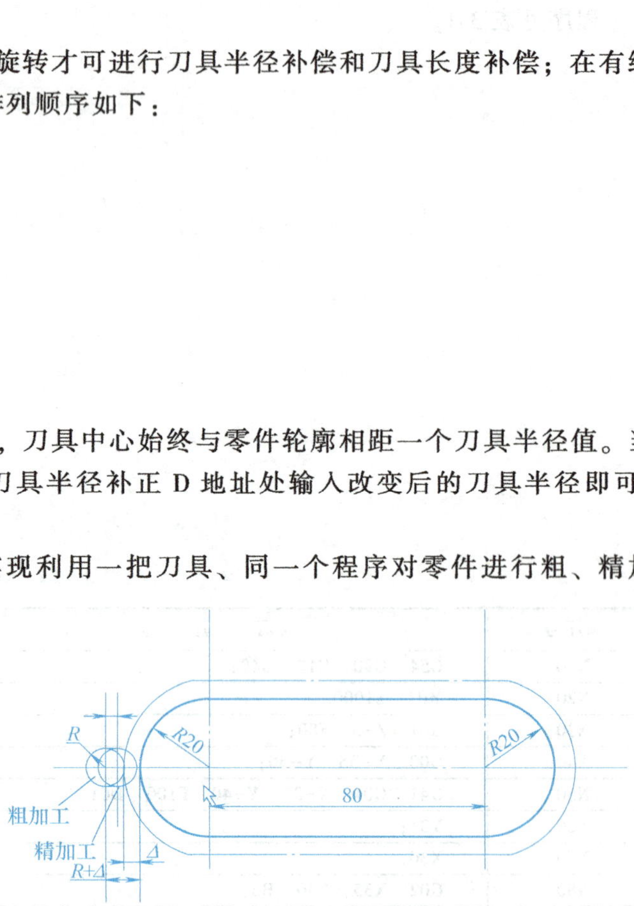

图 3-9　刀具半径补偿的应用

说明：实际加工时，通常把利用一把刀具、同一个程序，利用刀具半径补偿对零件进行粗、精加工的方法称为偏置法加工。如图 3-10 所示，程序不变，偏置距离作为刀具半径补偿值，每改变一次刀具半径补偿值，加工一次工件，这样可以大大简化编程工作量。对于零件中剩余的孤岛可以采用其他方法加工。用偏置法加工时，偏置值的增量值应小于刀具直径，使刀具的两次加工时能有重叠，如图 3-11 所示。

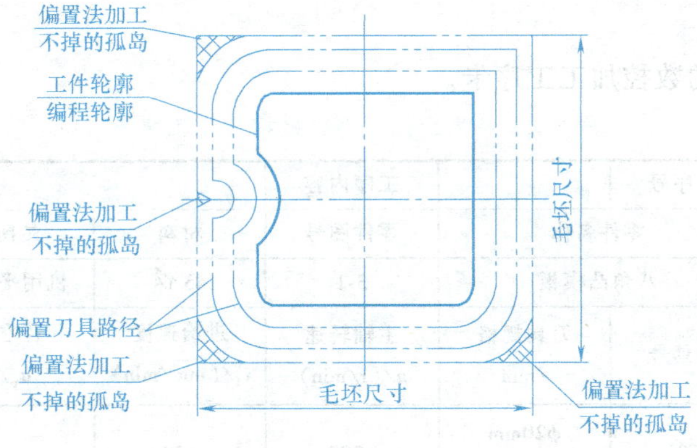

图 3-10　偏置法加工

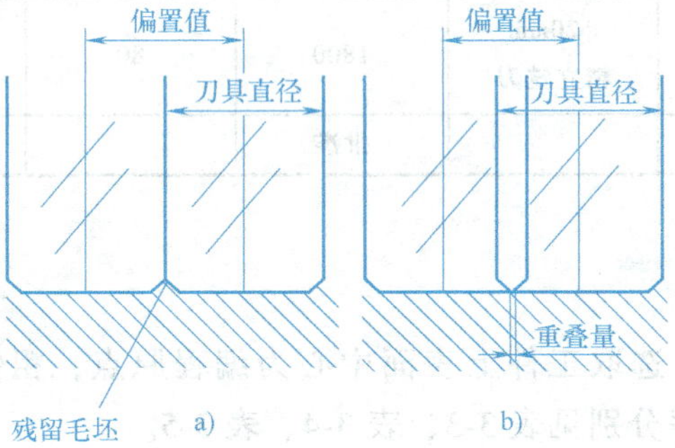

图 3-11　偏置宽度

a）太大　b）合适

项目实施

一、制订零件的加工工艺

1. 零件结构及技术要求分析

1）如图 3-1 所示，零件加工内容有正方形、圆柱体和八角形凸台，尺寸要求较高。

2）零件需粗铣、半精铣和精铣。

2. 零件加工工艺及工装分析

1）零件采用机用平口虎钳装夹，伸出钳口 12mm 左右。

2）加工方法及刀具选择：

① 粗铣采用 ϕ20mm 粗立铣刀。粗铣正方形外轮廓，留 0.50mm 单边余量；粗铣八角形凸台，留 0.50mm 单边余量；粗铣圆柱体，留 0.50mm 单边余量。

3 PROJECT

② 半精铣采用 ϕ20mm 精立铣刀。半精铣八角形凸台、圆柱体、正方形外轮廓，留 0.10mm 单边余量。

③ 精铣采用 ϕ20mm 精立铣刀。实测工件尺寸，调整刀具参数，精铣八角形凸台、圆柱体、正方形外轮廓。

3. 数控加工工序卡

填写表 3-2 所示的数控加工工序卡。

表 3-2　八角凸模板零件数控加工工序卡

数控加工工序卡片		工序号		工序内容			
单位		零件名称		零件图号	材料	夹具名称	使用设备
		八角凸模板		3-1	45 钢	机用平口虎钳	数控铣床
工步号	工步内容	刀具号	刀具规格/mm	主轴转速 n/(r/min)	进给速度 v_f/(mm/min)	背吃刀量 a_p/mm	备注
1	粗铣	T01	ϕ20mm 粗立铣刀	1200	120	5	
2	半精铣	T02	ϕ20mm 精立铣刀	1500	100	0.1	
3	精铣	T02	ϕ20mm 精立铣刀	1800	80		
编制		审核		批准		第　页	共　页

二、编制数控加工程序

如图 3-1 所示的零件，选取工件上表面中心为编程原点，粗铣正方形轮廓、八角形凸台、圆柱体的加工参考程序分别见表 3-3、表 3-4、表 3-5。

表 3-3　FANUC 0i M 铣削正方形轮廓数控加工程序

顺序号	程　序	注　释
	O0031;	程序名
N10	G54　G90　G00　X0　Y0;	建立 G54 工件坐标系
N20	M03　S1200;	
N30	G00　Z30;	
N40	G00　X-32.5　Y-50;	
N50	Z5　M08;	
N60	G01　Z-5.25　F80;	切深-5.25mm
N70	G41　G01　X-32.5　Y-40　D01　F120;	调用刀具半径补偿铣削正方形外轮廓至 5.25mm 粗铣 D01=10.5mm
N80	Y32.5;	
N90	X32.5;	
N100	Y-32.5;	
N110	X-40;	

（续）

顺序号	程　序	注　释
N120	G40　G00　X-50　Y-32.5；	取消刀具半径补偿
N130	G01　Z-10.5　F80；	切深-10.5mm
N140	G00X-32.5Y-50；	
N150	G41　G01　X-32.5　Y-40　D01　F120；	调用刀具半径补偿铣削正方形外轮廓至10.5mm 粗铣 D01=10.5mm
N160	Y32.5；	
N170	X32.5；	
N180	Y-32.5；	
N190	X-40；	
N200	G40　G00　X-50　Y-32.5；	取消刀具半径补偿
N210	G00　Z10；	
	……	
备注	粗铣、半精铣和精铣时使用同一个加工程序，只需调整刀具参数和切削参数。可分3次调用相同的程序进行加工即可。粗铣 D01=10.5mm，半精铣 D01=10.1 mm，精铣 D01 可根据测量后尺寸再确定	

表 3-4　FANUC 0i M 铣削八角形凸台数控加工程序

顺序号	程　序	注　释
	O0032；	程序名
N220	G54　G90　G00　X0　Y0；	
N230	M03　S1200；	
N240	G00　X-33　Y-50；	
N250	Z5；	
N260	G01　Z-3.5　F80；	切深-3.5mm
N270	G41　G01　X-22.5　Y0　D01　F120；	
N280	G01　X-15.908　Y15.908；	调用刀具半径补偿铣削八角形凸台至3.5mm 粗铣 D01=10.5mm
N290	X0　Y22.5；	
N300	X15.908　Y15.908；	
N310	X22.5　Y0；	
N320	X15.908　Y-15.908；	
N330	X0　Y-22.5；	
N340	X-15.908　Y-15.908；	
N350	X-22.5　Y0；	
N360	G40　G00　X-33　Y50；	取消刀具半径补偿
N370	G00　Z10；	
	……	
备注	粗铣、半精铣和精铣时使用同一个加工程序，只需调整刀具参数和切削参数。可分3次调用相同的程序进行加工即可。粗铣 D01=10.5mm，半精铣 D01=10.1mm，精铣 D01 可根据测量后尺寸再确定	

3 PROJECT

表 3-5 FANUC 0i M 铣削圆柱体数控加工程序

顺序号	程 序	注 释
	O0033	程序名
N380	G54 G90 G00 X0 Y0	
N390	M03 S1200	
N400	X-33 Y-50	
N410	Z5	
N420	G01 Z-7 F80	切深-7mm
N430	G41 G01 X-22.5 Y-40 D01 F120	
N440	Y0	调用刀具半径补偿铣削圆柱体至7mm 粗铣 D01=10.5mm
N450	G02 I22.5 J0	
N460	G40 G00 X-22.5 Y40	取消刀具半径补偿
N470	Z100 M09	取消刀具长度补偿
N480	M05	
N490	M30	
备注	粗铣、半精铣和精铣时使用同一个加工程序，只需调整刀具参数和切削参数。可分3次调用相同的程序进行加工即可。粗铣 D01=10.5mm，半精铣 D01=10.1mm，精铣 D01 可根据测量后尺寸再确定	

说明：表 3-1、表 3-2、表 3-3 中的程序在输入时可以分开输入，也可以合起来输入。

三、零件的数控加工（FANUC 0i M）

3-4 虚拟加工 3-5 机床操作

1）选择机床、数控系统并开机。

2）机床各轴回参考点。

3）安装工件。

4）安装刀具并对刀。FANUC 0i M 系统对刀方法同前述，这里仅讨论刀具半径补偿参数的设置。

进入 OFS/SET 参数输入界面→按“补正”软开关键→用光标移动到选择所需的“番号”行（如 001）→再用光标移动到选择所需的“（形状）D”列→用数字键输入刀具半径补偿值（如 D01=5）→按“输入”软开关键（图 3-12）。

5）输入加工程序，并检查调试。

6）手动移动刀具退至距离工件较远处。

7）自动加工。

8）测量工件，对工件进行误差与质量分析并优化程序。

零件检测及评分见表 3-6。

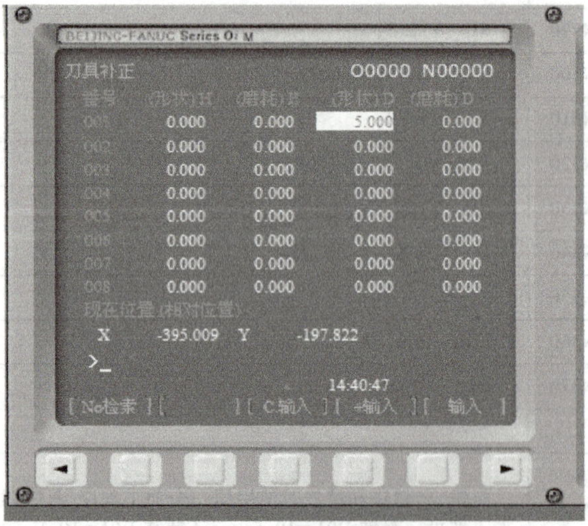

图 3-12 刀具半径补偿参数的设置

表 3-6　零件检测及评分表

准考证号				操作时间		总得分	
工件编号				系统类型			
考核项目		序号	考核内容与要求	配分	评分标准	检测结果	得分
工件加工评分（60%）	方形轮廓	1	$65_{-0.046}^{0}$mm，$65_{-0.046}^{0}$mm	12	超差 0.01mm 扣 1 分		
		2	10.5mm	3	超差无分		
	八角凸台	3	$4\times41.57_{-0.062}^{0}$mm	8	超差 0.01mm 扣 1 分		
		4	$8\times(45°\pm10')$	6	超差 0.01mm 扣 1 分		
		5	3.5mm	3	超差无分		
		6	$\phi45_{-0.038}^{0}$mm	8	超差 0.01mm 扣 1 分		
	圆柱体	7	7mm	3	超差无分		
	其他	8	对称度 0.04mm	4	不符要求无分		
		9	$Ra3.2\mu m$	8	每处降 1 级，扣 2 分		
		10	按时完成，无缺陷	5	缺陷一处扣 2 分，未按时完成全扣		
程序与工艺（30%）		11	工艺制订合理，选择刀具正确	10	每错一处扣 1 分		
		12	指令应用合理、得当、正确	10	每错一处扣 1 分		
		13	程序格式正确，符合工艺要求	10	每错一处扣 1 分		
现场操作规范（10%）		14	刀具的正确使用	2			
		15	量具的正确使用	3			
		16	刃的正确使用	3			
		17	设备正确操作和维护保养	2			
		18	安全操作	倒扣	出现安全事故停止操作；酌情扣 5~30 分		

项目任务二　十字型腔的加工

如图 3-13 所示，已知毛坯外形各基准面已加工完毕，规格为 110mm ×110mm ×20mm，材料为铝，要求编制十字型腔零件加工程序并完成零件的加工。

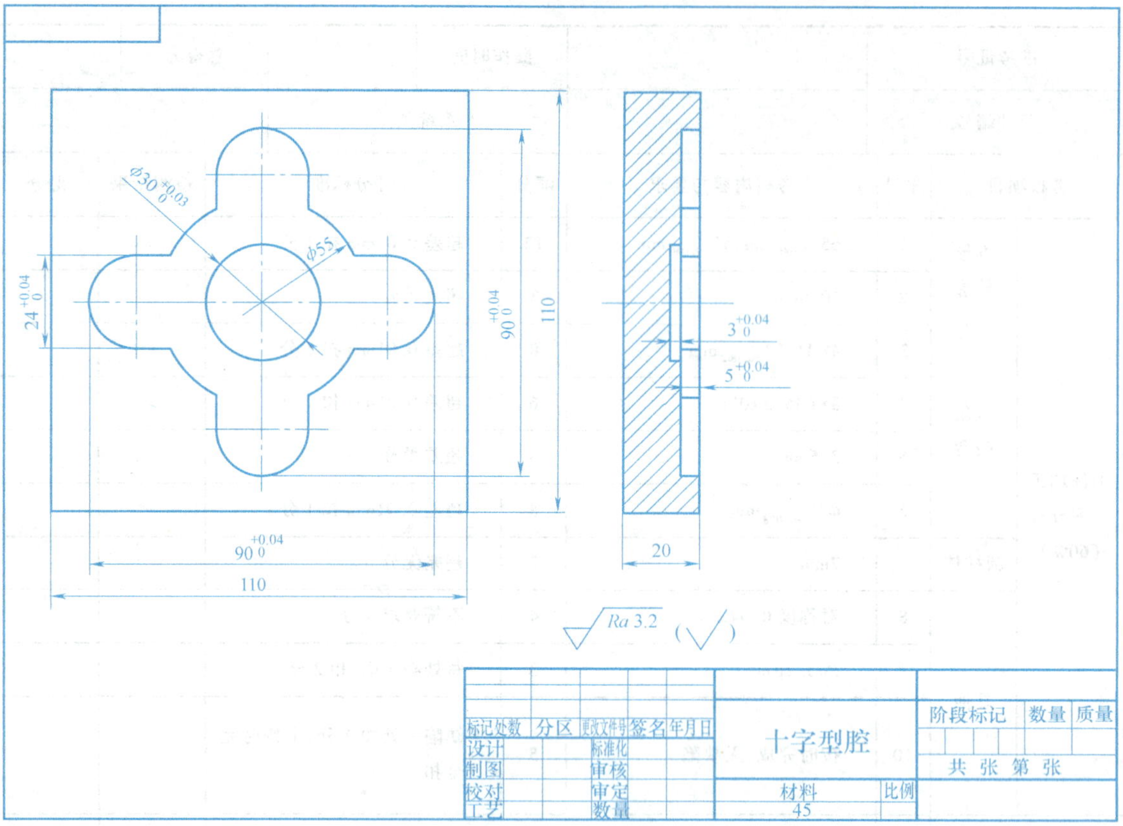

图 3-13 十字型腔

相关知识

一、内轮廓加工的工艺

1. 加工方法的选择

内轮廓加工通常是在实体上加工，型腔有一定的深度，需正确选择刀具和下刀方式。

1）小面积切削和零件加工精度要求不高时，一般采用键槽铣刀垂直下刀、并进行型腔切削。这种方法下刀速度不能过快，否则会引起振动，并损坏切削刃。

2）宽度大、深切削和零件加工精度要求较高时，一般先采用钻头（或键槽铣刀）垂直下刀，预钻落刀工艺孔后，再换立铣刀加工型腔。这种方法需增加一把刀具，也增加换刀时间。

实际加工时根据加工情况，还可采用立铣刀螺旋下刀或者斜插式下刀。

2. 进给路线的选择

内轮廓的型腔的进给路线有三种方法：行切法（图 3-14a）、环切法（图 3-14b）、“行切+环切”法（图 3-14c）。从进给路线的长短看，行切法要优于环切法；但对于小面积型腔，环切法要优于行切法；“行切+环切”法是先用行切法，最后换切一刀光整轮廓表面，这种方法对于大面积型腔的加工效果较好。

为保证零件的加工精度，型腔精加工时，尽可能采用顺铣方式。

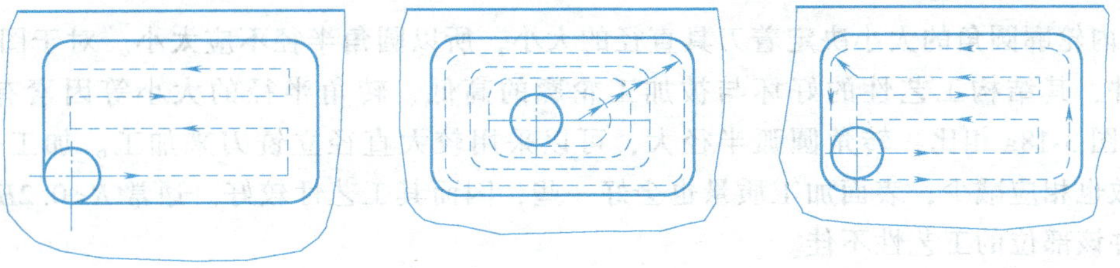

图 3-14 型腔的进给路线

a）行切法加工 b）环切法加工 c）行切+环切法加工

3. 切入切出点的选择

铣削内轮廓时，若内轮廓曲线允许外延，则应沿切线方向切入切出。若内轮廓曲线不允许外延（图3-15），则刀具只能沿内轮廓曲线的法向切入切出，并将其切入、切出点选在零件轮廓两几何元素的交点处。当内部几何元素相切无交点时（图3-16），为防止刀补取消时在轮廓拐角处留下凹口，刀具切入切出点应远离拐角。铣削内圆弧时，要安排切入、切出过渡圆弧（图3-17），刀具从切向进入圆周铣削加工，当整圆加工完毕后，沿切线方向切出。

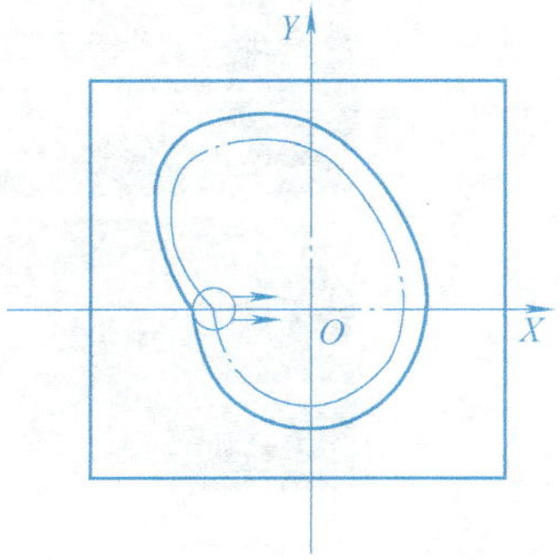

图 3-15 内轮廓加工刀具的切入和切出

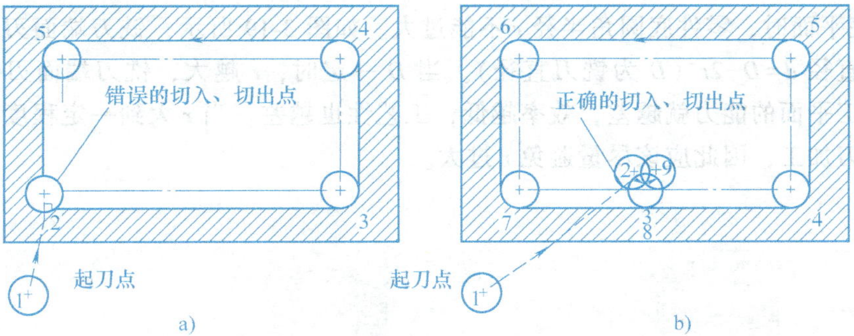

图 3-16 无交点内轮廓加工刀具的切入和切出

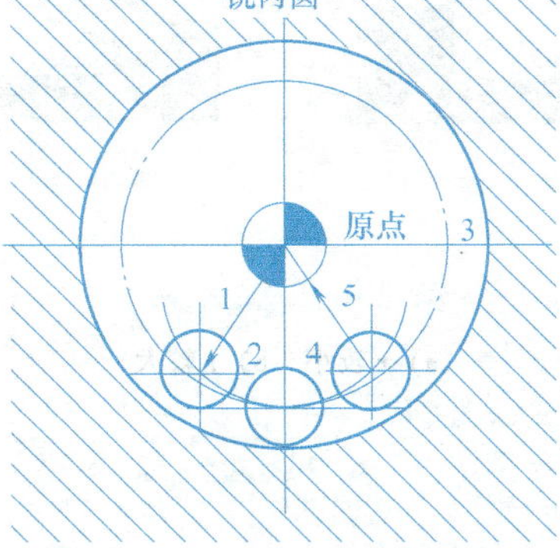

图 3-17 铣削内孔进给路线

3 PROJECT

4. 铣刀直径的选择

1）内轮廓圆角的大小决定着刀具直径的大小，所以圆角半径不应太小。对于图 3-18 所示的零件，其结构工艺性的好坏与被加工轮廓的高低、转角半径的大小等因素有关。图 3-18b 与图 3-18a 相比，转角圆弧半径大，可以采用较大直径立铣刀来加工。加工平面时，进给次数也相应减少，表面加工质量也会好一些，因而其工艺性较好。通常 $R<0.2H$ 时可以判定零件该部位的工艺性不佳。

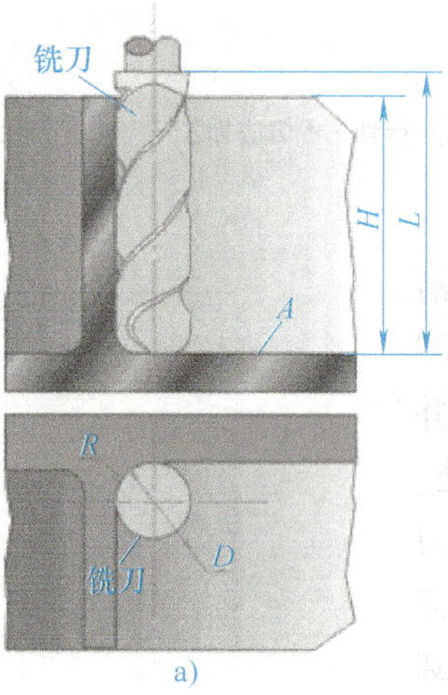

图 3-18　内轮廓圆角 R

a）R 较小　b）R 较大

2）铣底平面时，零件底圆角半径 r 不能过大。如图 3-19 所示，铣刀端面刃与铣削平面的最大接触直径 $d=D-2r$（D 为铣刀直径）。当 D 一定时，r 越大，铣刀端面刃铣削平面面积越小，加工平面的能力就越差，效率越低，工艺性也越差。当 r 大到一定程度时，甚至必须用球头铣刀加工，因此应该尽量避免 r 过大。

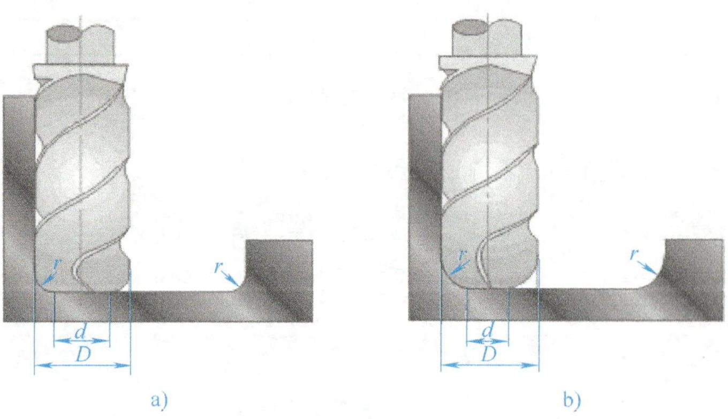

图 3-19　圆角半径 r

a）r 较小　b）r 较大

二、刀具长度补偿指令

使用刀具长度补偿功能，在编程时可不必考虑刀具实际长度及各把刀具不同的长度尺寸。

指令格式：G43/G44　G01/G00　Z＿　H＿；

…

…

…

G49　G01/G00　Z＿；

说明：

1）G43、G44 分别指刀具长度的正补和负补，如图 3-20 所示。

2）G49 表示取消刀具长度补偿。

3）H 为刀具长度补正地址。例如，H01 表示刀具长度补正地址为 01 号，如 H01＝15，则表示补正值为 15mm，H01 的设置如图 3-21 所示（在 JOG 方式下的 OFFSET 界面，番号 001 行，形状 H 列）。

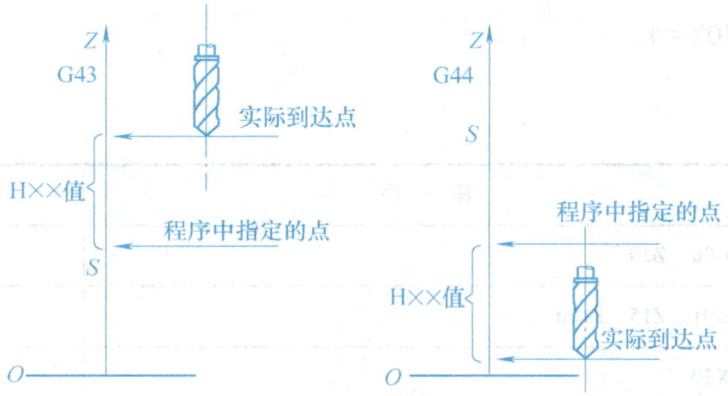

图 3-20　刀具长度补偿

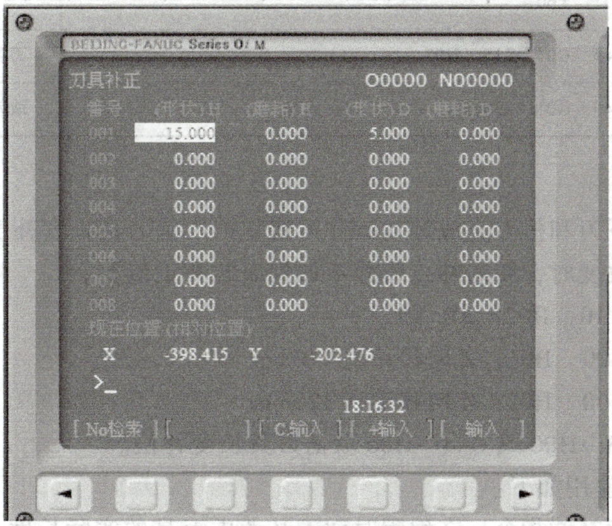

图 3-21　刀具长度补偿设置

4）一般情况下，刀具长度补偿值为正值，但若取负值，则会引起 G43 和 G44 的相互转化。

例 3-2　如图 3-22 所示，试用刀具长度补偿指令进行编程。

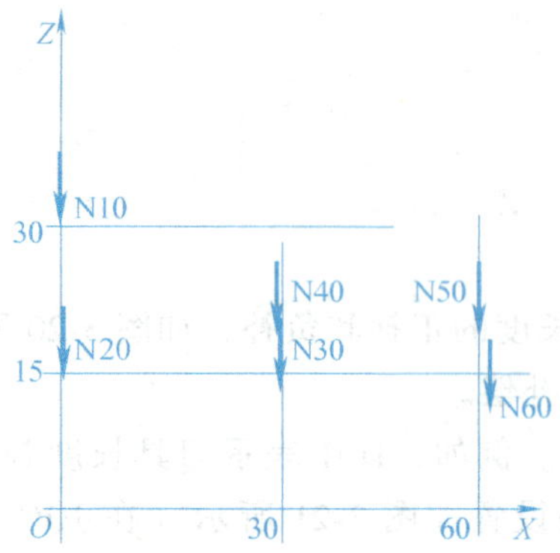

图 3-22　刀具长度补偿指令编程

假设 H01＝5，H02＝4。

程序见表 3-7。

表　3-7

序号	程　序	注　释
N10	G00　Z30	
N20	G01　Z15　F100	
N30	X30	
N40	G43　G01　Z15　H01	刀具实际位置 Z20
N50	G01　X60	
N60	G44　G01　Z15　H02	刀具实际位置 Z11
N70	G49　G01　Z30	取消刀具长度补偿

注意：

1）刀具通常在下刀和提刀直线运动时才可建立或取消刀具长度补偿。

2）补正地址号改变时，新的补正值并不加到旧的补正值上。

例 3-3　设 H01＝10，H02＝20，则

G43　Z100　H01；*Z* 向移动到 110mm

G43　Z100　H02；*Z* 向移动到 120mm

3）也可采用 G43…H00 或 G44…H00 取消刀具长度补偿。

刀具长度补偿的应用如下：

1）使用刀具长度补偿指令，在编程时就不必考虑刀具的实际长度及各把刀具不同的长度尺寸。

2）当由于刀具磨损、更换刀具等原因引起刀具长度尺寸变化时，只要修正刀具长度补偿量即可，而不必调整程序或刀具。

项目实施

一、制订零件的加工工艺

1. 零件结构及技术要求分析

1）如图 3-13 所示，零件加工内容有圆柱孔和十字内型腔面，尺寸有精度要求。

2）零件需进行粗、精加工。

2. 零件加工工艺及工装分析

1）零件用机用平口虎钳装夹，伸出钳口 10mm 左右；

2）加工方法及刀具选择如下：

① 圆柱孔加工

ϕ30mm 圆柱孔切削面积较小，深度为 8mm，可采用 ϕ18mm 键槽铣刀。粗铣留 0.2~0.5mm 单边余量；精铣时实测工件尺寸，调整刀具参数，达到加工精度。

注意：圆柱孔加工，也可以先选择麻花钻（例：ϕ14mm 麻花钻），预钻工艺孔，钻孔深度为 5mm，其目的是便于粗加工下刀，再选择立铣刀加工。

② 十字内型腔加工

加工十字内型腔时，中间已有孔，因此可采用 ϕ18mm 立铣刀。粗铣留 0.2~0.5mm 单边余量；精铣时实测工件尺寸，调整刀具参数，达到加工精度。

3. 数控加工工序卡

填写如表 3-8 所示的数控加工工序卡。

表 3-8　十字型腔零件数控加工工序卡

数控加工工序卡片		工序号		工序内容			
单位		零件名称		零件图号	材料	夹具名称	使用设备
		十字型腔		3-13	45 钢	机用平口虎钳	数控铣床
工步号	工步内容	刀具号	刀具规格/mm	主轴转速 n/(r/min)	进给速度 v_f/(mm/min)	背吃刀量 a_p/mm	备注
1	粗铣 ϕ30mm 圆柱孔	T01	ϕ18 键槽铣刀	1200	150	5	
2	精铣 ϕ30mm 圆柱孔	T01	ϕ18 键槽铣刀	1500	100	0.2	
3	粗铣十字内型腔	T02	ϕ18 立铣刀	1200	120	5	
4	精铣十字内型腔	T02	ϕ18 立铣刀	1500	80	0.2	
编制		审核		批准		第　页	共　页

3 PROJECT

二、编制数控加工程序

如图 3-13 所示的零件，选取工件上表面中心为编程原点，ϕ30mm 圆柱孔数控铣削加工参考程序见表 3-9。十字型腔数控铣削加工参考程序见表 3-10。

表 3-9 ϕ30mm 圆柱孔 FANUC 0i M 数控铣削加工参考程序

顺序号	程　序	注　释
	O0034	程序名
N10	G54 G90 G00 X0 Y0;	建立 G54 工件坐标系
N20	G43 H01 Z50;	调用刀具长度补偿，H01 对刀时确定，首次加工 H01＝0
N30	M03 S1200;	
N40	G01 Z0 F80;	
N50	M98 P2 0001;	调用 O0001 子程序 2 次
N60	G90 G49 G00 Z50;	取消刀具长度补偿
N70	M05;	
N80	M30;	
	O0001;	子程序名
N10	G91 G01 Z-4 F80;	切深-4mm，增量编程
N20	G41 G01 X15 Y0 D01 F150;	调用刀具半径补偿，　粗铣 D01＝9.2mm 1 次铣削圆柱孔轮廓深 4mm，子程序调用 2 次，总切深 8mm
N30	G03 I-15 J0;	
N40	G40 G00 X-15 Y0;	取消刀具半径补偿
N50	M02;	子程序结束
备注	1. 圆柱孔轮廓的粗铣、精铣时使用同一个加工程序，只需调整刀具参数和切削参数。可分 2 次调用相同的程序进行加工即可。粗铣 D01＝9.2mm，精铣 D01 可根据测量后尺寸再确定 2. 切深 8mm 可以用上述子程序调用 2 次加工，也可以通过改变机床长度补偿中 H01 值进行 2 次加工	

表 3-10 十字型腔 FANUC 0i M 数控铣削加工参考程序

3-6 十字型腔的加工

顺序号	程　序	注　释
	O0035;	程序名
N10	G54 G90 G00 X0 Y0;	建立 G54 工件坐标系
N20	G43 H01 Z50;	调用刀具长度补偿，H01 对刀时确定，首次加工 H01＝0
N30	M03 S1200;	
N40	M98 P0011;	调用 O0011 子程序
N50	G68 X0 Y0 R90;	旋转 90°，调用 O0011 子程序
N60	M98 P0011;	
N70	G68 X0 Y0 R180;	旋转 180°，调用 O0011 子程序
N80	M98 P0011;	
N90	G68 X0 Y0 R270;	旋转 270°，调用 O0011 子程序
N100	M98 P0011;	

（续）

顺序号	程　序	注　释
N110	G69；	
N120	G49　G00　Z50；	取消刀具长度补偿
N130	M05；	
N140	M30；	
	O0011；	子程序名
N10	G41　G01X45Y0F150；	调用刀具半径补偿，粗铣 D01 = 9.2mm
N20	G01　Z-5　F80；	切深-5mm
N30	G03　X33　Y12　R12；	
N40	G01　X24.744；	
N50	G03　X12　Y24.744　R30；	第一象限轮廓
N60	G01　Y33；	
N70	G03　X0　Y45　R12；	
N80	G00　Z10；	
N90	G40　G00　X0　Y0；	取消刀具半径补偿
N100	M02；	子程序结束
备注	十字型腔的粗铣、精铣时使用同一个加工程序，只需调整刀具参数和切削参数。可分 2 次调用相同的程序进行加工即可。粗铣 D01 = 9.2mm，精铣 D01 可根据测量后尺寸再确定	

三、零件的数控加工（FANUC 0i M）

1）选择机床、数控系统并开机。

2）机床各轴回参考点。

3）安装工件。

4）安装刀具并对刀。

FANUC 0i M 系统对刀方法同前述，这里仅讨论刀具长度补偿参数的设置。

进入 OFS/SET 参数输入界面→按“补正”软开关键→用光标移动到选择所需的番行（如：001）→再用光标移动到选择所需的形状（H）列→用数字键输入刀具长度补偿值（如：H01 = 20mm）→按软开关键“输入”（图 3-23）。

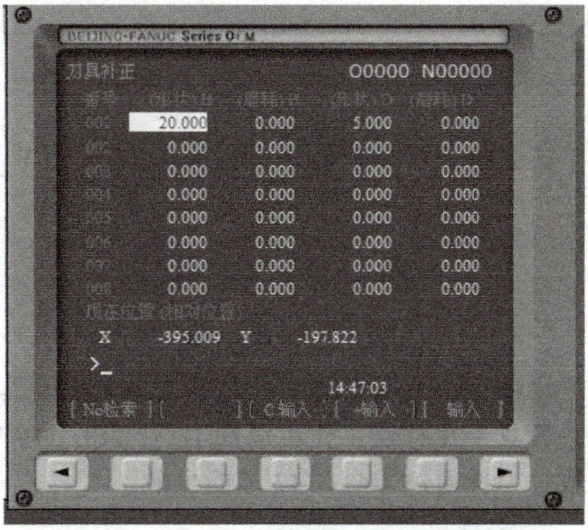

图 3-23　刀具长度补偿参数的设置

5）输入加工程序，并检查调试。

6）手动移动刀具退至距工件较远处。

7）自动加工。

8）测量工件，对工件进行误差与质量分析并优化程序。

零件检测及评分表见表 3-11。

表 3-11　零件检测及评分表

准考证号				操作时间		总得分	
工件编号				系统类型			
考核项目		序号	考核内容与要求	配分	评分标准	检测结果	得分
工件加工评分（60%）	十字内型腔	1	$90^{+0.04}_{0}$mm, $90^{+0.04}_{0}$mm	10	超差 0.01mm 扣 1 分		
		2	$24^{+0.04}_{0}$mm(4 处)	16	超差 0.01mm 扣 1 分		
		3	$5^{+0.04}_{0}$mm	4	超差无分		
	圆柱孔	4	$\phi30^{+0.03}_{0}$mm	8	超差 0.01mm 扣 1 分		
		5	$3^{+0.04}_{0}$mm	4	超差 0.01mm 扣 1 分		
	其他	6	$Ra3.2\mu m$	8	每处降 1 级，扣 2 分		
		7	锐边无毛刺	5	不符要求无分		
		8	按时完成无缺陷	5	缺陷一处扣 2 分，未按时完成全扣		
程序与工艺（30%）		9	工艺制订合理、选择刀具正确	10	每错一处扣 1 分		
		10	指令应用合理、得当、正确	10	每错一处扣 1 分		
		11	程序格式正确，符合工艺要求	10	每错一处扣 1 分		
现场操作规范（10%）		12	刀具的正确使用	2			
		13	量具的正确使用	3			
		14	刃的正确使用	3			
		15	设备正确操作和维护保养	2			
		16	安全操作	倒扣	出现安全事故停止操作或酌情 5~30 分		

拓展知识　SINUMERIK 802D M 系统的基本编程（二）

1. 刀具半径补偿指令及应用

指令格式：G41/G42　G1/G0　X__　Y__　D__;

…

…

…

G40　G1/G0　X__　Y__;

说明：G41 指刀具半径左补，G42 指刀具半径右补，G40 指取消刀具半径补偿。

刀具半径补偿工作可以在 G17/G18/G19 中选择。刀具必须有相应的“D”号才能调用参数，刀补通过 G41/G42 才能生效。

2. 参数“D”的设定

参数“D”的设定，是操作者调用的具体刀具存储数据，刀具数据由操作者来设定。参数“D”可设定值有两种：刀具半径值（用于刀具半径补偿）和刀具长度值（用于刀具长度补偿）。

SINUMERIK 802D 系统有“刀沿”的概念，一把刀可以是一个切削刃，也可以有复合刃或虚拟刃（假设的切削刃），因此对于每一把刀可以设定多个刀具补偿号（通常可以九个：D1~D9），假设如图 3-24 所示，每个地址可以存放一组刀具补偿值。

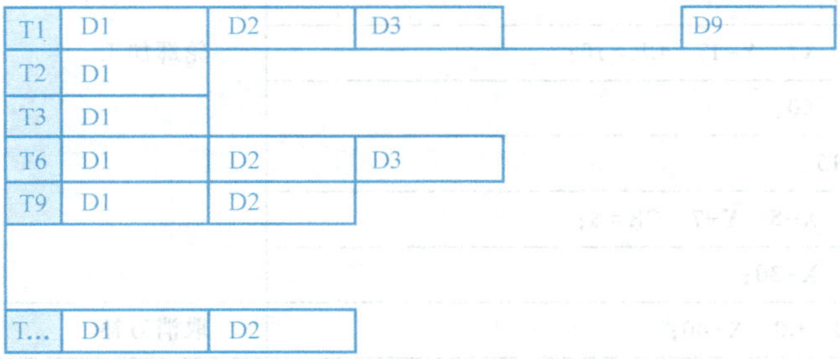

图 3-24　刀具刀补

例：

T1D1：调用 1 号刀具，1 号刀具的 1 号刀补参数

T1D2：调用 1 号刀具，1 号刀具的 2 号刀补参数

通常如果没有编写 D，则 D1 生效；如果编写 D0，则刀具补偿值无效。

3. SINUMERIK 802D M 系统刀具补偿指令的格式和功能

1）在 SINUMERIK 802D 系统中，一个刀具可以匹配 1~9 个不同补偿的数据组（用于多个切削刃），用 D 及其相应的序号可以编制一个专门的切削刃程序。

2）可以在补偿运行过程中变换补偿号 D，补偿号变换后，在新补偿号程序段的段起始点处，新刀具半径就已经生效，但整个变化需等到程序段的结束才能发生。这些修改值由整个程序段连续执行，圆弧插补时也一样。

3）补偿方向指令 G41 和 G42 可以互相变换，无须在其中再写入 G40 指令。原补偿方向的程序段在其轨迹终点处按补偿矢量的正常状态结束，然后在其新的补偿方向开始进行补偿（在起始点按正常状态）。

3-7　拓展

例 3-4　用 SINUMERIK 802D M 系统编制图 3-25 所示凸台精加工零件的程序。

以工件中心为编程原点，该零件数控铣削加工程序见表 3-12。

表 3-12　SINUMERIK 802D M 系统数控铣削加工程序

顺序号	程　　序	注　　释
	BB. MPF	程序名
N10	G54　G90　G40　G17；	建立工件坐标系　安全指令
N20	M3　S1200；	
N30	Z50；	
N40	M8；	
N50	G0　X-17　Y-40 D1；	
N60	G0　Z-3；	
N70	G41　G1　X-17　Y-13　F100；	建立刀具半径补偿

（续）

顺序号	程　　序	注　　释
N80	G1　Y7；	轮廓加工
N90	G2　X-7　Y17　CR=10；	
N100	G1　X17；	
N110	Y-7；	
N120	G2　X7　Y-17　CR=10；	
N130	G1　X0；	
N140	Y-15；	
N150	G3　X-8　Y-7　CR=8；	
N160	G1　X-30；	
N170	G40　G0　X-40；	取消刀补
N180	G0　Z50；	
N190	G0　X0　Y0；	
N200	M5；	
N210	M9；	
N220	M30；	

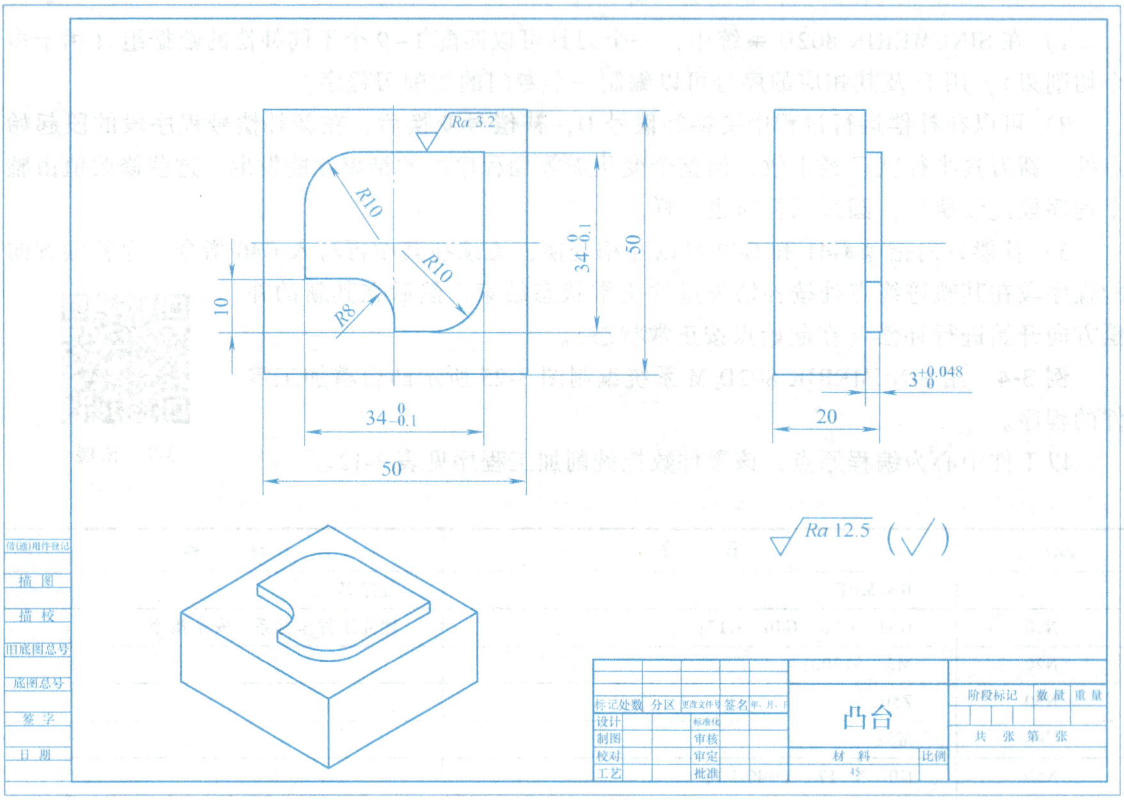

图 3-25　凸台

项目实践　内外轮廓加工及精度检测

一、实践内容

完成图 3-26 所示零件的数控加工程序编制，并对零件进行加工。

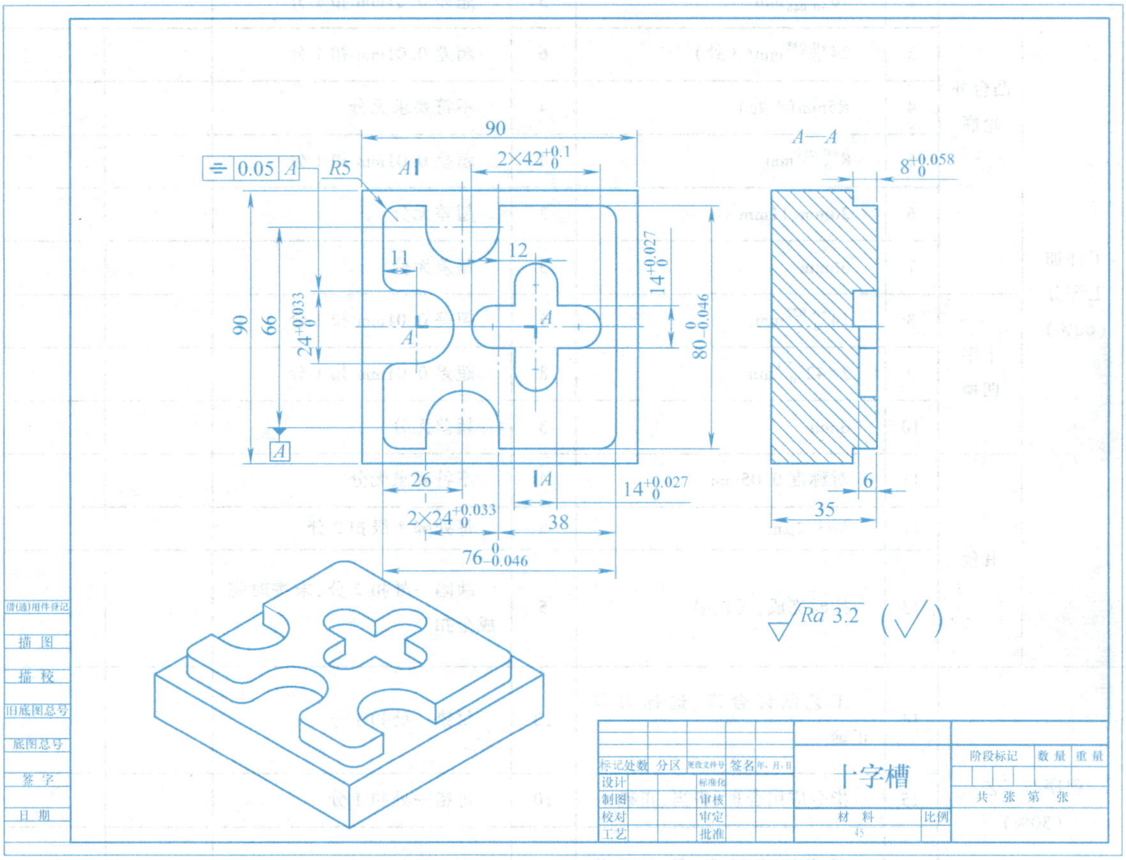

图 3-26　轮廓加工实践题

二、实践步骤

1）零件数控加工参考方案：

① 粗、精铣凸台外轮廓，粗铣时留 0.1mm 的精加工单边余量。

② 粗、精铣十字凹槽，粗铣时留 0.1mm 的精加工单边余量。

2）确定切削用量，填写工序卡。

3）编制数控加工程序。

4）零件数控加工。

5）零件精度检测。零件检测及评分见表 3-13。

6）对工件进行误差与质量分析并优化程序。

3 PROJECT

表 3-13　零件检测及评分表

准考证号				操作时间		总得分	
工件编号				系统类型			
考核项目		序号	考核内容与要求	配分	评分标准	检测结果	得分
工件加工评分（60%）	凸台外轮廓	1	$80_{-0.046}^{0}$mm	5	超差 0.01mm 扣 1 分		
		2	$76_{-0.046}^{0}$mm	5	超差 0.01mm 扣 1 分		
		3	$24_{0}^{+0.033}$mm（3 处）	6	超差 0.01mm 扣 1 分		
		4	$R5$mm（4 处）	4	不符要求无分		
		5	$8_{0}^{+0.058}$mm	4	超差 0.01mm 扣 1 分		
		6	26mm、11mm	3	超差无分		
		7	66mm	3	超差无分		
	十字凹槽	8	$14_{0}^{+0.027}$mm	5	超差 0.01mm 扣 1 分		
		9	$2\times42_{0}^{+0.1}$mm	8	超差 0.01mm 扣 1 分		
		10	6mm	3	超差无分		
	其他	11	对称度 0.05mm	4	不符要求无分		
		12	$Ra3.2\mu m$	5	每处降 1 级扣 2 分		
		13	按时完成，无缺陷	5	缺陷一处扣 2 分，未按时完成全扣		
程序与工艺（30%）		14	工艺制订合理、选择刀具正确	10	每错一处扣 1 分		
		15	指令应用合理、得当、正确	10	每错一处扣 1 分		
		16	程序格式正确，符合工艺要求	10	每错一处扣 1 分		
现场操作规范（10%）		17	刀具的正确使用	2			
		18	量具的正确使用	3			
		19	刃的正确使用	3			
		20	设备正确操作和维护保养	2			
		21	安全操作	倒扣	出现安全事故停止操作，酌情扣 5~30 分		

3 PROJECT

项目自测题

一、填空题

1. 外轮廓一般采用的刀具为______，常用刀具材料有______、______两种。

2. 铣削外轮廓时，一般采用立铣刀的______刃进行切削。为减少接刀痕迹，保证零件表面质量，铣刀的切入和切出点应沿________________切入和切出零件表面，以避免加工表面产生划痕，保证零件轮廓光滑。

3. 型腔加工的进给路线有______、__________、______三种。

4. 加工内轮廓时，刀具半径应__________内轮廓最小圆弧半径，否则会发生干涉现象。

5. 立铣刀按齿数可分为____和____两种，其立铣刀齿数分别为____和____。

6. G41 指令的含义是____________；G42 指令的含义是____________；G40 指令的含义是______。

7. 建立刀具半径补偿的程序段，一般应在__________完成；取消刀具半径补偿的程序段，一般应在____________完成，否则都会引起过切现象。

8. G43 指令的含义是____________；G44 指令的含义是____________；G49 指令的含义是______。

9. 刀具半径补偿的应用之一可以在编程时直接按______尺寸编程，刀具因__________直径会发生变化，但不必修改__________，只需改变________________。

10. 数控铣床上零件的几何公差主要依靠__________来保证。

二、选择题

1. 进行轮廓铣削时，应避免（　　）工件轮廓

A. 切向切入　　B. 法向切入、法向退出

C. 切向退出、法向退出　　D. 切向切入、切向退出

2. 假设主轴正转，为了实现顺铣加工，加工外轮廓时刀具应该（　　）走刀。

A. 逆时针　　B. 顺时针　　C. A、B 均可　　D. 无法实现

3. 一般数控机床的刀具补偿有（　　）。

A. 刀具半径补偿　B. 刀具长度补偿　C. A、B 两者都有　D. A、B 两者都没有

4. 刀具半径补偿值和刀具长度补偿值都存储在（　　）中。

A. 缓存器　　B. 偏置寄存器　　C. 存储器　　D. 硬盘

5. 采用刀具半径补偿功能，可以按（　　）编程。

A. 位移量　　B. 工件轮廓　　C. 刀具中心轨迹

6. 应在（　　）指令中建立刀具半径补偿。

A. G01 或 G02　　B. G02 或 G03　　C. G01 或 G03　　D. G00 或 G01

7. 下列（　　）指令可建立刀具半径补偿。

A. G49　　B. G40　　C. H00　　D. G41

8. 程序中指定半径补偿值的代码是（　　）。

A. D　　B. H　　C. G　　D. M

9. 程序中指定刀具长度补偿值的代码是（　　）。

A. G　　B. D　　C. H　　D. M

10. 在数控加工中，刀具补偿功能除对刀具半径进行补偿外，在用同一把刀进行粗、精加工时，还可进行加工余量的补偿。设刀具半径为 r，精加工时半径方向余量为 Δ，则最后一次粗加工走刀的半径补偿量为（　　）。

A. r　　B. Δ　　C. $r+\Delta$　　D. $2r+\Delta$

11. 用 ϕ12mm 立铣刀进行轮廓的粗、精加工，要求零件精加工的总余量为 0.4mm，则 D01 中应输入（　　）。

A. 12.2　　B. 12.4　　C. 6.2　　D. 6.4

12. 在数控铣床上铣一个正方形零件（外轮廓），如果使用的铣刀直径比原来小 1mm，则计算加工后的正方形尺寸（　　）。

A. 小 1mm　　B. 小 0.5mm　　C. 大 1mm　　D. 大 0.5mm

13. 立式数控铣床默认的刀具半径补偿平面是（　　）。

A. G19　　B. G18　　C. G17

14. 精铣的进给率应比粗铣（　　）。

A. 大　　B. 小　　C. 不变　　D. 无关

15. 装夹方形零件使用的机用平口虎钳属于（　　）。

A. 专用夹具　　B. 组合夹具　　C. 通用夹具

三、判断题

1. 刀具半径补偿功能包括刀补的建立、刀补的执行和刀补的取消三个阶段。（　　）

2. 刀具补偿寄存器内只允许存入正值。（　　）

3. 数控编程时，刀具半径补偿号必须与刀具号对应。（　　）

4. 当机床刀具半径参数值为零时，刀心轨迹将与工件轮廓重合。（　　）

5. 加工圆弧时，刀具半径补偿值可大于被加工零件的最小圆弧半径。（　　）

6. 在轮廓铣削加工中，若采用刀具半径补偿指令编程，刀补的建立与取消应在轮廓上进行，这样的程序才能保证零件的加工精度。（　　）

7. 在数控铣床上加工整圆时，为避免工件表面产生刀痕，刀具从起始点沿圆弧表面的切线方向进入，进行圆弧铣削加工；整圆加工完毕退刀时，顺着圆弧表面的切线方向退出。（　　）

8. 轮廓编程时 G90 G01 X0 Y0 与 G91 G01 X0 Y0 意义相同。（　　）

四、简答题

1. 何为刀具半径补偿？使用刀具半径补偿功能的注意事项是什么？

2. 加工内、外轮廓时，刀具切入切出方向是如何确定的？

3. 如何控制内、外轮廓的加工尺寸精度？

五、编程题

如图 3-27 所示，工件材料为 45 钢，请选择适当的铣刀加工这两个零件。要求在图中标出工件坐标系，并编写零件的加工程序。

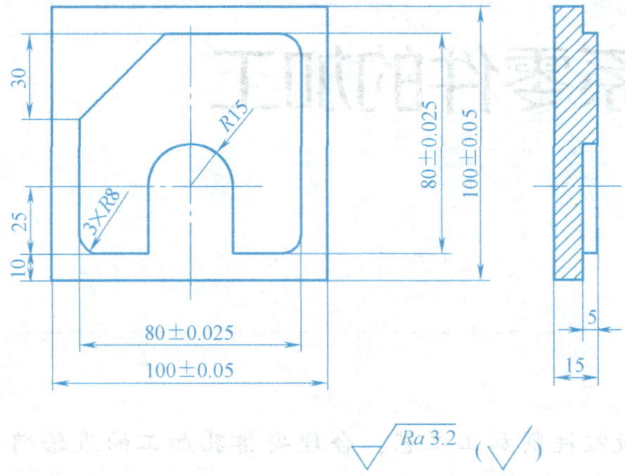

未注圆角R5
ϕ20mm孔不得加工，仅作定位用。

a)

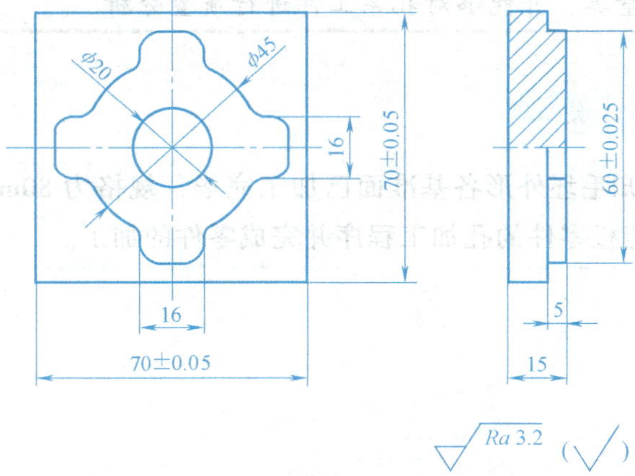

未注圆角R5
ϕ20mm孔不得加工，仅作定位用。

b)

图 3-27　轮廓加工零件图

a）不对称零件图　b）对称零件图

项目四 孔系零件的加工

项目目标

1. 了解孔系零件的数控铣削加工工艺，合理安排孔加工的进给路线，正确选择数控加工参数。
2. 正确选择和安装刀具，避免加工过程中刀具的干涉。
3. 掌握常用孔加工循环指令的功能及应用。
4. 掌握加工中心的换刀方法及编程格式。
5. 掌握刀具补偿的设置方法。
6. 掌握加工中心的操作流程，培养操作技能和文明生产的习惯。
7. 正确使用检测量具，并能够对孔系工件进行质量分析。

项目任务一 通孔的加工

如图 4-1 所示，已知毛坯外形各基准面已加工完毕，规格为 80mm×80mm×30mm，材料为 45 钢，要求编制固定板零件的孔加工程序并完成零件的加工。

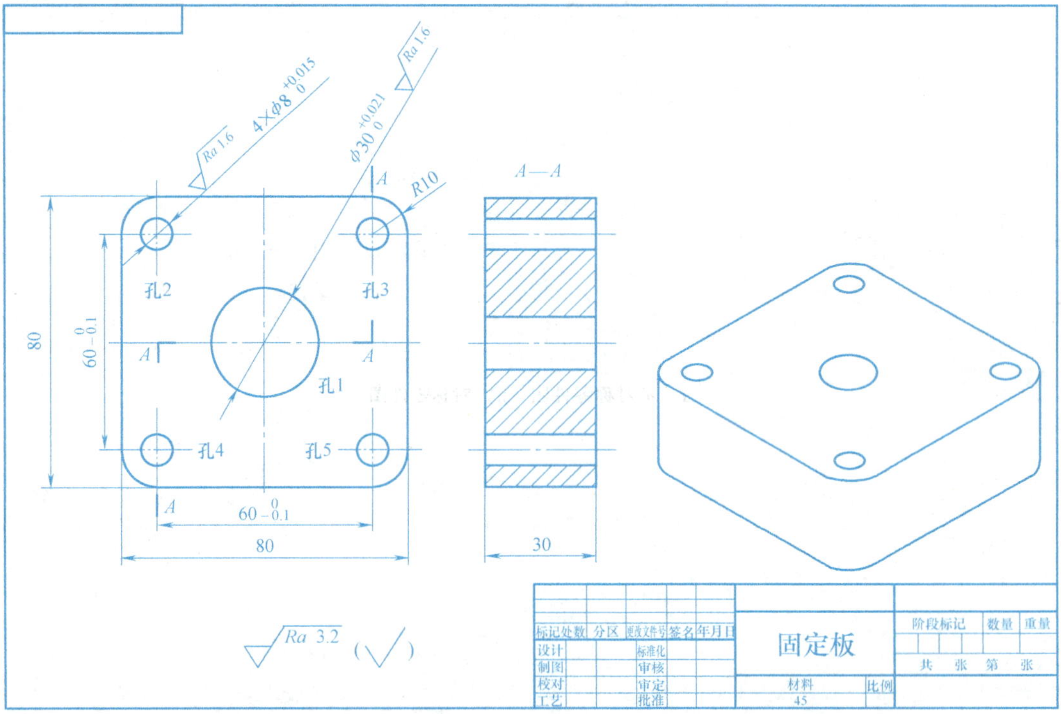

图 4-1 固定板零件图

相关知识

一、通孔加工的工艺

1. 孔加工的常用方法

在金属切削中孔加工的常用方法有：钻孔、扩孔、铰孔、锪孔、镗孔等。数控铣床和加工中心比数控车床多了一种方法，即整圆铣孔。表4-1列举了常见孔的加工方法和一般所能达到的公差等级、表面粗糙度，应根据孔的技术要求选择合理的加工方法和加工步骤，见表4-2。

表4-1　孔的加工方法与公差等级和表面粗糙度

序号	加工方法	公差等级	表面粗糙度 Ra/μm	适用范围
1	钻	IT11~IT13	50~12.5	可用于加工未淬火钢及铸铁的实心毛坯，也可以用于加工非铁金属（但表面粗糙度较差）
2	钻-铰	IT9	3.2~1.6	
3	钻-粗铰-精铰	IT7~IT8	1.6~0.8	
4	钻-扩	IT11	6.3~3.2	
5	钻-扩-铰	IT8~IT9	1.6~0.8	
6	钻-扩-粗铰-精铰	IT7	0.8~0.47	
7	粗镗（扩孔）	IT11~IT13	6.3~3.2	除淬火钢外的各种材料，有铸出孔或锻出孔的毛坯
8	粗镗（扩孔）-半精镗（精扩）	IT8~IT9	3.2~1.6	
9	粗镗（扩）-半精镗（精扩）-精镗	IT6~IT7	1.6~0.8	

注：对于孔深/孔径≤5的孔类加工，可参照表4-2来安排加工方法。

表4-2　孔的加工方法与步骤

孔的精度	孔的毛坯性质	
	在实体材料上加工孔	预先铸出或热冲出的孔
H13、H12	一次钻孔	用扩孔钻钻孔或镗刀镗孔
H11	孔径≤10mm：一次钻孔	孔径≤80mm：粗扩、精扩，或用镗刀粗镗、精镗，或根据余量一次镗孔或扩孔
	孔径=10~30mm：钻孔及扩孔	
	孔径=30~80mm：钻、扩或钻、扩、镗	
H10、H9	孔径≤10mm：钻孔及铰孔	孔径≤80mm：用镗刀粗镗（一次或二次，根据余量而定），铰孔（或精镗）
	孔径=10~30mm：钻孔、扩孔及铰孔	
	孔径=30~80mm：钻、扩或钻、镗、铰（或镗）	
H8、H7	孔径≤10mm：钻孔、扩孔、铰孔	孔径≤80mm：用镗刀粗镗（一次或二次，根据余量而定）及半精镗、精镗或精铰
	孔径=10~30mm：钻孔，扩孔及一、二次铰孔	
	孔径=30~80mm：钻、扩或钻、扩、镗	

注：对于孔深/孔径≥5的孔类加工（属于深孔），钻孔时应考虑排屑从而采用间歇进给。当孔位要求较高时，用中心钻中心孔。

（1）钻中心孔（点孔）　钻中心孔用于钻孔加工之前，由中心钻（图4-2）来完成。由于麻花钻的横刃具有一定的长度，引钻时不易定心，加工时钻头旋转轴线不稳定，因此利用中心钻在平面上先预钻一个凹坑，便于钻头钻入时定心。由于中心钻的直径较小，加工时主轴转速应不得低于1000r/min。

（2）钻孔　钻孔是用麻花钻（图4-3）在工件实体材料上加工孔的方法。麻花钻是钻孔最常用的刀具，有直柄和锥柄两种一般用高速钢制造。钻孔的公差等级一般可达到IT10~IT11，表面粗糙度为Ra50~12.5μm，钻孔直径范围为0.1~100mm，钻孔深度变化范围也很大，广泛应用于孔的粗加工，也可作为不重要孔的最终加工。

图 4-2　中心钻

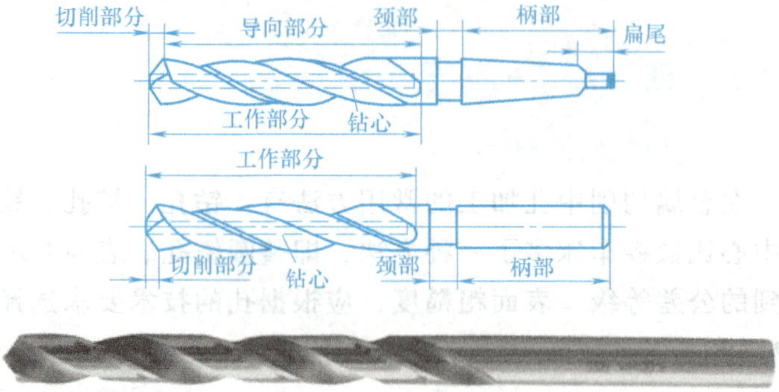

图 4-3　麻花钻

(3) 扩孔　扩孔是用扩孔钻（图 4-4）对工件上已有的孔进行扩大的加工。扩孔钻有 3~4 个主切削刃，没有横刃，它的刚性及导向性好。扩孔加工的公差等级一般可达到 IT9~IT10，表面粗糙度为 Ra6.3~3.2μm。扩孔常用于已铸出、锻出或钻出孔的扩大，可作为要求不高孔的最终加工或铰孔、磨孔前的预加工；常用于直径在 10~100mm 范围内的孔加工。一般工件的扩孔用麻花钻进行，当精度要求较高或生产批量较大时应用扩孔钻。扩孔加工余量为 0.4~0.5mm。

(4) 铰孔　铰孔是利用铰刀（图 4-5）从工件孔壁上切除微量金属层，以提高其尺寸精度、降低表面粗糙度值的方法。铰孔的公差等级可达到 IT7~IT8，表面粗糙度为 Ra1.6~0.8μm，适用于孔的半精加工及精加工。铰刀是定尺寸刀具，有 6~12 个切削刃，刚性和导向性比扩孔钻更好，适合加工中小直径孔。铰孔之前，工件应经过钻孔、扩孔等加工，铰孔的加工余量参考表 4-3。

表 4-3　铰孔余量（直径值）　　(单位：mm)

孔的直径	<ϕ8	ϕ8~ϕ20	ϕ21~ϕ32	ϕ33~ϕ50	ϕ51~ϕ70
铰孔的余量	0.1~0.2	0.15~0.25	0.2~0.3	0.25~035	0.25~0.35

(5) 镗孔　镗孔是利用镗刀（图 4-6）对工件上已有尺寸较大孔的加工，特别适合加工分布在同一或不同表面上的孔距和位置精度要求较高的孔系。镗孔加工精度可达到 IT7 级，表面粗糙度为 Ra1.6~0.8μm，应用于高精度加工场合。镗孔时，要求镗刀和镗杆必须具有足够的刚性；镗刀夹紧牢固，装卸和调整方便；具有可靠的断屑和排屑措施，确保切屑顺利折断和排除。精镗孔的单边余量一般小于 0.4mm。

图 4-4　扩孔钻

图 4-5　铰刀

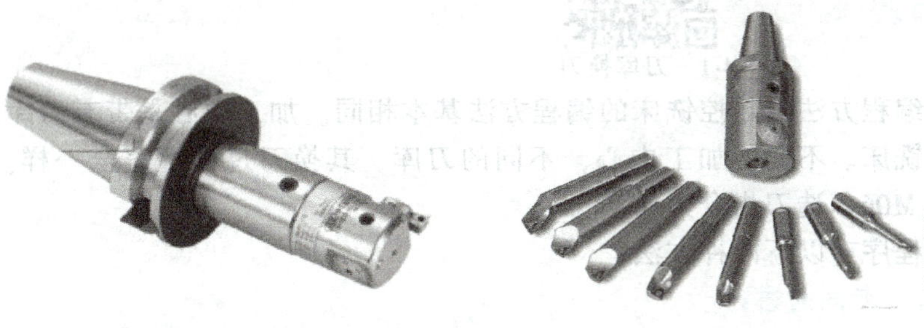

图 4-6　镗刀

(6) 铣孔　在加工单件产品或模具上某些不常用孔径的孔时，为节约定型刀具成本，可利用铣刀进行铣削加工。铣孔也适合于加工尺寸较大孔，对于高精度机床，铣孔可以代替镗削。

2. 孔系加工的引入与超越量

孔系零件加工时需考虑加工引入距离和超越量。图 4-7 中，加工孔的深度为 Z_d；ΔZ 为刀具的轴向引入距离，其经验数据为：毛坯上钻削时，ΔZ 取 5～8mm；已加工面上钻、镗、铰时，ΔZ 取 3～5mm；攻螺纹、铣削时，ΔZ 取 5～10mm。Z_c 为刀具的超越量，它不仅影响孔的编程深度，而且影响攻螺纹等后续加工的编程深度，其经验数据为：$0.7D$，D 为孔的直径。

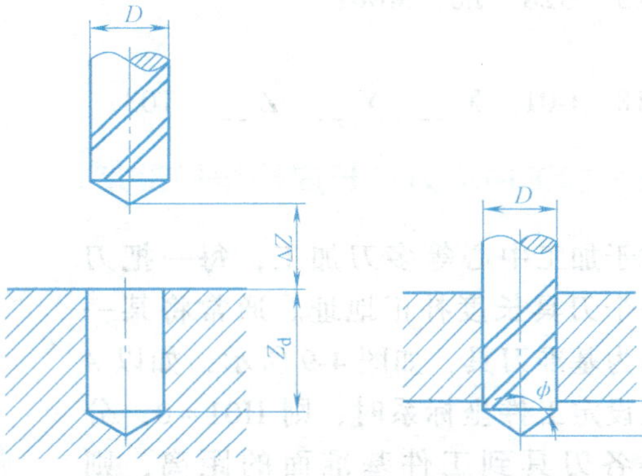

图 4-7　孔系加工的引入与超越量

3. 位置精度要求高的孔系进给路线

加工位置精度要求较高的孔系时，应特别注意安排孔的加工顺序。若安排不当，将坐标轴的反向间隙带入，将直接影响位置精度。欲使刀具在 XY 平面上的走刀路线最短，必须保证各定位点间的路线总长最短。如图 4-8a 所示的走刀路线为先加工完外圈孔后，再加工内圈孔。若改用图 4-8b 所示的走刀路线，减少空刀时间，则可节省定位时间近一倍，提高了加工效率。

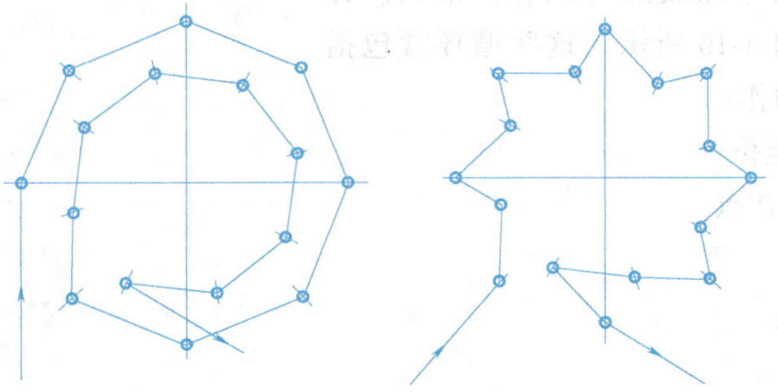

a)　　b)

图 4-8　孔加工最短走刀路线

4-1　刀库换刀

二、换刀程序

加工中心编程方法与数控铣床的编程方法基本相同。加工中心是带有刀库并具有自动换刀功能的数控铣床。不同的加工中心，不同的刀库，其换刀过程不完全一样。FANUC 系统的换刀指令为 M06，选刀指令为 T。

通常换刀程序有以下两种方法：

1. 选刀和换刀同时进行

N10　G28　Z0；	返回参考点
N11　M06　T02；	选择 T02 号刀并换刀

2. 选刀和换刀分开进行

N10　G01　X__　Y__　Z__　T02；	切削过程中选择 T02 号刀
…	
N15　G28　Z0　M06；	返回参考点并换 T02 号刀
…	
N18　G01　X__　Y__　Z__　T03；	切削过程中选择 T03 号刀

三、加工中心刀具长度补偿的设定

对于加工中心等多刀加工，每一把刀对应一个刀具长度补正地址。通常将某一把刀作为基准刀具，如图 4-9 所示，如以 A 为基准设定工件坐标系时，则 H01 = 0，分别测得各刀具到工件基准面的距离，则 H02 = $A-B$、H03 = $A-C$，求得的补正值分别输入到图 3-21 所示的界面即可。

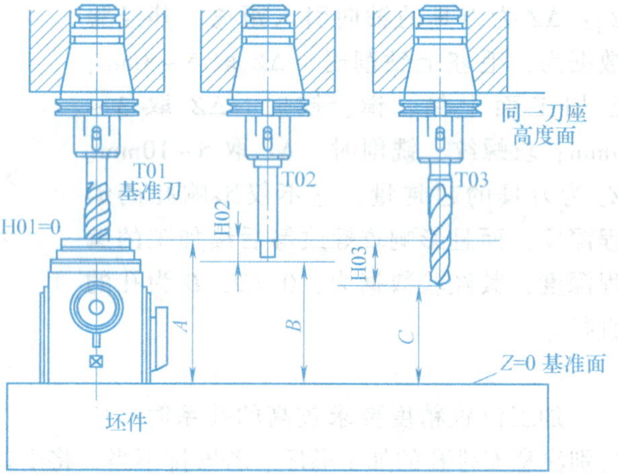

图 4-9　基准刀对刀时刀具长度补偿的设定

四、固定循环指令

数控系统为简化编程，通常采用带有参数的指令代码完成一系列典型的加工动作，这些指令称为固定循环指令。

常用固定循环指令完成的功能有：钻孔、镗孔和攻螺纹等，如图 4-10 所示。这些循环常包括以下几个基本操作动作：

1）在 XY 平面定位。

2）快速移动到 R 点。

3）孔加工。

4）孔底的动作。

5）返回到 R 点。

6）快速移动到初始点。

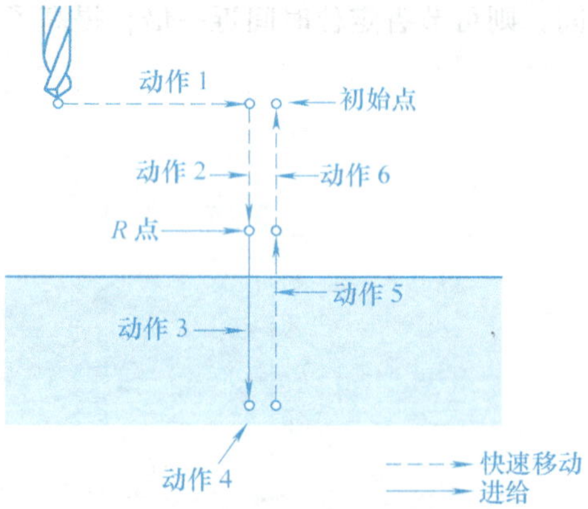

图 4-10　固定循环的基本动作

固定循环指令格式：G90/G91　G98/G99

G73~G89　X__　Y__　Z__　R__　Q__　P__　F__　K__;

说明：

1）G90/G91——绝对坐标编程或增量坐标编程。

2）G98——返回起始点，G99——返回 *R* 点平面。

3）G73~G89——孔加工方式，如钻孔加工、高速深孔钻加工、镗孔加工等。

4）X、Y——孔的位置坐标，Z——孔底坐标。

5）R——安全面（*R* 点平面）的坐标。增量方式时，为起始点到 *R* 点平面的增量距离；在绝对方式时，为 *R* 点平面的绝对坐标。

6）Q——每次背吃刀量。在 G73、G83 方式中，Q 为每次加工深度；在 G76、G87 方式中，Q 为刀具偏移量。Q 始终是增量值，且用正值表示，与 G91 无关。

7）P——孔底的暂停时间，用整数表示，单位为 ms。

8）F——切削进给速度。

9）K——规定重复加工次数。没有指定 K 时，系统默认 1，如果指定为 K0，则只存储孔加工数据，不进行孔加工。

固定循环指令撤销格式：G80

注意：撤销固定循环指令除 G80 外，还有 G00、G01、G02、G03 等 01 组 G 代码。

1. 钻孔循环指令 G81 与锪孔循环指令 G82

编程指令：G81　X__　Y__　Z__　R__　F__　；（G90、G91 及 G98、G99 省略，后同）

G82　X__　Y__　Z__　R__　P__　F__　；

4-2　孔加工循环

说明：孔加工动作如图 4-11 所示。G82 指令与 G81 指令比较不同之处是，G82 指令在孔底有暂停，故适用于锪孔或镗阶梯孔等；而 G81 指令在孔底无暂停，故适用于一般的钻孔、钻中心孔。

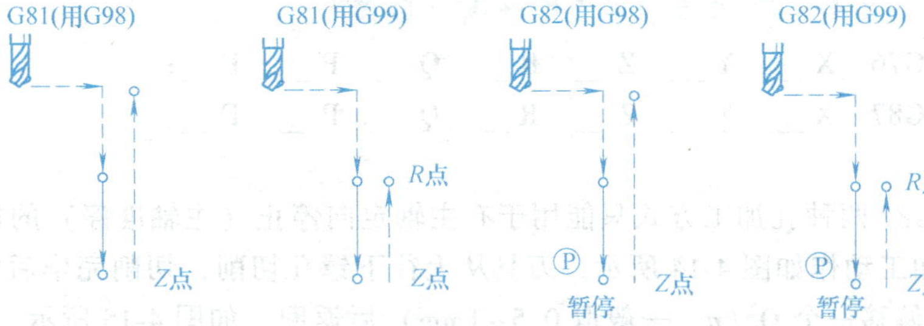

图 4-11　钻孔循环指令 G81 与锪孔循环指令 G82

2. 高速深孔往复排屑钻孔循环指令 G73 和深孔往复排屑钻孔循环指令 G83

（1）高速深孔往复排屑钻孔循环指令 G73

编程指令：G73　X__　Y__　Z__　R__　Q__　F__;

说明：

1）G73 孔加工动作如图 4-12 所示。钻头通过 *Z* 轴方向的间断进给，有利于断屑与排屑，适用于深孔加工。

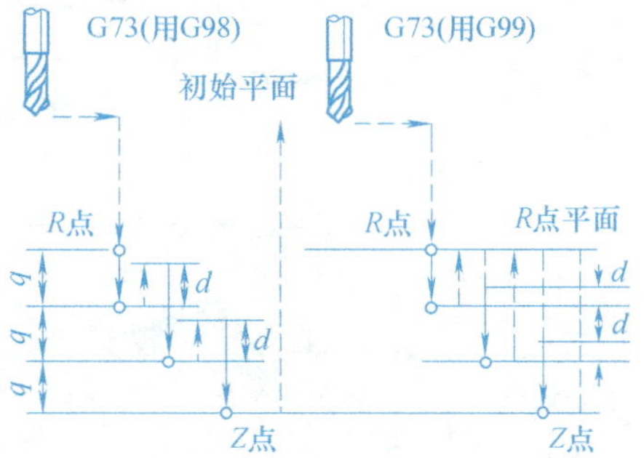

图 4-12　高速深孔往复排屑钻孔循环指令 G73

2）Q(*q*) 为每次的钻孔深度，到达 *Z* 点的最后一次钻孔深度是若干个 *q* 之后的剩余量，它小于或等于 *q*。

3）*d* 是退刀距离，由系统内部参数设定。

（2）深孔往复排屑钻孔循环指令 G83

编程指令：G83　X__　Y__　Z__　R__　Q__　F__；

说明：G83 与 G73 指令略有不同的是每次钻头间歇进给后退回到 *R* 点平面，排屑更彻底。建议直径小于 10mm 尽可能采用 G83。

3. 精镗孔循环指令 G85 与精镗阶梯孔循环指令 G89

编程指令：G85　X__　Y__　Z__　R__　F__；

　　　　　G89　X__　Y__　Z__　R__　P__　F__；

说明：孔加工动作如图 4-13 所示。G85 和 G89 两种孔加工方式，刀具以切削进给的方式加工到孔底，然后又以切削进给方式返回到 *R* 点平面，因此适用于精镗孔等情况。G89 在孔底有暂停，所以适宜精镗阶梯孔。

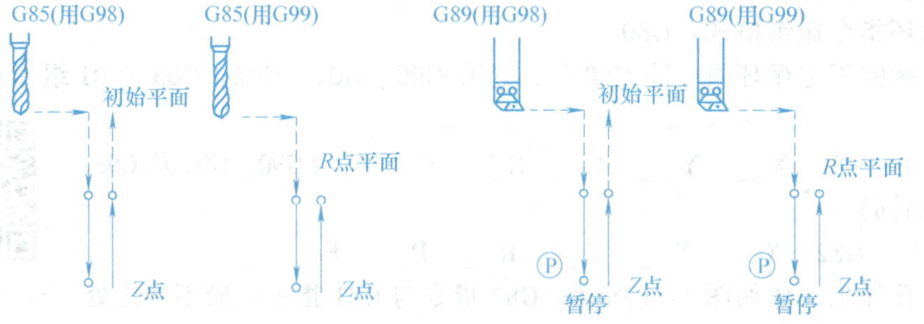

图 4-13　精镗孔循环指令 G85 与精镗阶梯孔循环指令 G89

4. 精镗孔循环指令 G76 与反精镗孔循环指令 G87

编程指令：G76　X__　Y__　Z__　R__　Q__　P__　F__；

　　　　　G87　X__　Y__　Z__　R__　Q__　P__　F__；

说明：

1）G76 和 G87 两种孔加工方式只能用于有主轴定向停止（主轴准停）的加工中心上。

2）G76 孔加工动作如图 4-14 所示，刀具从上往下镗孔切削，切削完毕后定向停止，并在定向的反方向偏移一个 Q（*q*，一般取 0.5~1mm）后返回，如图 4-15 所示。

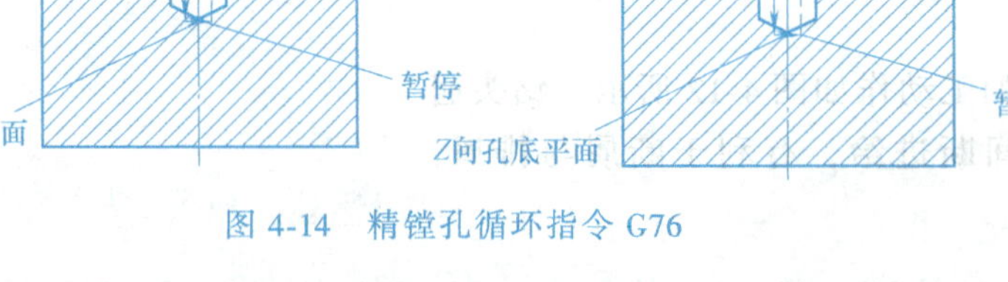

图 4-14　精镗孔循环指令 G76

3）在 G87 指令中，刀具首先定向停止，并在定向的反方向偏移一个 Q（q，一般取精加工单边余量 0.5~1mm），到孔底后由下往上进行镗孔切削。在 G87 指令中，没有 G99 状态。

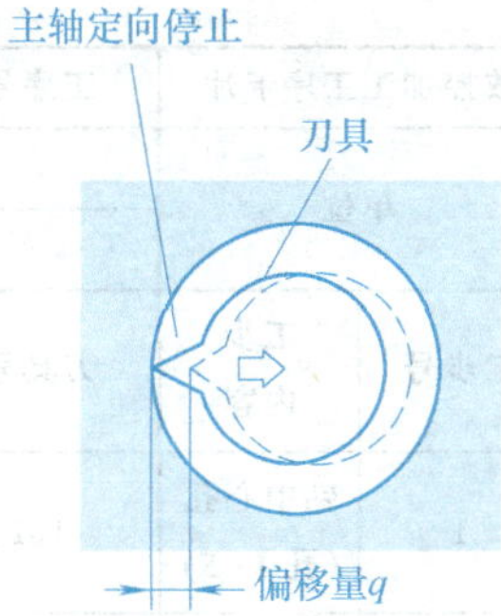

图 4-15　主轴定向停止

5. 镗孔循环指令 G86 与 G88

编程指令：G86　X__　Y__　Z__　R__　F__；

G88　X__　Y__　Z__　R__　P__　F__；

说明：

1）孔加工动作如图 4-16 所示。

2）G86 指令在镗孔结束返回时是快速移动，所以镗刀刀尖在孔壁会划出一条螺旋线，对孔壁质量要求较高的场合不适合用此指令。G88 指令在镗孔到底后主轴停止，返回必须通过手动方式，此时可使刀具作微量的水平移动（刀尖离开孔壁）后沿轴向上升，手动结束后按循环启动键继续执行。

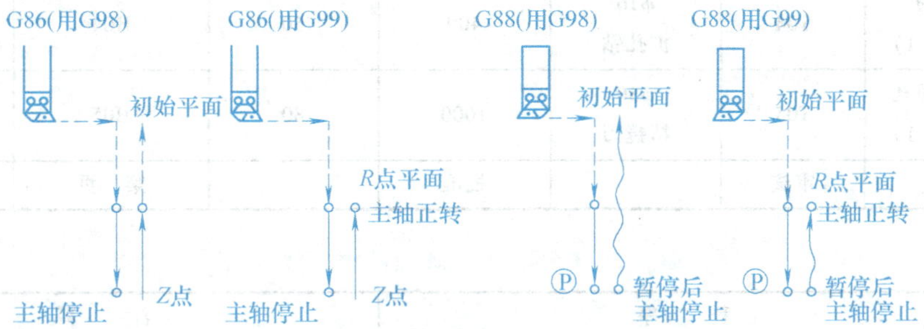

图 4-16　镗孔循环指令 G86 与 G88

项目实施

一、制订零件的加工工艺

1. 零件结构及技术要求分析

1）如图 4-1 所示，零件基准面已加工，需加工四个 ϕ8mm 和一个 ϕ30mm 的通孔。

2）孔较深且加工精度要求较高。

2. 零件加工工艺及工装分析

1）工件用机用平口虎钳装夹，工件应放在虎钳中间，底面垫铁垫实，上面至少露出 10mm，以免钳口干涉。工件中间有一通孔，垫铁放置要合适，以免钻削到垫铁。

2）加工方法：加工孔的公差等级是 IT7。ϕ30mm 采用“钻中心孔—钻底孔—扩孔—镗孔”；ϕ8mm 孔加工采用“钻中心孔—钻孔—铰孔”。

3）刀具选择：A2.5 中心钻（高速工具钢）、ϕ7.8mm. 麻花钻（高速工具钢）、ϕ8mm 铰刀（硬质合金）、ϕ16mm 扩孔钻（高速工具钢）、ϕ30mm 精镗刀（硬质合金）。

3. 数控加工工序卡见表 4-4。

二、编制数控加工程序

选取图 4-1 所示的工件上表面中心为编程原点，FANUC 0i M 系统数控加工程序见表 4-5。

表 4-4　固定板数控加工工序卡

数控加工工序卡片		工序号		工序内容			
单位		零件名称		零件图号	材料	夹具名称	使用设备
		固定板		4-1	45 钢	机用平口虎钳	加工中心
工步号	工步内容	刀具号	刀具规格/mm	主轴转速 n /(r/min)	进给速度 V_f /(mm/min)	刀具长度补偿	备注
1	钻中心孔（孔 1~5）	T01	A2.5 中心钻	2000	40	H01	
2	钻孔（孔 1~5）	T02	ϕ7.8 麻花钻	800	80	H02	
3	铰孔（孔 2~5）	T03	ϕ8 铰刀	100	30	H03	
4	扩孔（孔 1）	T04	ϕ16 扩孔钻	400	50	H04	
5	精镗孔（孔 1）	T05	ϕ30 精镗刀	1000	80	H05	
编制		审核		批准		第　页	共　页

表 4-5　FANUC 0i M 数控加工程序

顺序号	程　序	注　释
	O0008;	程序名
N10	G17　G40　G49　G80;	安全指令
N20	M06　T01;	换 1 号中心钻
N30	G54　G90　G00　X0　Y0;	建立加工坐标系,设定加工原点
N40	G43　H01　Z100;	建立 1 号刀具长度补偿
N50	M03　S2000;	
N60	G99　G81　X0　Y0　Z-3　R5　F40;	钻中心孔 1
N70	X-30　Y30;	钻中心孔 2
N80	X30　Y30;	钻中心孔 3
N90	X-30　Y-30;	钻中心孔 4
N100	X30　Y-30;	钻中心孔 5
N110	G80;	取消钻孔循环
N120	G00　G49　Z100;	
N130	M06　T02;	换 2 号 ϕ7.8mm 麻花钻
N140	G43　H02　Z100;	建立 2 号刀具长度补偿
N150	M03　S800;	
N160	G99　G83　X0　Y0　Z-35　R5　Q2　F80;	钻孔 1 注意:一般加工时深径比大于 3 可作为深孔加工(G83、G73),并建议孔径小于 10mm 时尽可能采用 G83。

（续）

顺序号	程　序	注　释
N170	X-30　Y30；	钻孔 2
N180	X30　Y30；	钻孔 3
N190	X-30　Y-30；	钻孔 4
N200	X30　Y-30；	钻孔 5
N210	G80；	
N220	G00　G49　Z100；	
N230	M06　T03；	换 3 号 ϕ8mm 铰刀
N240	G43　H03　Z100；	建立 3 号刀具长度补偿
N250	M03　S100；	
N260	G99　G85　X-30　Y30　Z-35　R5　F30；	铰孔 2
N270	X30　Y30；	铰孔 3
N280	X-30　Y-30；	铰孔 4
N290	X30　Y-30；	铰孔 5
N300	G80；	
N310	G00　G49　Z100；	
N320	M06　T04；	换 4 号 ϕ16mm 扩孔钻
N330	G43　H04　Z100；	建立 4 号刀具长度补偿
N340	M03　S400；	
N350	G99　G81　X0　Y0　Z-35　R5　F50；	扩孔 1
N360	G80；	
N370	G00　G49　Z100；	
N380	M06　T05；	换 5 号 ϕ30mm 精镗刀
N390	G43　H05　Z100；	建立 5 号刀具长度补偿
N400	M03　S1000；	
N410	G99　G76　X0　Y0　Z-35　R5　Q0.5　F80；	镗孔 1
N420	G80；	
N430	G00　G49　Z100；	
N440	M05；	
N450	M30；	

FANUC 0i M 系统孔加工固定循环的注意事项如下：

1）使用固定循环前必须用 M03、M04 指令使主轴旋转。

2）固定循环方式中，G43、G44 长度补偿作用仍起作用。

3）孔加工参数 Q（q）、P 必须在固定循环被执行的程序段中被指定，否则指令的 Q(q)、P 值无效。

4）在执行含有主轴控制的固定循环（如 G74、G76、G84 等）过程中，刀具开始切削进给时，主轴有可能还没有到达指令转速。这种情况下，需要在孔加工操作之间加入 G04 暂停指令。

5）如果执行固定循环的程序段中指定了一个 M 代码，M 代码将在固定循环执行定位时被同时执行，M 指令执行完毕的信号在 Z 轴返回 R 点或初始点后被发出。使用 K 参数指令重复执行固定循环时，同一程序段中的 M 代码在首次执行固定循环时被执行。

6）单程序段开关置上位时，固定循环执行完 X、Y 轴定位、快速进给到 R 点及从孔底返回（到 R 点或到初始点）后，都会停止，即需要按循环启动按钮三次才能完成一个孔的加工。三次停止中，前面的两次处于进给保持状态，后面的一次处于停止状态。

7）重复次数指令 K 不是一个模态的值，它只在需要重复的时候给出。进给速度指令 F 则是一个模态的值，即使固定循环取消后它仍然会保持。

4-3　虚拟加工　　4-4　机床操作

三、零件的数控加工（FANUC 0i M）

FANUC 0i 系统加工中心的基本加工同数控铣床。

1）选择加工中心、数控系统并开机。

2）机床各轴回参考点。

3）安装工件。

4）安装刀具并对刀（注意刀具长度补偿的设置）。

5）输入加工程序，并检查调试。

6）手动移动刀具退至距离工件较远处。

7）自动加工。

8）测量工件，对工件进行误差与质量分析并优化程序。

零件检测及评分见表 4-6。

表 4-6　零件检测及评分表

准考证号				操作时间		总得分	
工件编号				系统类型			
考核项目		序号	考核内容与要求	配分	评分标准	检测结果	得分
工件加工评分（60%）	大孔	1	$\phi36^{+0.021}_{0}$ mm	15	超差 0.01mm 扣 1 分		
	小孔	2	$4\times\phi8^{+0.015}_{0}$ mm	20	超差 0.01mm 扣 1 分		
		3	$60^{0}_{-0.1}$ mm	10	超差 0.01mm 扣 1 分		
	其他	4	$Ra3.2\mu m$	10	每处降 1 级，扣 2 分		
		5	按时完成无缺陷	5	缺陷一处扣 2 分，未按时完成全扣		
程序与工艺（30%）		6	工艺制订合理、选择刀具正确	10	每错一处扣 1 分		
		7	指令应用合理、得当、正确	10	每错一处扣 1 分		
		8	程序格式正确，符合工艺要求	10	每错一处扣 1 分		
现场操作规范（10%）		9	刀具的正确使用	2			
		10	量具的正确使用	3			
		11	刃的正确使用	3			
		12	设备正确操作和维护保养	2			
		13	安全操作	倒扣	出现安全事故停止操作，酌情扣 5~30 分		

项目任务二　螺孔的加工

如图 4-17 所示，已知毛坯外形各基准面已加工完毕，材料为 45 钢，要求编制支承板的孔加工程序并完成零件的加工。

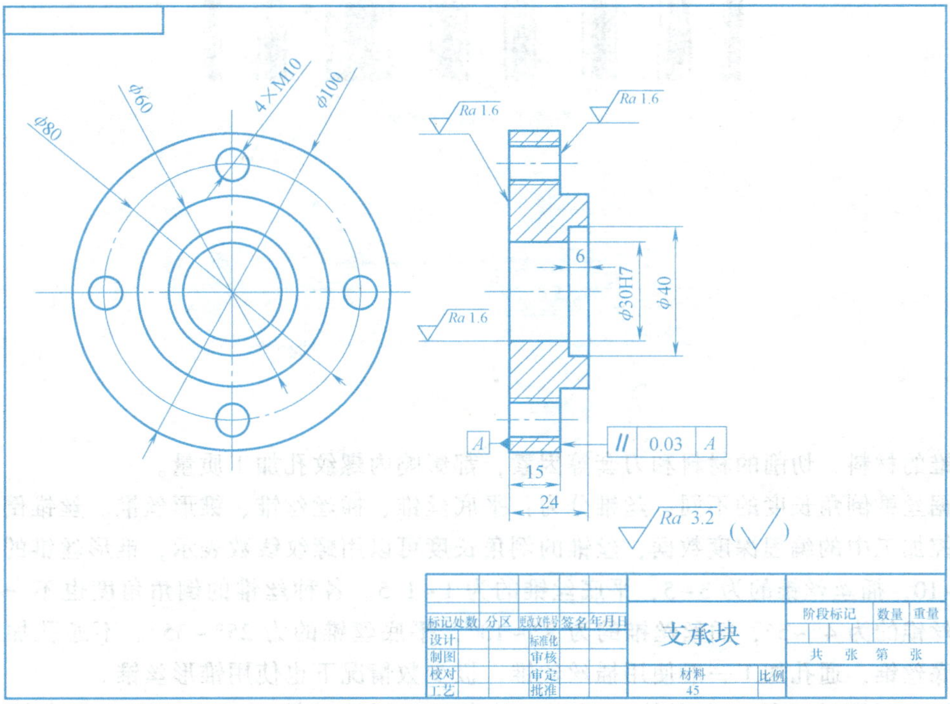

图 4-17　支承块

相关知识

一、螺孔加工的工艺

1. 螺纹加工方法及刀具选择

由于数控机床加工小直径螺纹时，丝锥比较容易折断，因此 M6 以下的内螺纹，可在数控机床上完成底孔加工后再通过其他手段攻螺纹；对于 M6～M20 的内螺纹，数控加工时一般采用丝锥进行攻螺纹；对于外螺纹或 M20 以上的内螺纹一般采用螺纹铣刀进行铣削加工。

2. 攻螺纹

（1）丝锥的选择　丝锥加工内螺纹的一种常用刀具，丝锥分为手用丝锥和机用丝锥两种，数控机床常用机用丝锥攻螺纹，丝锥有直槽机用丝锥、螺旋槽机用丝锥、挤压机用丝锥等，如图 4-18 所示。图 4-19 为直槽机用丝锥基本结构，螺纹部分可分为切削锥部分和校准部分，切削锥磨出锥角，以便逐渐切去全部余量，校准部分有完整齿形，起修光、校准和导向作；工具尾部通过夹头和标准锥柄与机床主轴锥孔联接。

攻螺纹加工的实质是用丝锥进行成形加工，丝锥的牙型、螺距、螺旋槽形状、倒角类

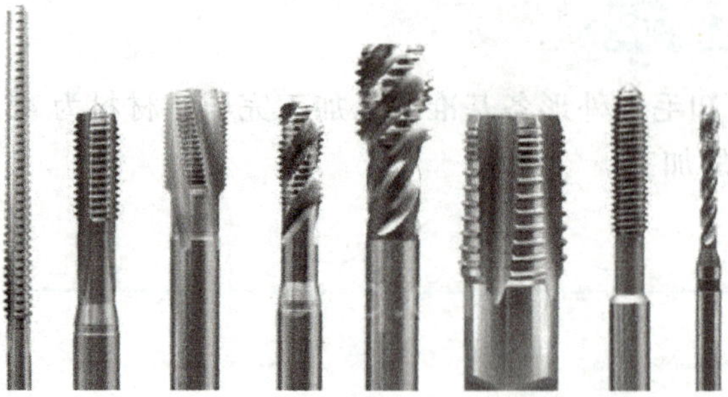

图 4-18 常用丝锥

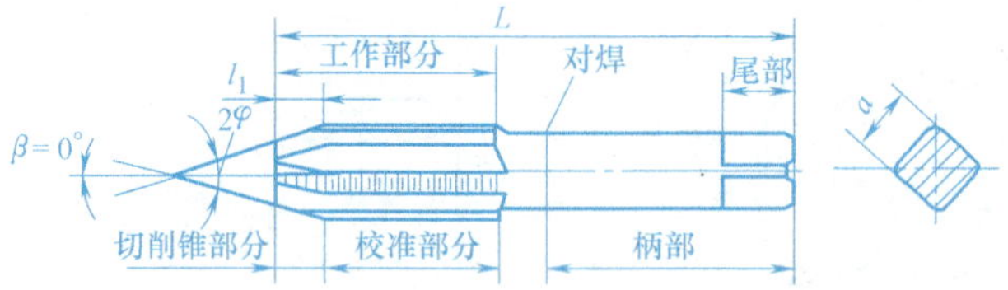

图 4-19 丝锥基本结构

型、丝锥的材料、切削的材料和刀套等因素，都影响内螺纹孔加工质量。

根据丝锥倒角长度的不同，丝锥分为：平底丝锥、插丝丝锥、锥形丝锥。丝锥倒角长度影响数控加工中的编程深度数据，丝锥的倒角长度可以用螺纹线数表示，锥形丝锥的常用线数为 8～10，插丝丝锥的为 3～5，平底丝锥的为 1～1.5。各种丝锥的倒角角度也不一样，通常锥形丝锥的为 4°～5°，插丝丝锥的为 8°～13°，平底丝锥的为 25°～35°。不通孔加工一般使用平底丝锥，通孔加工一般使用插丝丝锥，极少数情况下也使用锥形丝锥。

丝锥与不同的丝锥刀套联接，可分两种类型：刚性丝锥、浮动丝锥（张力补偿型丝锥）。浮动型丝锥的刀套允许丝锥在一定的范围缩进或伸出，而且浮动刀套的可调扭矩，可以改变丝锥张紧力；刚性丝锥要求数控机床的控制器具有同步运行功能，对于单线螺纹，攻螺纹时，必须保持丝锥螺距和主轴转速之间的同步关系：

进给速度 v_f＝转速 n×螺距 P。

例：当加工螺距 P 为 1.5mm 的螺纹时，主轴转速 n 为 300r/min，则进给速度 v_f 为 300r/min×1.5mm＝450mm/min

一般情况下，除非数控机床具有同步运行功能，可以支持刚性攻螺纹，否则应选用浮动丝锥，但浮动型丝锥较为昂贵。浮动丝锥攻螺纹时，可将进给率适当下调 5%（对于上例 v_f＝450mm/min×0.95≈425mm/min），将有更好的攻螺纹效果，当给定的 Z 向进给速度略小于螺旋运动的轴向速度时，锥丝切入孔中几牙后，丝锥将被螺旋运动向下引拉到攻螺纹深度，有利于保护浮动丝锥，一般，攻螺纹刀套的拉伸要比刀套的压缩更为灵活。

（2）普通内螺纹的基本尺寸　牙型角为 60°的米制螺纹，也叫普通螺纹。其基本尺寸如下：

1）螺纹大径：D（螺纹大径的基本尺寸与公称直径相同）

2）螺纹中径：D_2＝D－0.6495P（P 为螺纹螺距）

3）牙型高度：H＝0.5413P

4）螺纹小径：$D_1=D-1.0825P$

（3）工艺参数的确定

1）底孔直径的确定。丝锥攻内螺纹前，首先要有螺纹底孔，理论上，底孔直径就是螺纹的小径，实际加工时底孔直径的确定，需考虑工件材料的塑性及钻孔扩张量等因素。

丝锥攻内螺纹时，会挤压金属材料，加工塑性好的材料时，挤压作用尤为明显，严重时使螺纹牙顶与丝锥牙底之间没有足够的容屑空间，将丝锥箍住，甚至折断，因此，攻螺纹前预制的底孔直径应稍大于螺纹小径。但是底孔不宜过大，否则会使螺纹牙型高度不够，降低联接强度。

底孔直径大小，要根据工件材料塑性大小及钻孔扩张量考虑，一般采用下列经验公式：

① 在加工钢和塑性较大的材料及扩张量中等的条件下：

$$D_{钻}=D-P$$

式中　$D_{钻}$——攻螺纹钻螺纹底孔用钻头直径（mm）；

D——螺纹大径（mm）；

P——螺距（mm）。

② 在加工铸铁和塑性较小的材料及扩张量较小的条件下：

$$D_{钻}=D-(1.05\sim1.1)P$$

2）底孔深度的确定。攻不通孔螺纹时，还要考虑底孔深度，预钻孔的深度 Z 一般为：

$$Z=螺纹有效长度+0.7D$$

二、固定循环指令

4-5　螺纹加工

正转攻右旋螺纹指令 G84 与反转攻左旋螺纹指令 G74

编程指令：G84（G74）X__　Y__　Z__　R__　F__　；

说明：

1）G84 孔加工动作如图 4-20 所示。

2）G84 指令主轴在孔底反转，返回到 R 点平面后主轴恢复正转。G74 指令主轴在孔底正转，返回到 R 点平面后主轴恢复反转。

3）采用刚性丝锥时进给速度 v_f（对应 F 值根据主轴转速 n（对应 S 值）与螺纹导程 P_h（单线螺纹时为螺距 P）来计算（$v_f=n\times P_h$）。

4）在攻螺纹期间进给倍率无效且不能使进给停止，即使按下进给保持按钮，加工也不停止，直至完成该固定循环后才停止进给。

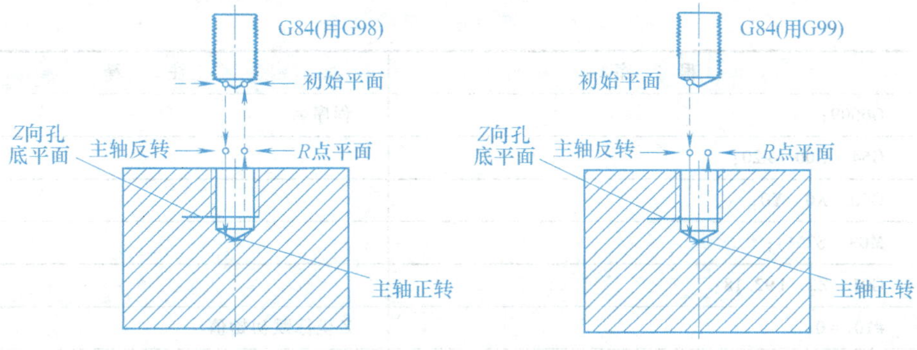

图 4-20　正转攻右旋螺纹指令 G84

*三、螺纹铣削

螺纹铣削加工与传统攻螺纹加工方式相比，用一把螺纹铣刀可加工不同旋向的内、外螺纹，而且对螺纹直径尺寸的调整极为方便。此外，螺纹铣刀的寿命是丝锥的十多倍甚至数十倍。

1. 圆柱螺纹铣刀

圆柱螺纹铣刀（图 4-21）的外形很像是立铣刀与螺纹丝锥的结合体，但它的螺纹切削刃与丝锥不同，刀具上无螺旋升程，加工中的螺旋升程靠机床运动实现。由于这种特殊结构，使该刀具既可加工右旋螺纹，也可加工左旋螺纹，但不适用于较大螺距螺纹的加工。常用的圆柱螺纹铣刀可分为粗牙螺纹铣刀和细牙螺纹铣刀两种。圆柱螺纹铣刀适用于钢、铸铁和有色金属材料的中小直径螺纹铣削，切削平稳，刀具寿命长。缺点是刀具制造成本较高，结构复杂，价格昂贵。

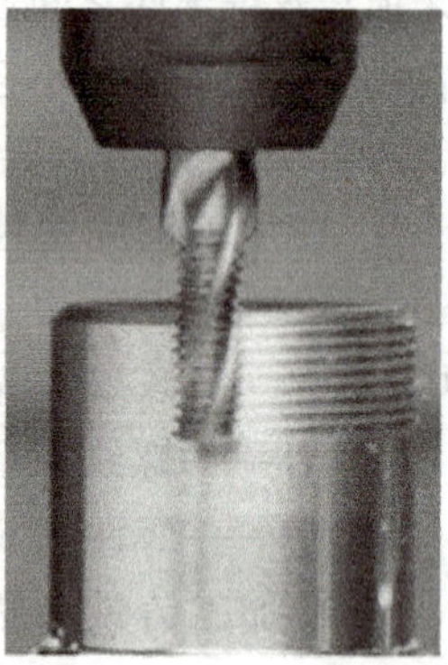
图 4-21　螺纹铣削

2. 机夹螺纹铣刀及刀片

机夹螺纹铣刀适用于较大直径（如 D>25mm）的螺纹加工。其特点是刀片易于制造，价格较低，有的螺纹刀片可双面切削，但抗冲击性能较整体螺纹铣刀稍差。因此，该刀具常推荐用于加工铝合金材料。

螺纹铣削运动轨迹为一螺旋线，可通过数控机床的三轴联动来实现。

例：M30×1.5 右旋内螺纹铣削加工。假设工件切削速度 150m/min，螺纹长度 L=20mm，机夹螺纹铣刀直径 $D_{刀}$=19mm，铣削方式：顺铣。

（1）参数计算　主轴转速 n 为：$n=1000v_c/(D_{刀}\times3.14)=1000\times150\text{m/min}/(19\text{mm}\times3.14)=2514\text{r/min}$

铣刀齿数 $z=1$，每齿进给量 $f_z=0.1$mm，铣刀切削刃处进给速度 v_{f1} 为：

$$v_{f1}=f_z\times n=0.1\text{mm}\times2514\text{r/min}=251.4\text{mm/min}$$

铣刀中心进给速度 v_{f2} 为：

$$v_{f2}=v_{f1}(D-D_{刀})/D=251.4\text{mm/min}\times(30-19)\text{mm}/30\text{mm}=92.18\text{mm/min}$$

（2）程序编制　刀具轨迹为一条螺旋线，程序需用循环编制，为提高编程效率，可参考项目五任务一的参数编程方法，参考程序见表 4-7。

表 4-7　螺纹铣削参考程序

顺序号	程　序	注　释
	O0009;	程序名
N10	G54　G00　Z20;	
N20	G00　X0　Y0;	
N30	M03　S2514;	
N40	G01　Z2　F92.18;	
N50	#101=0;	Z 坐标赋初始值
N60	G42　G01　X15　Y0　D01;	刀具定位到螺纹的起点

4 PROJECT

（续）

顺序号	程　序	注　释
N70	G02　I-15　Z#101；	螺旋线（三轴联动）
N80	#101=#101-1.5；	Z坐标递减（其值为螺距）
N90	IF［#101　GE　-21］　GOTO　70；	条件语句判断（70对应N70程序段）
N100	G40　G01　X0　Y0；	
N110	G00　Z20；	
N120	M05；	
N130	M30；	

项目实施

一、制订零件的加工工艺

1. 零件结构及技术要求分析

1）如图4-17所示，零件基准面已加工，需加工四个M10螺孔和一个ϕ30H7mm光孔和ϕ40mm的沉孔。

2）孔的加工精度要求较高。

2. 零件加工工艺及工装分析

1）工件用自定心卡盘装夹，工件应放在卡盘中间，底面垫铁垫实，上面至少露出10mm，以免钳口干涉。工件中间有一通孔，垫铁放置要合适，以免钻削到垫铁。

2）加工方法：M10螺孔为粗牙螺纹，螺距为1.5mm，其加工采用“钻中心孔—钻底孔—孔口倒角—攻螺纹”。ϕ30H7mm光孔的公差等级为IT7，采用“钻中心孔—钻底孔—扩孔—镗孔”来加工。

3）刀具选择：A2.5中心钻（高速工具钢）、ϕ28mm麻花钻（高速工具钢）、ϕ29.5mm.扩孔钻（高速工具钢）、ϕ40mm双刃镗刀（硬质合金）、ϕ8.5mm麻花钻（高速工具钢）、倒角刀（硬质合金）、M10丝锥（硬质合金）、ϕ30mm精镗刀（硬质合金）。

3. 数控加工工序卡见表4-8。

表4-8　支承板数控加工工序卡

数控加工工序卡片		工序号		工序内容			
单位		零件名称		零件图号	材料	夹具名称	使用设备
		支承块		4-17	45钢	自定心卡盘	加工中心
工步号	工步内容	刀具号	刀具规格/mm	主轴转速n/(r/min)	进给速度v_f/(mm/min)	刀具长度补偿	备注
1	钻中心孔（孔1~5）	T01	A2.5中心钻	2000	40	H01	
2	钻孔ϕ30H7孔底孔至ϕ28	T02	ϕ28麻花钻	500	70	H02	

（续）

工步号	工步内容	刀具号	刀具规格/mm	主轴转速 n /(r/min)	进给速度 v_f /(mm/ min)	刀具长度补偿	备注
3	扩 ϕ30H7 孔至 ϕ29.5	T03	ϕ29.5 扩孔钻	400	60	H03	
4	镗 ϕ40 沉孔	T04	ϕ40 双刃镗刀	450	40	H04	
5	钻 M10 螺纹底孔至 8.5	T05	ϕ8.5 麻花钻	800	80	H05	
6	M10 螺纹孔口倒角	T06	倒角刀	500	40	H06	
7	攻螺纹 M10	T07	M10 丝锥	100	150	H07	
8	精镗 ϕ30H7 孔	T08	ϕ30 精镗刀	1000	80	H08	
编制		审核		批准		第 页	共 页

4-6 螺孔加工

二、编制数控加工程序

选取工件上表面中心为编程原点，FANUC 0i M 系统数控加工程序见表 4-9。

表 4-9 FANUC 0i M 数控加工程序

顺序号	程 序	注 释
	O0010;	程序名
N10	G17 G40 G49 G80;	安全指令
N20	M06 T01;	换 1 号 A2.5 中心钻
N30	G54 G90 G00 X0 Y0;	建立加工坐标系，设定加工原点
N40	G43 H01 Z50;	建立 1 号刀具长度补偿
N50	M03 S2000;	
N60	G98 G81 X0 Y0 Z-12 R5 F40;	钻中心孔 1
N70	X40 Y0;	钻中心孔 2
N80	X-40 Y0;	钻中心孔 3
N90	X0 Y40;	钻中心孔 4
N100	X0 Y-40;	钻中心孔 5
N110	G80;	取消钻孔循环
N120	G00 G49 Z100;	
N130	M06 T02;	换 2 号 ϕ28mm 麻花钻
N140	G43 H02 Z50;	建立 2 号刀具长度补偿
N150	M03 S500;	

（续）

顺序号	程　序	注　释
N160	G99　G81　X0　Y0　Z-40　R5　F70;	钻孔 ϕ30H7 孔底孔至 ϕ28mm，孔深应考虑麻花钻顶角
N170	G80;	
N180	G00　G49　Z100;	
N190	M06　T03;	换 3 号 ϕ29.5mm 扩孔钻
N200	G43　H03　Z100;	建立 3 号刀具长度补偿
N210	M03　S400;	
N220	G99　G81　X0　Y0　Z-32　R5　F60;	扩 ϕ30H7 孔至 ϕ29.5mm
N230	G80;	
N240	G00　G49　Z100;	
N250	M06　T04;	换 4 号 ϕ40mm 双刃镗刀
N260	G43　H04　Z50;	建立 4 号刀具长度补偿
N270	M03　S450;	
N280	G99　G81　X0　Y0　Z-6　R5　F40;	镗 ϕ40mm 沉孔
N290	G80;	
N300	G00　G49　Z100;	
N310	M06　T05;	换 5 号 ϕ8.5mm 麻花钻
N320	G43　H05　Z50;	建立 5 号刀具长度补偿
N330	M03　S800;	
N340	G98　G81　X40　Y0　Z-30　R5　F80;	钻 M10 螺纹底孔 2 至 8.5mm
N350	X-40　Y0;	钻孔 3
N360	X0　Y40;	钻孔 4
N370	X0　Y-40;	钻孔 5
N380	G80;	
N390	G00　G49　Z100;	
N400	M06　T06;	换 6 号倒角刀
N410	G43　H06　Z50;	建立 6 号刀具长度补偿
N420	M03　S500;	
N430	G98　G81　X40　Y0　Z-11　R5　F40;	M10 螺纹孔口 2 倒角
N440	X-40　Y0;	倒角孔口 3
N450	X0　Y40;	倒角孔口 4
N460	X0　Y-40;	倒角孔口 5
N470	G80;	
N480	G00　G49　Z100;	
N490	M06　T07;	换 7 号 M10 丝锥
N500	G43　H07　Z50;	建立 7 号刀具长度补偿
N510	M03　S100;	
N520	G98　G84　X40　Y0　Z-28　R5　F150;	攻螺纹　M10 孔 2
N530	X-40　Y0;	攻螺孔 3
N540	X0　Y40;	攻螺孔 4

（续）

顺序号	程　序	注　释
N550	X0　Y-40；	攻螺孔 5
N560	G80；	
N570	G00　G49　Z100；	
N580	M06　T08；	换 8 号 ϕ30mm 精镗刀
N590	G43　H08　Z100；	建立 8 号刀具长度补偿
N600	M03　S1000；	
N610	G99　G76　X0　Y0　Z-32　R5　Q0.5　F80；	精镗 ϕ30H7 孔
N620	G80；	
N630	G00　G49　Z100；	
N640	M05；	
N650	M30；	

三、零件的数控加工（FANUC　0i　M）

FANUC　0i 系统加工中心的基本加工同数控铣床。

1）选择加工中心、数控系统并开机。

2）机床各轴回参考点。

3）安装工件。

4）安装刀具并对刀（注意刀具长度补偿的设置）。

5）输入加工程序，并检查调试。

6）手动移动刀具退至距离工件较远处。

7）自动加工。

8）测量工件，对工件进行误差与质量分析并优化程序。

零件检测及评分见表 4-10。

表 4-10　零件检测及评分表

<table>
<tr><td colspan="2">准考证号</td><td colspan="2"></td><td>操作时间</td><td></td><td>总得分</td><td></td></tr>
<tr><td colspan="2">工件编号</td><td colspan="2"></td><td colspan="2">系统类型</td><td colspan="2"></td></tr>
<tr><td colspan="2">考核项目</td><td>序号</td><td>考核内容与要求</td><td>配分</td><td>评分标准</td><td>检测结果</td><td>得分</td></tr>
<tr><td rowspan="6">工件加工评分（60%）</td><td rowspan="2">阶梯孔</td><td>1</td><td>ϕ30H7、18mm</td><td>15</td><td>超差 0.01mm 扣 1 分</td><td></td><td></td></tr>
<tr><td>2</td><td>ϕ40、6mm</td><td>10</td><td>超差 0.01mm 扣 1 分</td><td></td><td></td></tr>
<tr><td rowspan="2">螺孔</td><td>3</td><td>4×M10</td><td>15</td><td>不符要求无分</td><td></td><td></td></tr>
<tr><td>3</td><td>15mm</td><td>5</td><td>超差 0.01mm 扣 1 分</td><td></td><td></td></tr>
<tr><td rowspan="2">其他</td><td>4</td><td>$Ra1.6\mu m$，$Ra3.2\mu m$</td><td>10</td><td>每处降 1 级，扣 2 分</td><td></td><td></td></tr>
<tr><td>5</td><td>按时完成无缺陷</td><td>5</td><td>缺陷一处扣 2 分，未按时完成全扣</td><td></td><td></td></tr>
</table>

（续）

考核项目	序号	考核内容与要求	配分	评分标准	检测结果	得分
程序与工艺（30%）	6	工艺制订合理、选择刀具正确	10	每错一处扣1分		
	7	指令应用合理、得当、正确	10	每错一处扣1分		
	8	程序格式正确，符合工艺要求	10	每错一处扣1分		
现场操作规范（10%）	9	刀具的正确使用	2			
	10	量具的正确使用	3			
	11	刃的正确使用	3			
	12	设备正确操作和维护保养	2			
	13	安全操作	倒扣	出现安全事故停止操作，酌情扣5~30分		

拓展知识　SINUMERIK 802D M系统的基本编程（三）

SINUMERIK 802D M系统的循环指令

钻孔循环

CYCLE81 钻孔，中心钻孔

CYCLE82 中心钻孔

CYCLE83 深度钻孔

攻螺纹循环

CYCLE84 刚性攻螺纹

CYCLE840 带补偿夹具攻螺纹

镗孔循环

CYCLE85 铰孔1（镗孔1）

CYCLE86 镗孔（镗孔2）

CYCLE87 铰孔2（镗孔3）

CYCLE88 镗孔时可以停止1（镗孔4）

CYCLE89 镗孔时可以停止2（镗孔5）

（1）钻孔，钻中心孔——CYCLE81

指令格式：CYCLE81（RTP，RFP，SDIS，DP，DPR）；

参数：RTP Real　　后退平面（绝对）（图4-22）

RFP Real　　参考平面（绝对）

SDIS Real　　安全间隙（无符号输入）

DP Real 最后钻孔深度（绝对）

DPR Real 相对于参考平面的最后钻孔深度（无符号输入）

功能：刀具按照编程的主轴转速和进给速度钻孔，直至到达输入的最后钻孔深度。

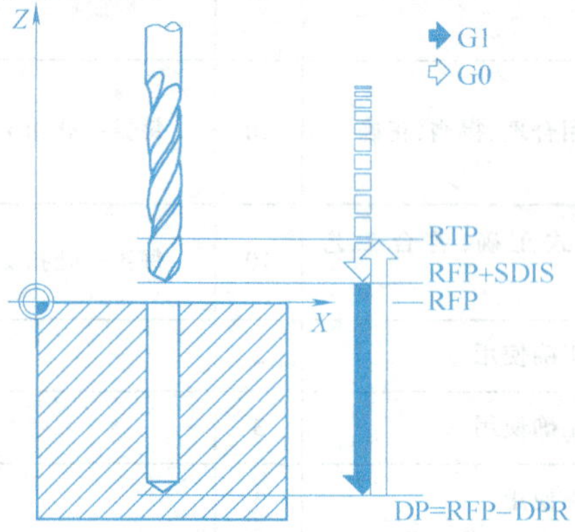

图 4-22 CYCLE81 循环

（2）中心钻孔——CYCLE82

指令格式：CYCLE82（RTP，RFP，SDIS，DP，DPR，DTB）；

参数：RTP Real 后退平面（绝对）

RFP Real 参考平面（绝对）

SDIS Real 安全间隙（无符号输入）

DP Real 最后钻孔深度（绝对）

DPR Real 相对于参考平面的最后钻孔深度（无符号输入）

DTB Real 到达最后钻孔深度时的停顿时间（断屑）

功能：刀具按照编程的主轴转速和进给速度钻孔，直至到达输入的最后钻孔深度。CYCLE82 与 CYCLE81 的区别是到达最后钻孔深度时允许停顿。

（3）深度钻孔——CYCLE83

指令格式：CYCLE83（RTP，RFP，SDIS，DP，DPR，FDEP，FDPR，DAM，DTB，DTS，FRF，VARI）；

参数：RTP Real 返回平面（绝对值）（图 4-23）

RFP Real 参考平面（绝对值）

SDIS Real 安全间隙（无符号输入）

DP Real 最后钻孔深度（绝对值）

DPR Real 相对于参考平面的最后钻孔深度（无符号输入）

FDEP Real 起始钻孔深度（绝对值）

FDPR Real 相对于参考平面的起始钻孔深度（无符号输入）

DAM Real 递减量（无符号输入）

DTB Real 到达最后钻孔深度时的停顿时间（断屑）

DTS Real 起始点处和用于排屑的停顿时间

FRF Real 起始钻孔深度的进给速度系数（无符号输入）值范围：0.001~1

VARI Int 加工类型：断屑=0，排屑=1

功能：刀具以编程的主轴转速和进给速度开始钻孔，直至定义的最后钻孔深度。深孔钻削（深度钻孔）是通过多次执行最大可定义的深度并逐步增加直至到达最后钻孔深度来实现的。钻头可以在每次进给深度完以后退回到参考平面并留安全间隙用于排屑，或者每次退回 1mm 用于断屑。

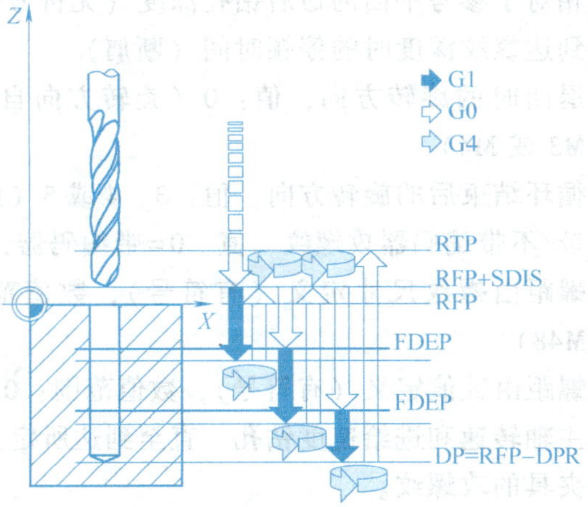

图 4-23　CYCLE83 循环

（4）刚性攻螺纹——CYCLE84

指令格式：CYCLE84（RTP，RFP，SDIS，DP，DPR，DTB，SDAC，MPIT，PIT，POSS，SST，SST1）；

参数：RTP Real　返回平面（绝对值）

RFP Real　参考平面（绝对值）

SDIS Real　安全间隙（无符号输入）

DP Real　最后钻孔深度（绝对值）

DPR Real　相对于参考平面的最后钻孔深度（无符号输入）

DTB Real　到达螺纹深度时的停顿时间（断屑）

SDAC Int　循环结束后的旋转方向，值：3、4 或 5（用于 M3、M4 或 M5）

MPIT Real　螺距由螺纹尺寸决定（有符号），数值范围：3～48（用于 M3～M48）。符号决定了在螺纹中的旋转方向

PIT Real　螺距由数值决定（有符号），数值范围：0.001～2000.000mm。符号决定了在螺纹中的旋转方向

POSS Real　循环中定位主轴的位置（以°为单位）

SST Real　攻螺纹速度

SST1 Real　退回速度

功能：刀具以编程的主轴转速和进给速度进行钻削，直至定义的最终螺纹深度。CYCLE84 一般用于刚性攻螺纹。对于带补偿夹具的攻螺纹，可以使用 CYCLE840 循环。

（5）带补偿夹具攻螺纹——CYCLE840

指令格式：CYCLE840（RTP，RFP，SDIS，DP，DPR，DTB，SDR，SDAC，ENC，MPIT，PIT）；

4 PROJECT

参数：RTP Real　返回平面（绝对值）
RFP Real　参考平面（绝对值）
SDIS Real　安全间隙（无符号输入）
DP Real　最后钻孔深度（绝对值）
DPR Real　相对于参考平面的最后钻孔深度（无符号输入）
DTB Real　到达螺纹深度时的停顿时间（断屑）
SDR Int　退回时的旋转方向，值：0（旋转方向自动颠倒）、3 或 4（用于 M3 或 M4）
SDAC Int　循环结束后的旋转方向，值：3、4 或 5（用于 M3、M4 或 M5）
ENC Int　带/不带编码器攻螺纹，值：0=带编码器，1=不带编码器
MPIT Real　螺距由螺纹尺寸定义（有符号），数值范围：3～48（用于 M3～M48）
PIT Real　螺距由数值定义（有符号），数值范围：0.001～2000.000mm。

功能：刀具以编程的主轴转速和进给速度钻孔，直至到达所定义的最后螺纹深度。使用此循环，可以进行带补偿夹具的攻螺纹。

（6）铰孔 1（镗孔 1）——CYCLE85

指令格式：CYCLE85（RTP，RFP，SDIS，DP，DPR，DTB，FFR，RFF）；

参数：RTP Real　退回平面（绝对值）（图 4-24）
RFP Real　参考平面（绝对值）
SDIS Real　安全间隙（无符号输入）
DP Real　最后钻孔深度（绝对值）
DPR Real　相对于参考平面的最后钻孔深度（无符号输入）
DTB Real　到达最后钻孔深度时的停顿时间（断屑）
FFR Real　进给速度
RFF Real　退回进给速度

功能：刀具按编程的主轴转速和进给速度钻孔，直至到达定义的最后钻孔深度。向内、向外移动的进给速度分别是参数 FFR 和 RFF 的值。

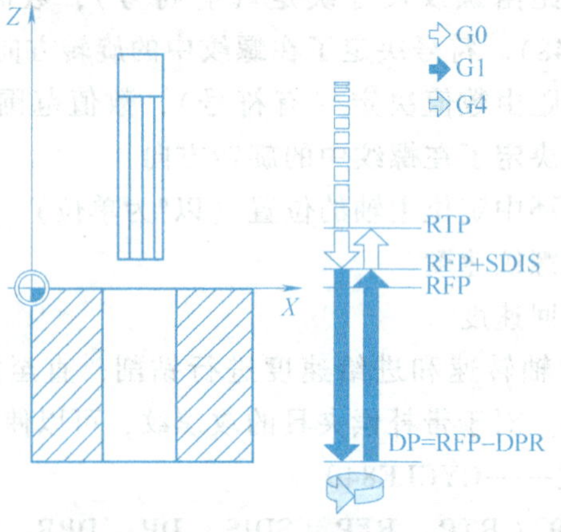

图 4-24　CYCLE85 循环

4 PROJECT

(7) 镗孔（镗孔 2）——CYCLE86

指令格式：CYCLE86（RTP，RFP，SDIS，DP，DPR，DTB，SDIR，RPA，RPO，RPAP，POSS）；

参数：RTP Real　返回平面（绝对值）

RFP Real　参考平面（绝对值）

SDIS Real　安全间隙（无符号输入）

DP Real　最后钻孔深度（绝对值）

DPR Real　相对于参考平面的最后钻孔深度（无符号输入）

DTB Real　到达最后钻孔深度时的停顿时间（断屑）

SDIR Int　旋转方向，值：3（用于 M3）、4（用于 M4）

RPA Real　平面中第一轴上的返回路径（增量，带符号输入）

RPO Real　平面中第二轴上的返回路径（增量，带符号输入）

RPAP Real　镗孔轴上的返回路径（增量，带符号输入）

POSS Real　循环中定位主轴停止的位置（以°为单位）

功能：此循环可以使用镗杆进行镗孔。刀具按照编程的主轴转速和进给速度进行钻孔，直至达到最后钻孔深度。镗孔时，一旦到达钻孔深度，便激活了定位主轴停止功能。然后，主轴从返回平面快速回到编程的返回位置。

(8) 铰孔 2（镗孔 3）——CYCLE87

指令格式：CYCLE87（RTP，RFP，SDIS，DP，DPR，DTB，SDIR）；

参数：RTP Real　返回平面（绝对值）

RFP Real　参考平面（绝对值）

SDIS Real　安全间隙（无符号输入）

DP Real　最后钻孔深度（绝对值）

DPR Real　相对于参考平面的最后钻孔深度（无符号输入）

DTB Real　到达最后钻孔深度处的停顿时间（断屑）

SDIR Int　旋转方向，值：3（用于 M3）、4（用于 M4）

功能：刀具按照编程的主轴转速和进给速度进行钻孔，直至达到最后钻孔深度。铰孔时，一旦到达钻孔深度，便激活了不定位主轴停止功能 M5 和编程的停止。按 NC START 键继续快速返回直至到达返回平面。

(9) 镗孔时可以停止 1（镗孔 4）——CYCLE88

指令格式：CYCLE88（RTP，RFP，SDIS，DP，DPR，DTB，SDIR）；

参数：RTP Real　退回平面（绝对值）

RFP Real　参考平面（绝对值）

SDIS Real　安全间隙（无符号输入）

DP Real　最后钻孔深度（绝对值）

DPR Real　相对于参考平面的最后钻孔深度（无符号输入）

DTB Real　到达最后钻孔深度时的停顿时间（断屑）

SDIR Int　旋转方向，值：3（用于 M3）、4（用于 M4）

功能：刀具按编程的主轴转速和进给速度钻孔直至到达定义的最后钻孔深度。镗孔时，一旦到达最后钻孔深度，便会产生无方向 M5 的主轴停止和已编程的停止。按 NC START 键在快速移动时持续退回动作，直至到达退回平面。

（10）镗孔时可以停止 2（镗孔 5）——CYCLE89

指令格式：CYCLE89（RTP，RFP，SDIS，DP，DPR，DTB）；

参数：RTP Real　　退回平面（绝对值）

RFP Real　　参考平面（绝对值）

SDIS Real　　安全间隙（无符号输入）

DP Real　　最后钻孔深度（绝对值）

DPR Real　　相对于参考平面的最后钻孔深度（无符号输入）

DTB Real　　到达最后钻孔深度时的停顿时间（断屑）

功能：刀具按编程的主轴转速和进给速度钻孔，直至到达定义的最后钻孔深度。如果到达了最后的钻孔深度，可以编程停顿时间。

例　用 SINUMERIK 802D M 系统编制图 4-25 所示多孔零件的孔加工程序。

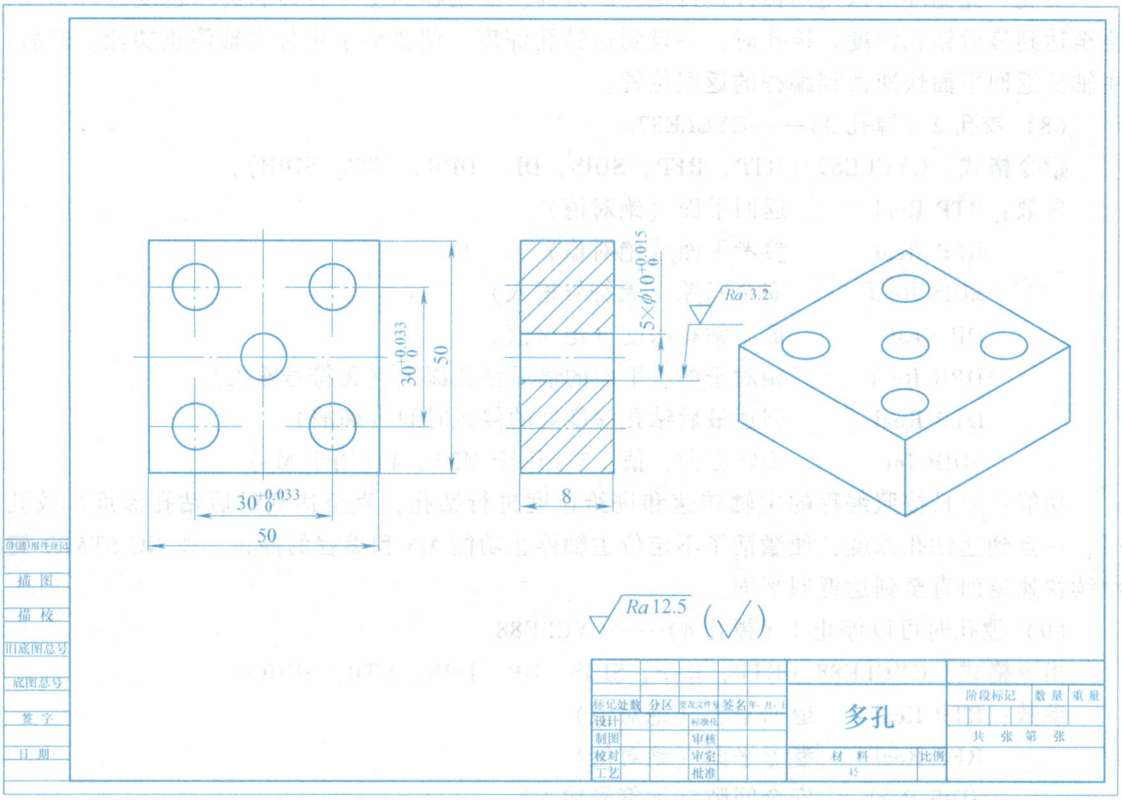

图 4-25　多孔零件

分析：该零件孔尺寸精度要求较高，尺寸公差等级为 IT7，应采用“钻-扩-粗铰-精铰”的方法，零件在加工中心上加工时使用的刀具及工艺参数可参考表 4-11。

以图 4-25 零件上表面中心作为工件原点，该零件数控加工程序见表 4-12。

表 4-11 刀具及工艺参数

工步号	工步内容	刀具号	刀具规格/mm	主轴转速/(r/min)	进给速度/(mm/min)
1	钻 ϕ3mm 定位孔	T01	ϕ3 中心钻	1500	50
2	扩孔 ϕ9.7mm 孔	T02	ϕ9.7 麻花钻	600	60
3	铰 ϕ10mm 孔	T03	ϕ10 铰刀	100	20

表 4-12 SINUMERIK 802D M 系统数控加工程序

顺序号	程 序	注 释
CC. MPF		
N10	G54 G90 G40 G17	建立工件坐标系,安全指令
N20	M6 T1	换 1 号中心钻
N30	G0 D2 Z100	建立 1 号刀具长度补偿
N40	M3 S1500 F50	
N50	Z50	
N60	M8	
N70	G0 X0 Y0	钻第 1 孔
N80	MCALL CYCLE81(5,0,3,-4,4)	模态调用钻孔循环
N90	X-15 Y-15	钻第 2 孔
N100	Y15	钻第 3 孔
N110	X15	钻第 4 孔
N120	Y-15	钻第 5 孔
N130	MCALL	取消模态调用
N140	M9	
N150	G0 Z100	
N160	M6 T2	换 2 号麻花钻
N170	G0 D2 Z100	建立 2 号刀具长度补偿
N180	M3 S600 F60	
N190	G54 G0 X0 Y0	建立工件坐标系
N200	Z50	
N210	M8	
N220	MCALL CYCLE81(5,0,3,-10,10)	模态调用钻孔循环
N230	G0 X0 Y0	扩第 1 孔
N240	X-15 Y-15	扩第 2 孔
N250	Y15	扩第 3 孔
N260	X15	扩第 4 孔
N270	Y-15	扩第 5 孔
N280	MCALL	取消模态调用

4 PROJECT

（续）

顺序号	程　序	注　释
N290	M9	
N300	G0　Z100	
N310	M6　T3	换3号铰刀
N320	G0　D2　Z100	建立3号刀具长度补偿
N330	M3　S100　F20	
N340	G54　G0　X0　Y0	建立工件坐标系
N350	Z50	
N360	M8	
N370	MCALL　CYCLE 85(5,0,3,-10,10,1,20,30)	模态调用铰孔循环
N380	G0　X0　Y0	铰第1孔
N390	X-15　Y-15	铰第2孔
N400	Y15	铰第3孔
N410	X15	铰第4孔
N420	Y-15	铰第5孔
N430	MCALL	取消模态调用
N440	M9	
N450	M30	

项目实践　复合孔系加工及精度检测

一、实践内容

完成图4-26所示双盖板零件的数控加工程序的编制，并对零件进行加工。

二、实践步骤

1）零件数控加工参考方案：

① 钻中心孔。

② 钻6×M8×1螺纹底孔至ϕ6mm。

③ 用ϕ20mm麻花钻钻ϕ40mm轮廓的预制孔。

④ 用键槽铣刀铣ϕ12mm的沉头孔，并粗铣内轮廓。

⑤ 用ϕ16mm的立铣刀精铣内轮廓。

⑥ 攻螺纹M8×1。

2）确定切削用量，填写工序卡。

3）编制数控加工程序。

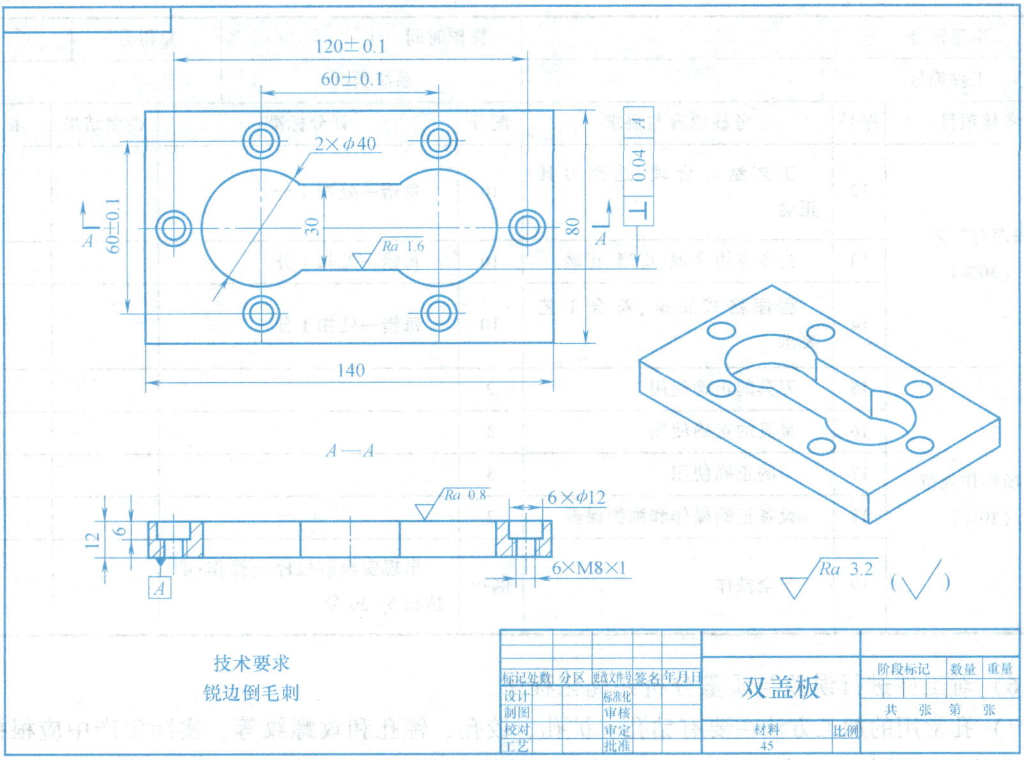

图 4-26　双盖板

4）零件数控加工。

5）零件精度检测。零件检测及评分见表 4-13。

表 4-13　零件检测及评分表

准考证号				操作时间		总得分	
工件编号					系统类型		
考核项目		序号	考核内容与要求	配分	评分标准	检测结果	得分
工件加工评分（60%）	四周孔	1	6×M8×1	9	超差不得分		
		2	6×φ12mm	9	超差无分		
		3	(60±0.1)mm(水平)	4	超差 0.01mm 扣 1 分		
		4	(60±0.1)mm(垂直)	4	超差不得分		
		5	(120±0.1)mm	4	超差不得分		
		6	6mm	3	超差不得分		
	内轮廓	7	2×φ40mm	5	超差不得分		
		8	30mm	4	超差不得分		
	其他	9	垂直度 0.04	5	不符合要求不得分		
		10	Ra1.6μm，Ra3.2μm	8	不符合要求不得分		
		11	按时完成无缺陷	5	缺陷一处扣 2 分，未按时完成全扣		

（续）

准考证号			操作时间		总得分	
工件编号			系统类型			
考核项目	序号	考核内容与要求	配分	评分标准	检测结果	得分
程序与工艺（30%）	12	工艺制订合理，选择刀具正确	10	每错一处扣 1 分		
	13	指令应用合理、得当、正确	10	每错一处扣 1 分		
	14	程序格式正确、符合工艺要求	10	每错一处扣 1 分		
现场操作规范（10%）	15	刀具的正确使用	2			
	16	量具的正确使用	3			
	17	刃的正确使用	3			
	18	设备正确操作和维护保养	2			
	19	安全操作	倒扣	出现安全事故停止操作；酌情扣 5~30 分		

6）对工件进行误差与质量分析并优化程序。

7）孔常用的加工方法主要有钻孔、扩孔、铰孔、镗孔和攻螺纹等。实际生产中应根据被加工孔的加工要求、尺寸、具体生产条件、批量的大小及毛坯上有无预制孔等情况合理选用。

项目自测题

一、填空题

1. 调用钻孔循环前，应使用______指令使主轴正转。

2. 钻孔前需用______（刀具）钻中心孔，以便于麻花钻定心。

3. 钻孔循环 G81 X__Y__Z__R__F__；中，X__Y__表示________Z__表示______R__表示 F__表示_____；G82 X__Y__Z__R__P__F__；中，P__表示_________。

4. G73 X__Y__Z__R__Q__F__；中，R__表示________Q__表示________。

5. G84（G74）X__Y__Z-R__F__；中，R__表示______F__表示_______。

6. 扩孔是用______对工件上已有的孔进行扩大的加工，扩孔钻有______个主切削刃，没有横刃，它的刚性及导向性好。扩孔加工尺寸公差等级一般可达____，表面粗糙度可达____。

7. 铰孔尺寸公差等级可以达________，表面粗糙度值最小可达________。

8. 镗孔尺寸公差等级可以达________，表面粗糙度值最小可达________。

9. 加工 M10 螺纹，则攻螺纹前底孔直径为____。

10. 螺纹铣削加工是用一把螺纹铣刀可加工________，而且对________的调整极为方便。

二、选择题

1. 位置精度较高的孔系加工时，特别要注意孔的加工顺序的安排，主要是考虑到（　　）。

A. 坐标轴的反向间隙　　B. 刀具的寿命

C. 控制振动　　D. 加工表面质量

2. 在铣削固定循环中，用于孔定位并且可以越障的平面是（　　）。

A. R 点平面　　B. 工件的上表面

C. 初始平面　　D. 高于最低参考平面的任意平面

3. 通常情况下，在加工中心上切削直径（　　）mm 的孔都应预制出毛坯孔。

A. 小于 30　　B. 大于或等于 30　　C. 大于 50　　D. 大于或等于 50

4. 钻小孔或长径比较大的孔时，应取（　　）的转速钻削。

A. 较低　　B. 中等　　C. 较高　　D. 不一定

5. 数控机床由主轴进给镗削内孔时，床身导轨与主轴若不平行，会使加工件的孔出现（　　）误差。

A. 锥度　　B. 圆柱度　　C. 圆度　　D. 直线度

6. 在（50，50）坐标点，钻一 ϕ12mm、深 10mm 的孔，Z 坐标零点位于零件的上表面，正确的程序段为（　　）。

A. G85 X50.0 Y50.0 Z-10.0 R6 F60;

B. G73 X50.0 Y50.0 Z-10.0 R6 F60;

C. G81 X50.0 Y50.0 Z-10.0 R3.0 F60;

D. G83 X50.0 Y50.0 Z-10.0 R3.0 F60;

7. 执行程序 G98 G81 R3 Z-5 F50 后，钻孔深度是（　　）。

A. 5mm　　B. 3mm　　C. 8mm　　D. 2mm

8. 深孔加工应选用（　　）指令。

A. G81　　B. G82　　C. G83　　D. G84

9. 标准麻花钻的顶角为（　　）。

A. 118°　　B. 35°~40°　　C. 50°~55°

10. 欲加工 ϕ6H7 深 30mm 的孔，合理的用刀顺序应该是（　　）。

A. ϕ2.0mm 中心钻，ϕ5.0mm 麻花钻、ϕ6.0mm 微调精镗刀

B. ϕ2.0mm 中心钻，ϕ5.0mm 麻花钻、ϕ6H 精铰刀

C. ϕ2.0mm 中心钻，ϕ5.0mm 麻花钻、ϕ6H7 精铰刀

D. ϕ1.0mm 中心钻，ϕ5.0mm 麻花钻、ϕ6.0H7 麻花钻

11. 利用丝锥攻制 M10×1.5 螺纹时，宜选用底孔钻头直径为

A. 9.5mm　　B. 7mm　　C. 8.5mm　　D. 7.5mm

12. 要正确导入钻头钻入工件，宜选用（　　）

A. 中心钻头　　B. 锥孔钻头　　C. 切削刃数较少的钻头

三、判断题

1. 在铣床上可以用键槽铣刀或立铣刀铣孔。（　　）

2. 调用钻孔循环前应先指定主轴转速大小和方向。（　　）

3. 钻孔循环中，G98 指令表示刀具将退至 R 点平面。（　　）

4. 钻深孔和钻浅孔的区别是：钻头钻到一定的深度后需暂停一定时间或退出一定距离，

4 PROJECT

以便于断屑和排屑。(　　)

5. 铰孔常作为孔加工的粗加工方法之一。(　　)

6. 镗孔常用于精加工直径较小的孔。(　　)

7. 攻螺纹时主轴倍率和进给倍率开关无效。(　　)

8. 攻螺纹前的底孔直径过小，会导致丝锥折断。(　　)

9. G81 和 G82 的区别在于，G82 在孔底加进给暂停动作。(　　)

10. 用 G84 指令攻螺纹时，没有 Q 参数。(　　)

11. G81 XO Y __ 20 Z __ 3 R5 F50；与 G99 G81 X0 Y __ 20 Z __ 3 R5 F50；意义相同。(　　)

12. C73、C83 为攻螺纹循环指令。(　　)

四、简答题

1. 钻孔和钻深孔的工艺有何不同？

2. 螺孔加工应注意哪些问题？

3. 铰孔和镗孔加工应注意哪些问题？

五、编程题

如图 4-27 所示，工件材料为 45 钢，请选择适当的刀具加工该零件。要求在图中标出工件坐标系，并编写零件的加工程序。

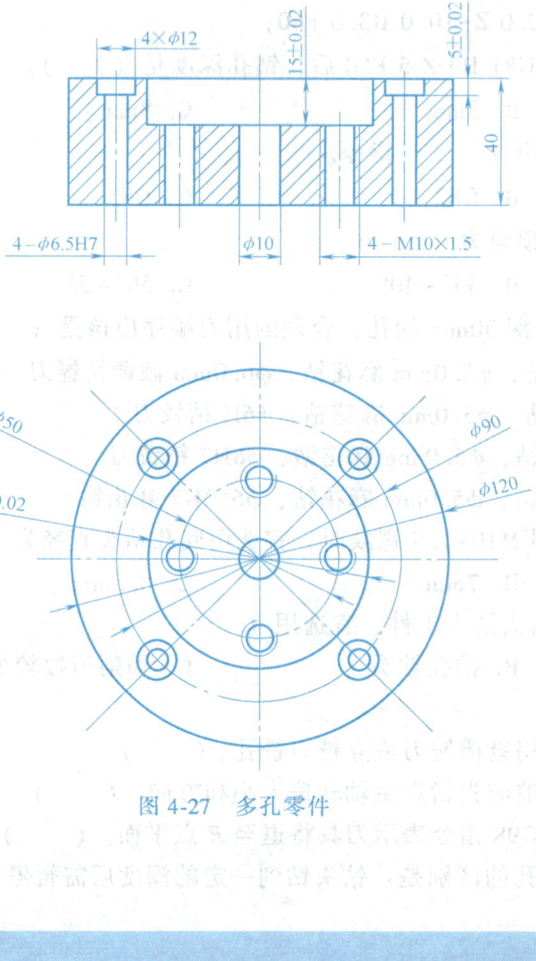

图 4-27　多孔零件

项目五 综合零件的加工

项目目标

1. 掌握综合零件的加工工艺，能正确选用刀具及合理的切削参数。

2. 能正确设置刀具参数和工件零点偏置。

3. 能区分各种常用铣削刀具的应用特点。

4. 通过对含二次曲线的铣削零件的宏程序编程，掌握数控加工该类零件的基本方法和工艺路径。

5. 培养数控机床的独立操作能力。

6. 正确使用检测量具，能对综合零件加工质量进行分析。

项目任务一 底台的加工

在加工中心上加工图 5-1 所示的零件，零件材料为铝合金，切削性能较好。零件尺寸为 90mm×90mm×30mm，已完成上、下平面及周边侧面的加工，如图 5-2 所示。

项目实施

一、制订零件的加工工艺

1. 零件结构及技术要求分析

图 5-1 所示的零件为集轮廓、型腔和孔为一体的综合零件，零件外轮廓为正方形，零件尺寸精度要求较高。

2. 零件加工工艺及工装分析

（1）加工机床的选择　选用立式加工中心，机床系统选用 FANUC 0i 系统或 SINUMERIK 802D 系统。

（2）工件的装夹　以已加工过的底面和侧面作为定位基准，在精密机用平口虎钳上装夹工件，钳口高度为 50mm，工件顶面高于钳口 15～20mm，工件底面用垫块托起，并注意垫块的位置，保证不会碰到钳口。

（3）加工方法及刀具的选择　铣外轮廓 1、铣外轮廓 2、铣外轮廓 3，选用 ϕ10mm 立铣刀；铣内槽，选用 ϕ10mm 键槽铣刀；钻 4×ϕ10H7 底孔，选用 ϕ9.8mm 麻花钻；铰 4×ϕ10H7 孔，选用 ϕ10mm 铰刀。

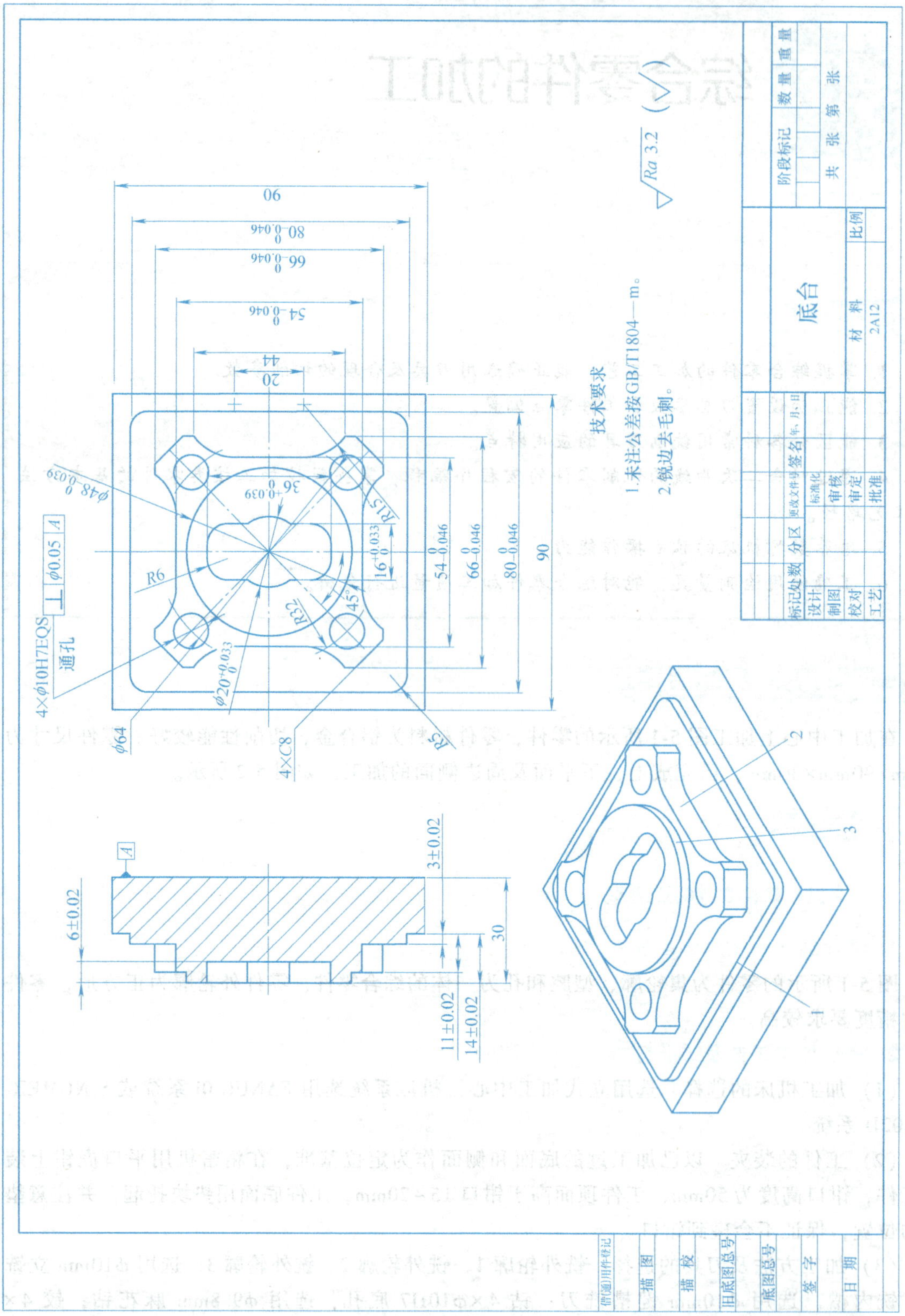

图 5-1 综合零件 1 的零件图

（4）切削用量的选择　查表可知，铝合金允许切削速度 v 为 180～300m/min，故精加工取 v = 180m/min 左右，粗加工取 v = 180m/min×70% = 126m/min 左右。

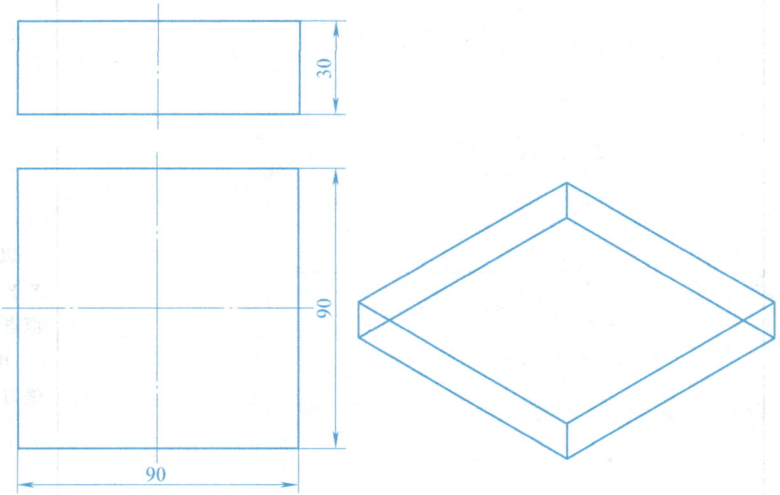

图 5-2　综合零件 1 的毛坯图

3. 数控加工工艺文件

数控加工工序卡见表 5-1，各工步加工过程见表 5-2。

表 5-1　综合零件 1 数控加工工序卡

数控加工工序卡片		工序号			工序内容			
单位		零件名称			零件图号	材料	夹具名称	使用设备
		底台			5-1	铝合金	精密机用平口虎钳	加工中心
工步号	工步内容	刀具号	刀具规格/mm		主轴转速 n/(r/min)	进给速度 v_f/(mm/min)	刀具长度补偿	备注
			类型	材料				
1	铣外轮廓 1	T01	ϕ10 立铣刀	高速钢	1000	100	H01	
2	铣外轮廓 2	T01	ϕ10 立铣刀	高速钢	1000	100	H01	
3	铣外轮廓 3	T01	ϕ10 立铣刀	高速钢	1000	100	H01	
4	铣内槽	T02	ϕ10 键槽铣刀	高速钢	1000	80	H02	
5	钻 4×ϕ9.8mm 孔	T03	ϕ9.8 麻花钻	高速钢	800	70	H03	
6	铰 4×ϕ10H7 孔	T04	ϕ10 铰刀	硬质合金	200	50	H04	
编制		审核		批准			第　页	共　页

注：H01～H04 中的数值根据具体加工和对刀情况而定。

表 5-2　综合零件 1 工步加工过程

序号	工步	工 步 图	说 明
1	建立工件坐标系，铣外轮廓 1	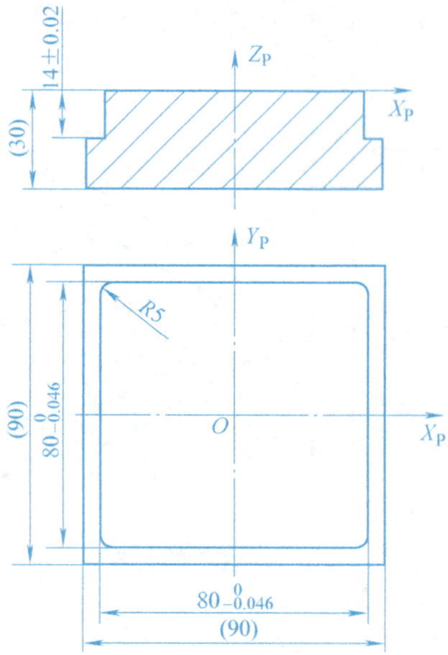	以对称中心 *O* 为 *X*、*Y* 轴坐标原点，*Z* 轴原点位于上平面 用 ϕ10mm 的立铣刀
2	铣外轮廓 2	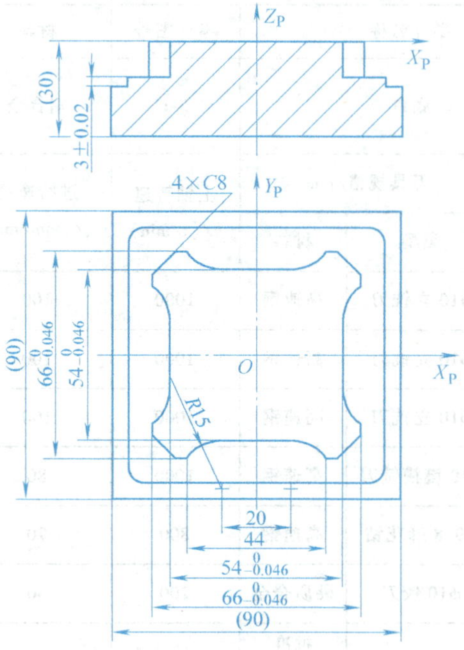	用 ϕ10mm 的立铣刀

（续）

序号	工步	工步图	说明
3	铣外轮廓 3	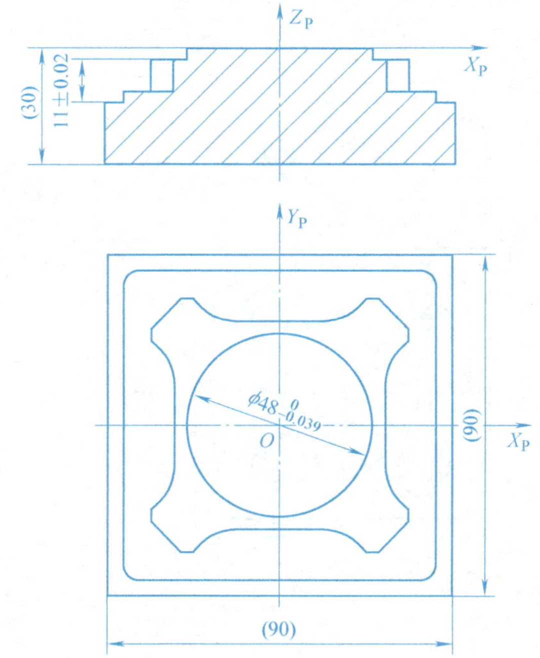	用 ϕ10mm 的立铣刀
4	铣内槽	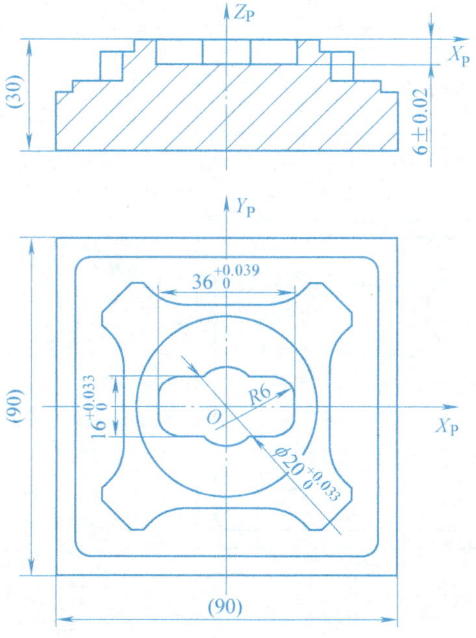	用 ϕ10mm 键槽铣刀

（续）

序号	工步	工　步　图	说　　明
5	钻 4 × ϕ9. 8mm 孔	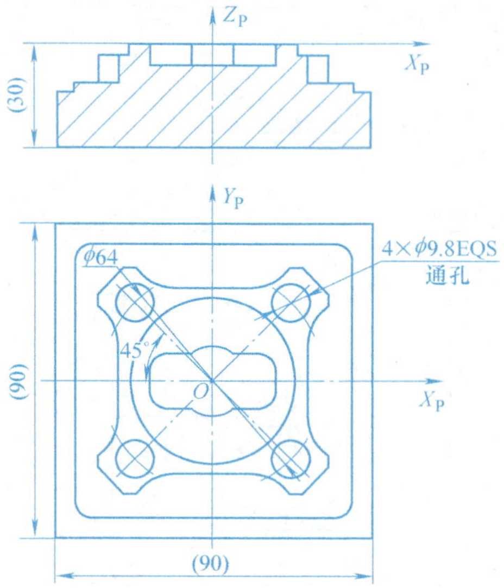	用 ϕ9. 8mm 麻花钻
6	铰 4 × ϕ10H7 孔	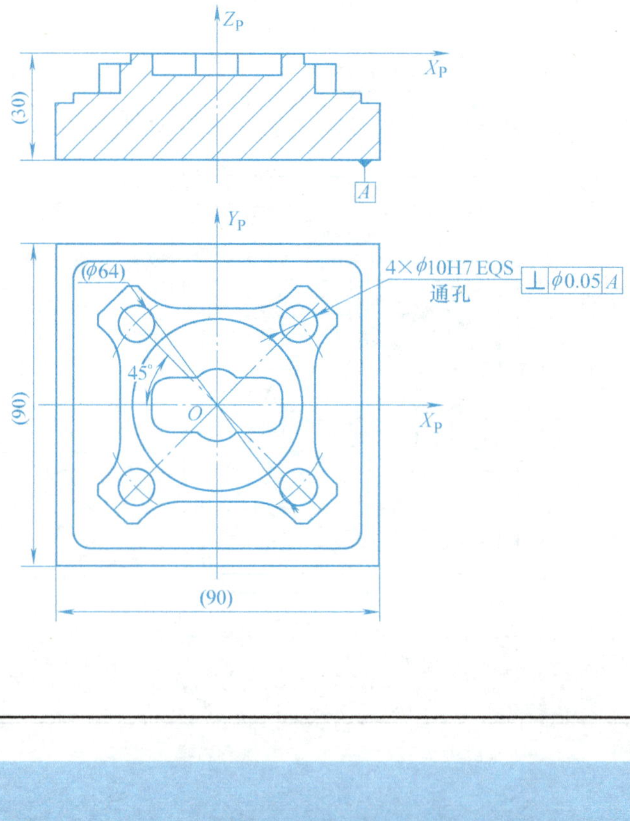	用 ϕ10H7 铰刀

5 PROJECT

二、编制数控加工程序

1. 坐标系的确定

为计算方便，编程坐标系原点设在图 5-1 所示零件上表面中心处。利用寻边器或分中棒、Z 轴设定器或量块进行对刀，确定工件坐标系原点 O。

2. 编程坐标点的确定

根据工步图中的坐标系确定编程坐标点。

3. 编写加工程序

根据 FANUC 0i M 及 SINUMERIK 802D M 数控系统的指令及规则，编写加工程序，见表 5-3。

5-1 任务一 FANUC　　5-2 任务一 Siemens

表 5-3　综合件 1 数控加工参考程序

工步	程序（FANUC 0i M 系统）	程序（SINUMERIK 802D M 系统）	注　释
铣外轮廓 1	G54 G90 G49 G80 G40 G00 Z50; M06 T01; M03 S1000; G00 X60 Y0; G43 G00 Z20 H01; Z10; G01 Z-14 F80; G41 G01 X40 Y0 D01 F100; Y-40 R5; X-40 R5; Y40 R5; X40 R5; Y0; X50; G40 G01 X60 Y0; G49 G00 Z50;	G54 G90 G40 G0 Z50; M6 T1; G0 D2 Z20; S1000 M3; G0 X60 Y0; G0 Z10; G1 Z-14 F80; G41 G1 X40 Y0 D1 F100; Y-40 RND=5; X-40 RND=5; Y40 RND=5; X40 RND=5; Y0; X50; G40 G1 X60 Y0; G0 Z50;	建立工件坐标系，安全指令 换 1 号刀（ϕ10mm 立铣刀） 建立刀具半径左补偿 D01=5mm，刀具以进给速度接近工件至点（40，0）处 铣外轮廓 1
铣外轮廓 2	G54 G90 G49 G80 G40 G00 Z50; G00 X60 Y0; M03 S1000; G43 G00 Z10 H01; G01 Z-11 F80; G41 G01 X27 Y0 D01 F100; Y-10; G03 X33 Y-22 R15; G01 Y-25; X25 Y-33; X22;	G54 G90 G40 G0 Z50; G6 X60 Y0; S1000 M3; G0 D2 Z10; G1 Z-11 F80; G41 G1 X27 Y0 D1 F100; Y-10; G3 X33 Y-22 CR=15; G1 Y-25; X25 Y-33; X22;	铣外轮廓 2

（续）

工步	程序（FANUC 0i M 系统）	程序（SINUMERIK 802D M 系统）	注　释
铣外轮廓 2	G03 X10 Y-27 R15; G01 X-10; G03 X-22 Y-33 R15; G01 X-25; X-33 Y-25; Y-22; G03 X-27 Y-10 R15; G01 Y10; G03 X-33 Y22 R15; G01 Y25; X-25 Y33; X-22; G03 X-10 Y27 R15; G01 X10; G03 X22 Y33 R15; G01 X25; X33 Y25; Y22; G03 X27 Y10 R15; G01 Y0; X50; G40 G01 X60 Y0; G49 G00 Z50;	G3 X10 Y-27 CR=15; G1 X-10; G3 X-22 Y-33 CR=15; G1 X-25; X-33 Y-25; Y-22; G3 X-27 Y-10 CR=15; G1 Y10; G3 X-33 Y22 CR=15; G1 Y25; X-25 Y33; X-22; G3 X-10 Y27 CR=15; G1 X10; G3 X22 Y33 CR=15; G1 X25; X33 Y25; Y22; G3 X27 Y10 CR=15; G1 Y0; X50; G40 G1 X60 Y0; G0 Z50;	铣外轮廓 2
铣外轮廓 3	G54 G90 G49 G80 G40 G00 Z50; G00 X60 Y0; M03 S1000; G43 G00 Z10 H01; G01 Z-3; G41 G01 X24 Y0 D01 F100; G02 X24 I-24; G40 G01 X60 Y0; G49 G00 Z50;	G54 G90 G40 G0 Z50; G0 X60 Y0; S1000 M3; G0 D2 Z10; G1 Z-3 F80; G41 G1 X24 Y0 F100; G2 I-24; G40 G1 X60 Y0; G0 Z50;	铣外轮廓 3

（续）

工步	程序（FANUC 0i M 系统）	程序（SINUMERIK 802D M 系统）	注　释
铣内槽	M06　T02; M03　S1000; G54　G90　G49　G40　G80　G00　Z0; G00　X0　Y0; G43　G00　Z20　H02; Z10; G01　Z-6　F50; G42　G01　X18　Y0　D01　F80; Y-2; G02　X12　Y-8　R6; G01　X6; G02　X-6　R10; G01　X-12; G02　X-18　Y-2　R6; G01　Y2; G02　X-12　Y8　R6; G01　X-6; G02　X6　R10; G01　X12; G02　X18　Y2　R6; G01　Y-2; G01　X10; G40　G01　X0　Y0; G49　G00　Z50; M05; G91　G28　Z0;	M6　T2; G0　D2　Z10; S1000　M3; G54　G90　G40　G0　Z20; G0　X0　Y0; G1　Z-6　F50; G42　G1　X18　Y0　D1　F80; Y-2; G2　X12　Y-8　CR=6; G1　X6; G2　X-6　CR=10; G1　X-12; G2　X-18　Y-2　CR=6; G1　Y2; G2　X-12　Y8　CR=6; G1　X-6; G2　X6　CR=10; G1　X12; G02　X18　Y2　CR=6; G1　Y-2; G1　X10; G40　G1　X0　Y0; G0　Z50; M5; G74　Z0;	换 2 号刀（ϕ10mm 键槽铣刀） 铣内槽
钻 4×ϕ9.8mm 孔	M06　T03; M03　S800; G54　G90　G49　G40　G80　G00　Z50; G43　G00　Z20　H03; G00　X60　Y0; Z10; G98　G83　X22.63　Y22.63　Z-33　R3　Q5　F70; Y-22.63; X-22.63; Y22.63; G80　G49　G00　Z50; M05; G91　G28　Z0;	M6　T3; G0　D2　Z50; S800　M3; G54　G90　G40　G0　Z20; G0　X60　Y0; G1　Z10　F70; MCALL　CYCLE83(10,0,5,-33,33,-10,10,2,0.5,1); X22.63　Y22.63; Y-22.63; X-22.63; Y22.63; MCALL; G0　Z50; M5; G74　Z0;	换 3 号刀（ϕ9.8mm 麻花钻） 钻孔循环钻 4×ϕ9.8mm 孔 撤销循环

（续）

工步	程序(FANUC 0i M 系统)	程序(SINUMERIK 802D M 系统)	注　释
铰 4× ϕ10H7 孔	M06　T04; M03　S200; G54　G90　G49　G40; G43　G00　Z50　H04; G00　X60　Y0; Z10; G98　G85　X22.63　Y22.63 Z-33　R3　F50; Y-22.63; X-22.63; Y22.63; G80　G49　G00　Z50; M05; M30;	M06　T4; G0　D2　Z10; G54　G90　G40; S200　M3; G0　X60　Y0; G1　Z10　F50; MCALL　CYCLE85(10,0,5,-33,33,3,50,80); X22.63　Y22.63; Y-22.63; X-22.63; Y22.63; MCALL; G0　Z50; M5; M30;	换 4 号刀(ϕ10H7 铰刀) 铰孔循环铰 4×ϕ10H7 孔 撤销循环

三、用加工中心加工

1）选择合适的加工中心、数控系统并开机。
2）机床各轴回参考点。
3）安装工件。
4）安装刀具并对刀。
5）输入加工程序，并检查调试。
6）手动移动刀具退至距离工件较远处。
7）自动加工。
8）测量工件，对工件进行误差与质量分析并优化程序。
零件检测及评分标准见表 5-4。

表 5-4　零件检测及评分标准

准考证号				操作时间		总得分	
工件编号				系统类型			
考核项目		序号	考核内容与要求	配分	评分标准	检测结果	得分
工件加工评分(60%)	方形外轮廓 1	1	$80_{-0.046}^{0}$mm，$80_{-0.046}^{0}$mm	4	超差 0.01mm 扣 1 分		
		2	$R5$mm(4 处)	2	不符要求无分		
		3	(14±0.02)mm	3	超差 0.01mm 扣 1 分		

（续）

考核项目		序号	考核内容与要求	配分	评分标准	检测结果	得分
工件加工评分（60%）	花形外轮廓 2	4	$54_{-0.046}^{0}$mm	4	超差 0.01mm 扣 1 分		
		5	$66_{-0.046}^{0}$mm	3	超差 0.01mm 扣 1 分		
		6	R15mm（8 处）	2	不符要求无分		
		7	（3±0.02）mm	3	超差 0.01mm 扣 1 分		
		8	4×C8	2	不符要求无分		
	圆形轮廓 3	9	$\phi48_{-0.039}^{0}$mm	4	超差 0.01mm 扣 1 分		
		10	（11±0.02）mm	3	超差 0.01mm 扣 1 分		
	内槽	11	$36_{0}^{+0.039}$mm	4	超差 0.01mm 扣 1 分		
		12	$16_{0}^{+0.033}$mm	3	超差 0.01mm 扣 1 分		
		13	$\phi20_{0}^{+0.033}$mm	4	超差 0.01mm 扣 1 分		
		14	（6±0.02）mm	3	超差 0.01mm 扣 1 分		
		15	R6mm（4 处）	2	不符要求无分		
	孔	16	ϕ64mm	2	超差无分		
		17	4×ϕ10H7	3	超差无分		
	其他	18	形位公差、表面粗糙度	4	不符要求无分		
		19	按时完成，无缺陷	5	缺陷一处扣 2 分，未按时完成全扣		
程序与工艺（30%）		20	工艺制订合理，选择刀具正确	10	每错一处扣 1 分		
		21	指令应用合理、得当、正确	10	每错一处扣 1 分		
		22	程序格式正确，符合工艺要求	10	每错一处扣 1 分		
现场操作规范（10%）		23	刀具的正确使用	2			
		24	量具的正确使用	3			
		25	刃的正确使用	3			
		26	设备正确操作和维护保养	2			
		27	安全操作	倒扣	出现安全事故时停止操作，酌情扣 5~30 分		

5 PROJECT

相关知识

5-3　宏编程加工

一、FANUC 0i 系统的宏程序

（一）曲面的宏程序加工方法

1. 规则曲面的加工方法

对斜面、球面和椭圆面等规则曲面进行程序编制时，一般由曲面的规则公式或参数方程，选择其中一个变量作为自变量，另一个变量作为这个自变量的函数，并将公式或方程转化成这个自变量的函数表达式，用数控系统中的变量来表示这个函数表达式，最后根据这个曲面的起始点和移动步距，采用等间距直线逼近法和圆弧逼近法来进行程序设计。曲面加工时，一般在二轴半或三轴联动的数控机床上用“行切法”进行加工。当曲面为边界敞开的凸形曲面时，可采用小直径的立铣刀或球头铣刀进行粗、精加工；当曲面为边界封闭的凹槽时，只宜选用球头铣刀加工。

2. 不规则曲面的加工方法

对不规则曲面进行程序编制时，一般先对曲面分层进行相似拟合，随后对相似拟合的曲线套用规则公式，再按照规则公式曲面编程和加工的方法分段进行；如果不能用规则公式来表示，则求出曲线上相邻点的坐标，绘制出曲线列表，采用列表式方法编程。同样，对不规则曲面进行加工时，通常采用“行切法”或“环切法”等多种方法进行二轴半、三轴联动加工。

曲面零件的种类很多，但不管是哪一种类型的，编程时所做的数学处理是相同的。一是选择插补方式，即是采用直线逼近，还是圆弧段逼近；二是插补节点的坐标计算。

（二）宏程序编程

用户宏程序有 A、B 两类，FANUC 0i 系统采用 B 类宏程序。由于 A 类宏程序不直观，可读性差，本项目仅介绍 B 类宏程序。

1. 变量及运算

（1）变量的表示

1）变量用符号（#）和后面的变量号指定。

例：#1、#2

2）表达式可以用于指定变量号，此时，表达式必须封闭在括号中。

例：#［#1+#2-10］

（2）变量的类型。变量根据变量号可以分四种类型，见表 5-5。

表 5-5　变量的类型

变量号	变量类型	功　能
#0	空变量	该变量总是空，没有值能赋给该变量
#1～#33	局部变量	只能用于在宏程序中存储数据，断电后初始化为空，可以在程序中赋值
#100～#199 #500～#999	公共变量	在不同的宏程序中意义相同（即公共变量对于主程序和从这些主程序调用的每个宏程序来说是公用的），断电时#100～#199 清除为空，#500～#999 数据不清除
#1000～	系统变量	用于读和写 CNC 运行时各种数据的变化，如刀具的当前位置和补偿值等

（3）变量的引用

1）在地址后指定变量即可引用其变量值。

例：G01　X[#1+#2]　F#3；

若#1=10、#2=20、#3=80，则上面的指令为：G01　X30　F80；

2）当引用未定义的变量时，变量及地址号都被忽略。

例：#1=0，#2为空时，G00　X#1　Y#2；相当于“G00　X0　Y0；”。

2. 算术和逻辑运算

变量的算术和逻辑运算见表5-6。

表5-6　算术和逻辑运算

功能	格　式	备　注	功能	格　式	备　注
定义、置换	#i=#j		平方根	#i=SQRT[#j]	
加法	#i=#j+#k		绝对值	#i=ABS[#j]	
减法	#i=#j－#k		舍入	#i=ROUND[#j]	
乘法	#i=#j*#k		上整数	#i=FUP[#j]	
除法	#i=#j/#k		下整数	#i=FIX[#j]	
正弦	#i=SIN[#j]	角度以度指定。90°30′表示为90.5°	自然对数	#i=LN[#j]	
反正弦	#i=ASIN[#j]		指数函数	#i=EXP[#j]	
余弦	#i=COS[#j]		或	#i=#j OR #k	
反余弦	#i=ACOS[#j]		异或	#i=#j XOR #k	
正切	#i=TAN[#j]		与	#i=#j AND #k	
反正切	#i=ATAN[#j]/[#k]				

3. 转移和循环

（1）无条件转移（GOTO语句）

格式：GOTO　n；　　n指顺序号（1～9999）

例：GOTO　10；

　　GOTO　#10；

（2）条件转移（IF语句）

格式1：IF[〈条件表达式〉]GOTO　n；　　IF之后指定条件表达式

说明：1）如果指定的条件表达式满足时，转移到标有顺序号n的程序段，如果指定的条件表达式不满足，执行下一个程序段。

2）条件表达式中运算符见表5-7。

表5-7　运算符

运算符	含　义	运算符	含　义
EQ	等于(=)	GE	大于或等于(≥)
NE	不等于(≠)	LT	小于(<)
GT	大于(>)	LE	小于或等于(≤)

例：以下程序表示如果变量#1的值大于10，转移到“N2 G00 G91 X10；”程序段。如果指定的条件表达式不满足，执行下一个程序段。

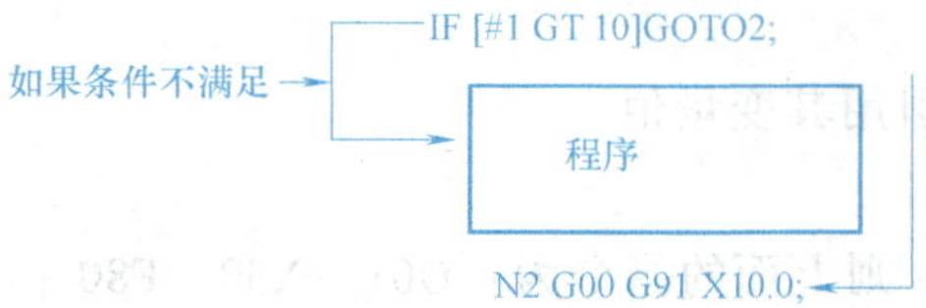

格式 2：IF［〈条件表达式〉］THEN；　　IF 之后指定条件表达式

说明：如果指定的条件表达式满足时，则执行预先指定的宏程序语句，而且只执行一个宏程序语句。

例：IF ［#1 EQ #2］ THEN #3=20；如果#1 和#2 的值相等时，20 赋给#3。

（3）循环（WHILE 语句）

格式：WHILE［条件表达式］DO m；（m=1，2，3）

```
……
END m;
```

说明：

1）在 WHILE 后指定一个条件表达式，当条件满足时，执行从 DO 到 END 之间的程序，否则，转到 END 后的程序段。

2）m=1，2，3，m 是循环标号，最多嵌套三层。

例：

```
WHILE［…］DO1
  …
    WHILE［…］DO2
      …
        WHILE［…］DO3
          …
          …
      END3
      …
    END2
    …
END1
```

例 5-1　编制椭圆圆柱面的宏程序

如图 5-3a 所示，工件毛坯为方料，椭圆凹槽的方程是 $X^2/15^2+Y^2/10^2=1$，假设以工件上表面中心作为编程原点。编制椭圆凹槽的方法有两种，一是参数法，二是椭圆方程法，现介绍常用的参数法编程。

椭圆的参数方程为：　　$X=15\cos\theta$　　$Y=10\sin\theta$　　（5-1）

以#1 为角度变量，选用直径为 ϕ10mm 的平底立铣刀。图 5-3a 椭圆圆柱面加工参考程序见表 5-8。

注意：如果加工图 5-3b 所示的椭圆圆柱面，宏程序编制方法相同，仅需改变刀补的起点即可。

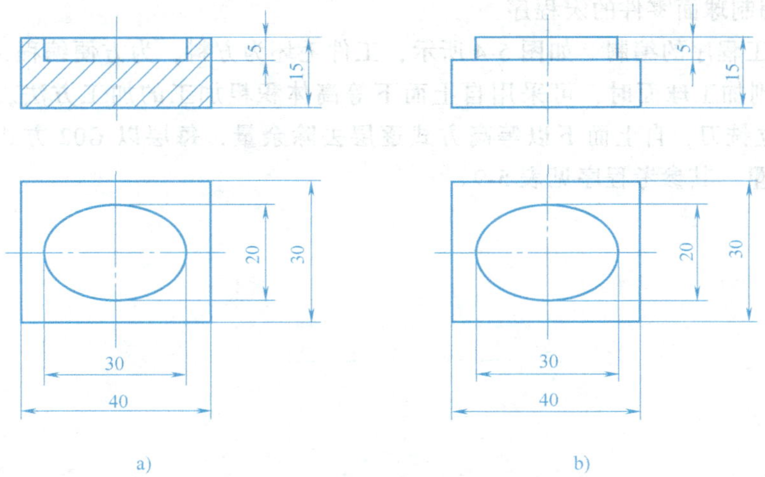

图 5-3　椭圆圆柱面零件

表 5-8　椭圆圆柱面零件的参数法参考程序

顺序号	程　　序	注　　释
N10	G54　G90　G17;	
N20	M03　S1200;	
N30	G00　Z10;	
N40	X0　Y0;	
N50	G41　G01　X10　Y0　D01　F200;	建立刀补
N60	X15;	
N70	G01　Z0;	
N80	#1=0;	Z 值起点
N90	#2=-5;	Z 值终点
N100	WHILE　[#1 GE #2]　DO1;	如#1≥#2 循环 1 继续
N110	G01　Z[#1]　F50;	Z 向下刀
N120	#3=360;	椭圆终止角度
N130	#4=0;	椭圆起始角度
N140	#5=15;	椭圆长轴半径
N150	#6=10;	椭圆短轴半径
N160	WHILE　[#3 GE #4]　DO2;	如#3≥#4 循环 2 继续
N170	#7=#5 * COS [#4];	计算 X 值
N180	#8=#6 * SIN [#4];	计算 Y 值
N190	G01 X[#7]　Y[#8]　F200;	刀具定位切削
N200	#4=#4+1;	角度计数器递加
N210	END2;	循环 2 结束
N220	#1=#1-1;	Z 轴计数器递减
N230	END1;	循环 1 结束
N240	G90　G00　Z50;	
N250	G40　G00　X0　Y0;	
N260	M05;	
N270	M30;	

5 PROJECT

例 5-2　编制球面零件的宏程序

（1）粗加工程序的编制　如图 5-4 所示，工件毛坯为方料，为方便编程，假设以球心作为编程原点，则加工球面时，可采用自上而下等高体积粗加工的加工方法。粗加工时采用 ϕ6mm 的平底立铣刀，自上而下以等高方式逐层去除余量，每层以 G02 方式走刀，四周留 1mm 的加工余量。其参考程序见表 5-9。

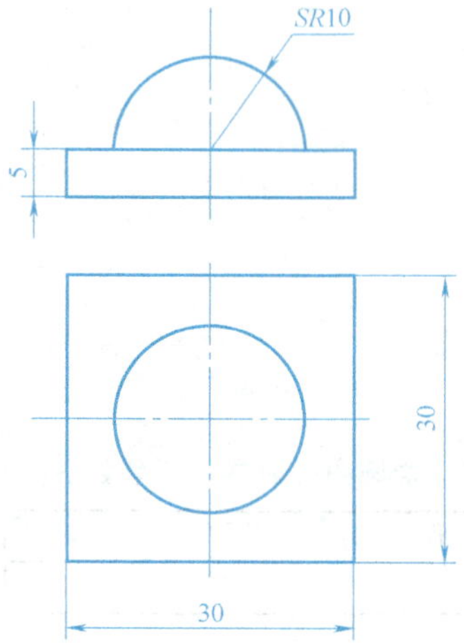

图 5-4　球面零件

注意：如对刀时以工件上表面为 Z0 点，在加工时则在 OFFSET SETTING 的番号 EXT 的 Z 中，需输入-10，方可进行加工。

表 5-9　球面零件的粗加工参考程序

顺序号	程　序	注　释
N10	G54　G90　G17　G00　Z30；	
N20	G00　X0　Y0；	
N30	M03　S1000；	
N40	G01　Z15　F150；	
N50	#1=10；	半球半径
N60	#2=3；	铣刀半径
N70	#3=90；	半球起始角度
N80	#4=0；	半球终止角度
N90	#17=1；	Z 坐标递减量(Z 向每层切深)
N100	#5=#1＊COS[#4]；	终止高度上 X 坐标
N110	#6=1.6＊#2；	X 向步距设为刀具直径的 80%
N120	#8=#1＊SIN[#3]；	计算任意高度刀具 Z 坐标
N130	#9=#1＊SIN[#4]；	计算终止高度刀具 Z 坐标
N140	WHILE[#8GT#9]　DO1；	如#8>#9，循环 1 继续
N150	X[#5+#2+1]　Y0；	刀具移动到毛坯外测
N160	Z[#8+1]；	刀具移动到 Z[#8+1] 处

（续）

顺序号	程　　序	注　　释
N170	#18=#8-#17;	当前层加工深度 Z 值
N180	G01　Z#18　F150;	
N190	#7=SQRT [#1 * #1- #18 * #18];	刀具与球面接触点的 X 坐标
N200	#10=#5-#7;	任意高度上被去除部分的水平宽度
N210	#11=FIX [#10/#6];	每层被去除宽度除步距,并取整,设置为初始值
N220	WHILE [#11GE0]　DO2;	如#11≥0 循环 2 继续
N230	#12=#7+#11 * #6+#2;	刀具 X 方向目标值
N240	G01　X#12　Y0　F500;	刀具移动到目标点
N250	G02　I-#12;	铣水平圆
N260	#11=#11-1;	水平面去除宽度递减
N270	END2;	循环 2 结束,水平圆一圈切削完
N280	G00　Z30;	
N290	#8=#8-#17;	Z 坐标递减
N300	END1;	循环 1 结束,水平一层切削完
N310	G00　Z50;	
N320	M05;	
N330	M30;	

（2）精加工程序的编制　如图 5-4 所示，假设以球心作为原点，精加工时采用 ϕ6mm 的球头铣刀。参考程序见表 5-10。

注意：与粗加工相似，如对刀时以工件上表面为 Z0 点，在加工时则在 OFFSET SETTING 的番号 EXT 的 Z 中，需输入-10，方可进行加工。

表 5-10　球面零件的精加工参考程序

顺序号	程　　序	注　　释
N10	G54　G90　G17　G00　Z30;	
N20	G00　X0　Y0;	
N30	M03　S1200;	
N40	G01　Z15　F200;	
N50	#1=90;	半球起始角度
N60	#2=0;	半球终止角度
N70	#3=10;	半球半径
N80	WHILE[#1 GE #2]　DO1;	如#1≥#2 循环 1 继续
N90	#4=#3 * COS[#1]+3;	X 值加刀具半径(刀具中心点的 X 坐标)
N100	#5=#3 * SIN[#1];	Z 赋值
N110	G01　X[#4]　Z[#5]　F120;	刀具定位切削

（续）

顺序号	程　序	注　释
N120	G02 I[-#4] F100;	铣水平圆
N130	#1=#1-1;	角度计数器递减
N140	END1;	循环 1 结束，精加工水平圆一圈切削完
N150	G90 G00 Z50;	
N160	M05;	
N170	M30;	

说明：以上分别用不同宏程序编程方法编制球面的粗、精加工程序，在实际编程时可灵活使用。

例 5-3　编制锥台零件的宏程序

如图 5-5 所示锥台，该零件的编程可以用角度、半径为变量，另外还可以用锥台的高度为变量。

现以锥台高度 15mm 为变量，选用直径为 ϕ10mm 的平底立铣刀来铣削。加工时采用由下向上的方法，以工件上表面为编程原点。参考程序见表 5-11。

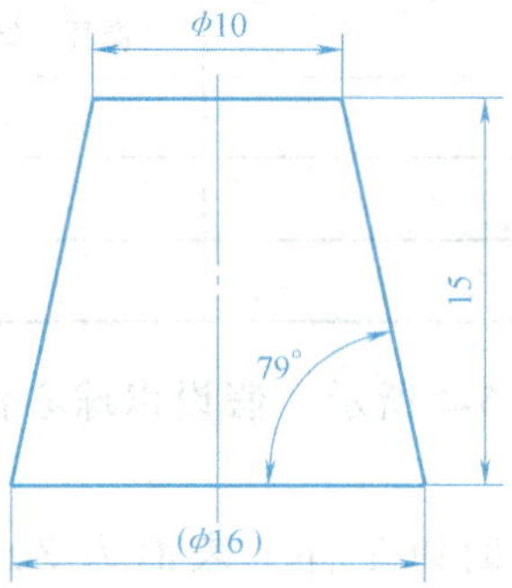

图 5-5　锥台零件

表 5-11　锥台零件的参考程序

顺序号	程　序	注　释
N10	G54 G90 G17 G00 Z30;	
N20	G00 X20 Y0;	
N30	M03 S1000;	
N40	#1=15;	锥台高度
N50	#2=5;	锥台顶半径 （注意：程序输入时，此处的顺序号字必须输入，且与后面的 IF 语句中 GOTO 后的字对应）
N60	#3=5;	铣刀半径
N70	#4=#1/ TAN79;	
N80	#5=#2+#4+#3;	锥台底半径+铣刀半径
N90	G01 Z-[#1] F80;	刀具 *Z* 向移动到锥台底面

（续）

顺序号	程　序	注　释
N100	X[#5];	刀具 *X* 向移动到锥台底面
N110	G02　I-[#5];	铣水平圆
N120	#1=#1-0.5;	锥台高度递减
N130	IF[#1GE0]　GOTO 50;	如果#1≥0 返回到 N50 程序段
N140	G00　Z50;	
N150	M05;	
N160	M30;	

二、SINUMERIK 802D 系统的宏程序

（一）R 参数

1. R 参数的编程格式

R0=__~R300=__

2. R 参数的种类

（1）传输参数　R0~R49——用于把参数分配给固定循环和程序。

（2）局部参数　R50~R99——用于在循环和程序内计算，对于被嵌套的各子程序，可以使用相同的局部参数。

（3）整体参数　R100~R199——用于零件程序和子程序可存取的数据存储器。SIEMENS 802D 系统将 R100~R109 留用，测量系统将 R110~R199 留用。

（4）内部函数用参数

R200~R219——留作内部分配（循环转换程序）。

R220~R239——WS800 编译程序。

R240~R299——留作内部分配。

R300~R499——堆栈指针。

（5）附加参数　R500~R599——留给用户使用。

（6）中央参数　R900~R999——留给用户使用。

3. 赋值

1）算术参数赋值范围为±（0.0000001~99999999）。同时，也可根据机床进行具体赋值。整数值的小数点可以省略，正号也可以省略。例如：R1=3.987，R2=-91.3，R3=3，R7=-7。

2）通过指数符号可以扩展的数值范围来赋值，例如：±（10^{-300}~10^{+300}）。

指数数值书写在 EX 字符的后面；总的字符个数最多为 10（包括符号和小数点）。EX 的取值范围为-300~+300。

例：R1=-0.1EX-5　即　R1=-0.000001；

　　R2=1.874EX8　即　R2=187400000。

注意：在一个程序段内可以有多个赋值或多个表达式赋值，且必须在一个单独的程序段内赋值。

（二）参数运算

R 的参数运算与 B 类宏变量运算相似，见表 5-12。

表 5-12 算术和逻辑运算

功 能	格 式	备 注
定义、转换	R i=R j	
加法 减法 乘法 除法	R i=R j+Rk R i=R j-R k Ri=R j * Rk Ri=R j / Rk	
正弦 反正弦 余弦 反余弦 正切 反正切	R i=SIN(R j) R i=ASIN(Rj) R i=COS(R j) Ri=ACOS(Rj) R i=TAN(R j) Ri=ATAN(R j)/(Rk)	角度以度指定。90°30′表示为 90.5°
平方根 绝对值 圆整舍入 取整 自然对数 指数函数	Ri=SQRT(R j)) R i=ABS(R j) Ri=ROUND(R j) R i=TRUNC(R j) R i=LN(R j) R i=EXP(R j)	

举例

(1)

N10 R1=R1+1;

N20 R7=R8 * R9 R10=R11/R12;

N30 R13=SIN30;

N40 R14=R1 * R2+R3;

N50 R15=SQRT (R1 * R1+R2 * R2); 相当于 $R15=\sqrt{R1\times R1+R2\times R2}$

(2)

N10 G1 G91 X=R1 Z=R2 F300;

N20 Z=R3;

N30 X=-R4;

N40 Z=-R5;

…

(三) 程序跳转

1. 程序跳转标记符

1) 标记符或程序段号用于标记程序中所跳转的目标程序段，用跳转功能可以将程序进行分支。

2) 标记符须由 2~8 个字母或数字组成。在一个程序段中，标记符不可以含有其他意义。

举例：

N10 MARKE1：G1 X20.0; MARKE1 为标记符

TR789：G0　X10.0　Z20.0；　　　　　　TR789 为标记符

N100…；　　　　　　程序段号也可标记符

2. 程序跳转指令

(1) 无条件跳转

格式：

GOTOF label；向程序结束方向（向前）跳转到标记符，label 为所选标记符或程序段号。

GOTOB label；向程序开始方向（向后）跳转到标记符，label 为所选标记符或程序段号。

例：

(2) 有条件跳转

格式：

IF 条件 GOTOF Label　；向程序结束方向（向前）跳转到标记符，label 为所选标记符或程序段号。

IF 条件 GOTOB Label　；向程序开始方向（向后）跳转到标记符，label 为所选标记符或程序段号。

条件表达式中运算符见表 5-13。

表 5-13　运算符

运算符	书写格式	运算符	书写格式
等于	==	大于或等于	>=
不等于	<>	小于	<
大于	>	小于或等于	<=

例：

N10　IF R1 > 1　GOTOF MARKE1；　　如 R1 > 1，向前跳转到 MARKE1 程序段。

…

N100　IF R2<>0　GOTOB MARKE2；　　如 R2≠0，向后跳转到 MARKE2 程序段。

…

一个程序段中可以有多个条件跳转，如：

```
…
N20  IF R1==1  GOTOB MA1  IF R1==2  GOTOF MA2
…
```

注意：第一个条件实现后就进行跳转。

例 编制椭圆圆柱面的宏程序

如图 5-3b 所示，工件毛坯为方料，假设以工件上表面中心作为编程原点。以 1°为角度变量，选用直径为 ϕ10mm 的平底立铣刀。椭圆圆柱面加工参考程序见表 5-14。

注意：若加工图 5-3a 所示的椭圆圆柱面，宏程序编制方法相同，也仅需改变刀补的起点等。

表 5-14　椭圆圆柱面零件的 SINUMERIK 802D 参考程序

顺序号	程　序	注　释
N10	G54　G90　G17；	
N20	M3　S1200；	
N30	G0　Z10；	
N40	X25　Y0　D1；	
N50	G42　G1　X20　Y0　F200；	建立刀补
N60	X15；	
N70	G1　Z0；	
N80	R1=15；	椭圆长轴半径
N90	R2=10；	椭圆短轴半径
N100	R3=1；	椭圆起始角度
N110	R4=360；	椭圆终止角度
N120	MA1:R5=R1 * COS(R3)；	计算 X 值
N130	R6=R2 * SIN(R3)；	计算 Y 值
N140	G1　X=R5　Y=R6　F100；	
N150	Z-5；	
N160	R3=R3+1；	角度计数器递增
N170	IF　R3<=R4　GOTOB MA1；	如果 R3≤R4 跳转到标记 MA1
N180	G90　G0　Z50；	
N190	G40　G0　X0　Y0；	
N200	M05；	
N210	M30；	

项目任务二　双面模具的加工

在加工中心上加工图 5-6 所示的零件，零件材料为铝合金，切削性能较好。零件尺寸为 120mm×90mm×30mm，已完成上、下平面及周边侧面的加工，如图 5-7 所示。

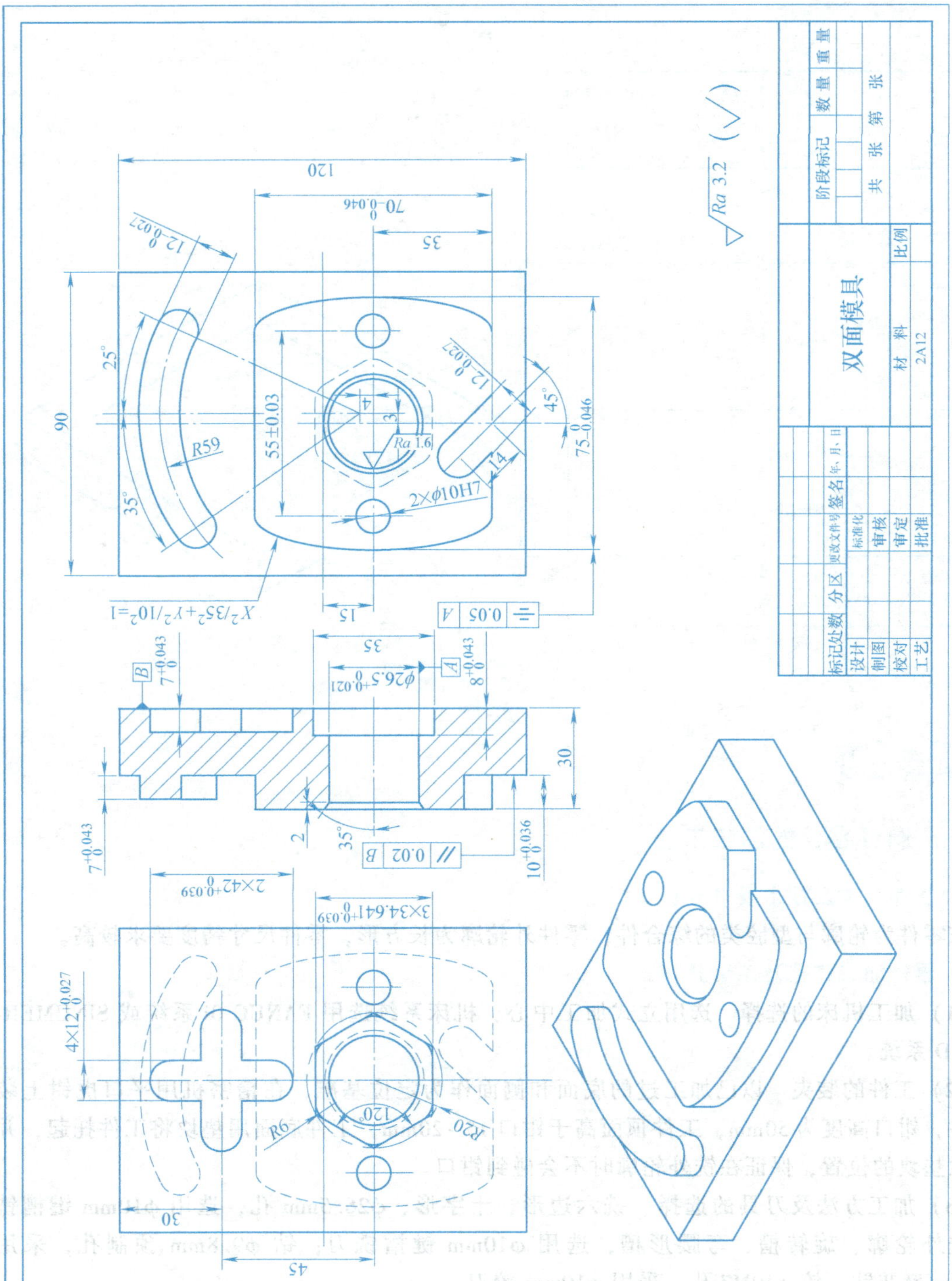

图 5-6　综合零件 2 的零件图

5 PROJECT

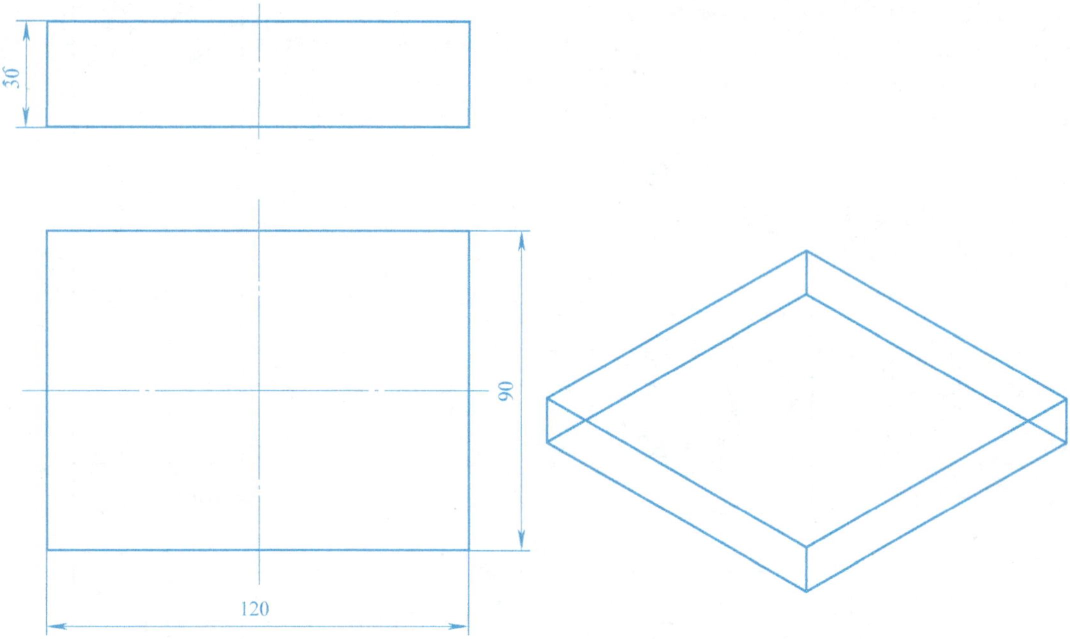

图 5-7 综合零件 2 毛坯图

项目实施

一、制订零件的加工工艺

1. 零件结构及技术要求分析

该零件为轮廓与型腔类的综合件，零件外轮廓为长方形，零件尺寸精度要求较高。

2. 零件加工工艺及工装分析

（1）加工机床的选择　选用立式加工中心，机床系统选用 FANUC 0i 系统或 SINUMERIK 802D 系统。

（2）工件的装夹　以已加工过的底面和侧面作为定位基准，在精密机用平口虎钳上装夹工件，钳口高度为 50mm，工件顶面高于钳口 15~20mm，工件底面用垫块将工件托起，并要注意垫块的位置，保证在铣外轮廓时不会碰到钳口。

（3）加工方法及刀具的选择　铣六边形、十字形、ϕ26.5mm 孔，选用 ϕ10mm 键槽铣刀；铣外轮廓、旋转槽、弯腰形槽，选用 ϕ10mm 键槽铣刀；钻 ϕ9.8mm 预制孔，采用 ϕ9.8mm 麻花钻；铰 ϕ10H7 孔，采用 ϕ10mm 铰刀。

（4）切削用量的选择　查表可知，铝合金允许切削速度 v 为 180~300m/min，精加工取 v=180m/min 左右，粗加工取 v=180m/min×70%=126m/min 左右。

3. 数控加工工艺文件

数控加工工序卡见表 5-15，各工步加工过程见表 5-16。

表 5-15　综合零件 2 零件数控加工工序卡

数控加工工序卡片		工序号			工序内容			
单位		零件名称			零件图号	材料	夹具名称	使用设备
		双面模具			5-6	铝合金	精密机用平口虎钳	加工中心
工步号	工步内容	刀具号	刀具规格/mm		主轴转速	进给速度 v_f	刀具长度补偿	
			类型	材料	n/(r/min)	/(mm/min)		
1	铣反面六边形、十字形、ϕ26.5mm 孔等	T01	ϕ10 键槽铣刀	高速钢	800	80	H01	
2	铣正面外轮廓、45°旋转槽、弯曲腰形槽、倒直角	T01	ϕ10 键槽铣刀	高速钢	1000	100	H01	
3	钻 ϕ9.8mm 孔	T02	ϕ9.8 麻花钻	高速钢	800	80	H02	
4	铰 ϕ10H7 孔	T03	ϕ10 铰刀	高速钢	200	50	H03	
编制		审核			批准		第　页	共　页

注：H01～H03 中的数值根据具体加工和对刀情况而定。

表 5-16　综合零件 2 工步加工过程

序号	工　步	工　步　图	说　　明
1	建立工件坐标系，铣反面六边形、十字形、ϕ26.5mm 孔	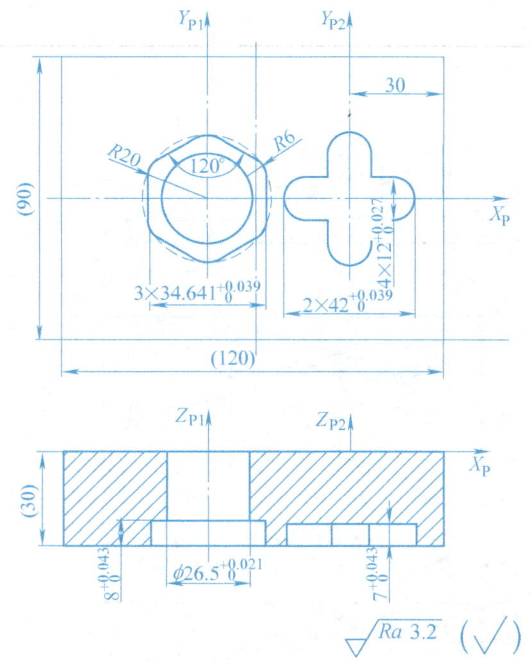	以对称中心 O 为 X、Y 轴坐标原点，Z 轴原点位于上平面 用 ϕ10mm 的键槽铣刀

（续）

序号	工 步	工 步 图	说 明
2	铣正面外轮廓、45°旋转槽、弯曲腰形槽、倒直角	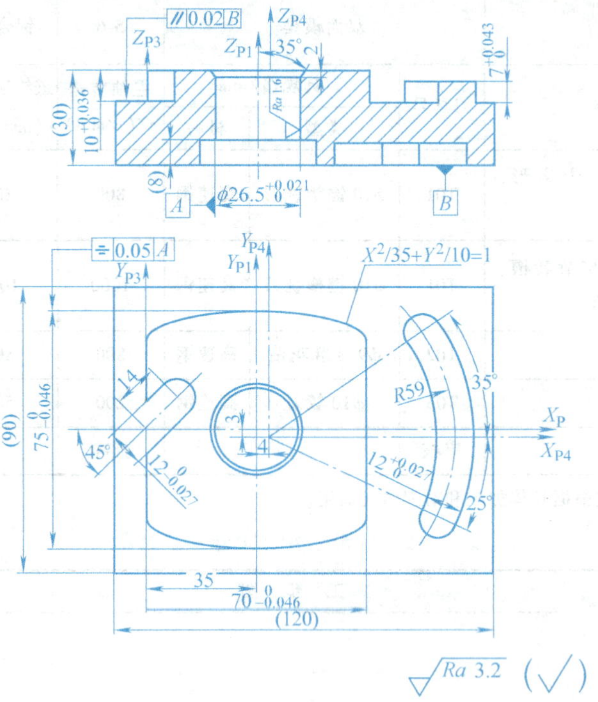	用 ϕ10mm 的键槽铣刀
3	钻 ϕ9.8mm 孔	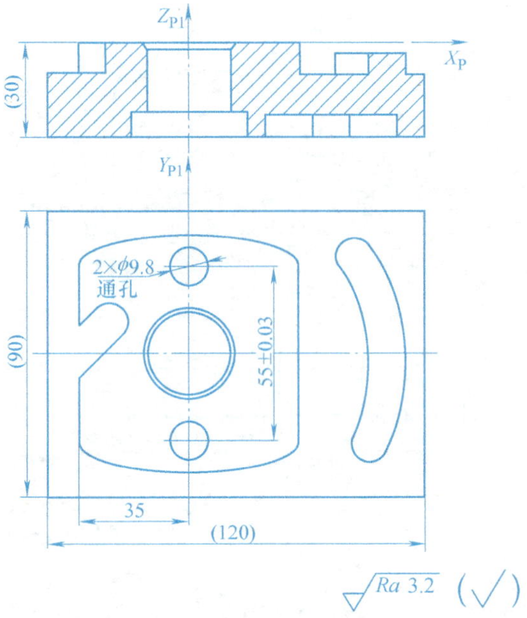	用 ϕ9.8mm 的麻花钻

（续）

序号	工　步	工　步　图	说　明
4	铰 ϕ10H7 孔	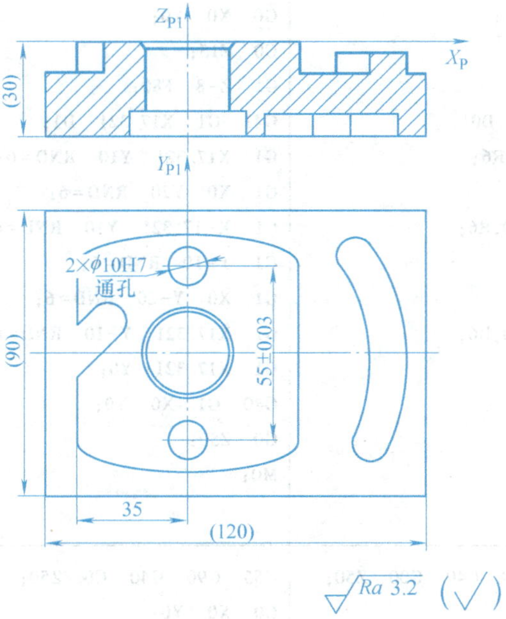	用 ϕ10mm 铰刀

二、编制数控加工程序

1. 坐标系的确定

为计算方便，编程坐标系原点设在图 5-6 所示零件上表面中心处。利用寻边器或分中棒、*Z* 轴设定器或量块进行对刀，确定工件坐标系原点 *O*。

2. 编程点坐标确定

根据表 5-16 所示的工步图确定各加工形体的编程坐标系（G54～G57）。

3. 编写加工程序

根据 FANUC 0i M 及 SIEMENS 802D M 数控系统的指令及规则，编写加工程序，见表 5-17。

三、用加工中心加工

1）选择合适的加工中心、数控系统并开机。

2）机床各轴回参考点。

表 5-17　综合件 2 数控加工参考程序

工步	程序(FANUC 0i M 系统)	程序(SINUMERIK 802D M 系统)	注　释
铣反面六边形	G54　G90　G80　G49　G40　G00　Z50; M06　T01; M03　S800; G00　X0　Y0; G43　G00　Z30　H01; G00　Z15; G01　Z-8　F80;	G54　G90　G40　G0　Z50; M6　T1; G0　D2　Z30; S800　M3; G0　X0　Y0; G0　Z15; G1　Z-8　F80;	建立工件坐标系(X_{P1},Y_{P1},Z_{P1}),安全指令
	G41　G01　X17.321　D01; G01　X17.321　Y10,R6; G01　X0　Y20,R6; G01　X-17.321　Y10,R6; G01　Y-10,R6; G01　X0　Y-20,R6; G01　X17.321　Y-10,R6; G01　X17.321　Y0; G40　G1　X0　Y0; G49　G00　Z50; M00;	G41　G1　X17.321　D1; G1　X17.321　Y10　RND=6; G1　X0　Y20　RND=6; G1　X-17.321　Y10　RND=6; G1　Y-10　RND=6; G1　X0　Y-20　RND=6; G1　X17.321　Y-10　RND=6; G1　X17.321　Y0; G40　G1　X0　Y0; G0　Z50; M0;	加工六边形
铣反面十字形	G55　G90　G80　G49　G40　G00　Z50; M03　S800; G43　G00　Z15　H01; G00　X0　Y0; G01　Z-7　F80;	G55　G90　G40　G0　Z50; G0　X0　Y0; S800　M3; G0　D2　Z15; G1　Z-7　F80;	建立工件坐标系(X_{P2},Y_{P2},Z_{P2})
	G41　G01　X6　Y6　D01; G01　X6　Y15; G03　X-6　Y15　R6; G01　X-6　Y6; G01　X-15　Y6; G03　X-15　Y-6　R6; G01　X-6; G01　Y-15; G03　X6　R6; G01　Y-6; G01　X15; G03　Y6　R6; G01　X6; G40　G1　X0　Y0; G49　G00　Z50; M00;	G41　G1　X6　Y6　D1; G1　X6　Y15; G3　X-6　Y15　CR=6; G1　X-6　Y6; G1　X-15　Y6; G3　X-15　Y-6　CR=6; G1　X-6; G1　Y-15; G3　X6　CR=6; G1　Y-6; G1　X15; G3　Y6　CR=6; G1　X6; G40　G1　X0　Y0; G0　Z50; M0;	铣十字形

（续）

工步	程序（FANUC 0i M 系统）	程序（SINUMERIK 802D M 系统）	注　释
铣反面 ϕ26.5mm 孔	G54 G90 G80 G49 G40 G00 Z50; M03 S800; G43 G00 Z15 H01; G00 X0 Y0; G01 Z-30 F80; G41 G01 X13.25 Y0 D01; G03 X13.25 Y0 I-13.25 J0; G40 G1 X0 Y0; G49 G00 Z50; M00;	G54 G90 G40 G0 Z50; G0 X0 Y0; S800 M3; G0 D2 Z15; G1 Z-30 F80; G41 G1 X13.25 Y0 D1; G3 X13.25 Y0 I-13.25 J0; G40 G1 X0 Y0; G0 Z50; M0;	建立工件坐标系（X_{P1}，Y_{P1}，Z_{P1}） 铣 ϕ26.5mm 孔；
铣正面外轮廓	G54 G90 G80 G49 G40 G00 Z50; M03 S1000; G43 G00 Z30 H01; G00 X0 Y0; G00 Z15; G00 X-75 Y0; G01 Z-10 F100; G41 G01 X-35 Y0 D01; #100=35; #101=10; #102=180; #103=0; N80 #104=#100 * COS[#102] #105=#101 * SIN[#102]+27.5; G01 G41 X#104 Y#105 D01; #102=#102-1; IF[#102GE#103]GOTO 80; G01 X35 Y0; #100=35; #101=10; #102=0; #103=-180; N90 #104=#100 * COS[#102]; #105=#101 * SIN[#102]-27.5; G01 G41 X#104 Y#105 D01; #102=#102-1; IF[#102GE#103] GOTO 90; G01 X-35 Y0; G40 G01 X-75 Y0; G49 G00 Z50; M00	G54 G90 G40 G0 Z50; G0 D2 Z30; G0 X0 Y0; S1000 M3; G0 Z15; G0 X-75 Y0; G1 Z-10 F100; G41 G1 X-35 Y0 D1; R1=35; R2=10; R3=180; R4=0; MA1:; R5=R1 * COS(R3); R6=R2 * SIN(R3)+27.5; G1 G41 X=R5 Y=R6 D1; R3=R3-1; IF R3>=R4 GOTOB MA1; G1 X35 Y0; R1=35; R2=10; R3=0; R4=-180; MA2:; R5=R1 * COS(R3); R6=R2 * SIN(R3)-27.5; G1 G41 X=R5 Y=R6 D1; R3=R3-1; IF R3>=R4 GOTOB MA2; G1 X-35 Y0; G40 G1 X-75 Y0; G0 Z50; M0;	建立工件坐标系（X_{P1}，Y_{P1}，Z_{P1}） 铣外轮廓椭圆 椭圆长半轴 椭圆短半轴 起始角 终止角 计算 X 值 计算 Y 值

5 PROJECT

(续)

工步	程序(FANUC 0i M 系统)	程序(SINUMERIK 802D M 系统)	注释
铣正面左边45°旋转槽	G56 G90 G80 G49 G40 G00 Z50; M03 S1000; G43 G00 Z15 H01; G00 X-15 Y0; G01 Z-10 F100; G68 X0 Y0 R45; G42 G01 X-15 Y6 D01 F120 D01; G01 X14; G02 Y-6 R6; G01 X-15; G40 G1 X-15 Y0; G49 G00 Z50; G69; M00;	G56 G90 G40 G0 Z50; G0 X0 Y0; S1000 M3; G0 D2 Z15; G0 X-15 Y0; G1 Z-10 F100; ROT; RPL=45; G42 G1 X-15 Y6 D1 F120; G1 X14; G2 Y-6 CR=6; G1 X-15; G40 G1 X-15 Y0; ROT; G0 Z50; M0;	建立工件坐标系(X_{P3}, Y_{P3}, Z_{P3}); 坐标系旋转45°,逆铣U形槽
铣正面右边弯曲腰形槽	G57 G90 G80 G49 G40 G00 Z50; M03 S1000; G16 X0 Y0; G43 G00 Z15 H01; G00 X65 Y50; G01 Z-10 F80; G41 X65 Y35 D1 F100; G02 X65 Y-25 R65; G02 X53 Y-25 R6; G03 X53 Y35 R53; G02 X65 Y35 R6; G40 G01 X65 Y50; G49 G00 Z50; G15; M00;	G57 G90 G40 G0 Z50; S1000 M3; G0 D2 Z15; G110 X0 Y0 G0 X65 Y50; G1 Z-10 F100; G41 X65 Y50 D1 F100; G2 X65 Y-25 CR=65; G2 X53 Y-25 CR=6; G3 X53 Y35 CR=53; G2 X65 Y35 CR=6; G40 G1 X65 Y50; G0 Z50; M0;	建立工件坐标系(X_{P4}, Y_{P4}, Z_{P4}) 铣弯曲腰形槽
倒直角	G54 G90 G80 G49 G40 G00 Z50; M03 S1500; G43 G00 Z15 H01; G00 X0 Y0; #100=0; #101=2; #110=35; N20 G01 Z-#101; #102=#101 * TAN[#110]; #103=2 * TAN[#110]-#102; #104=13.25+#103; G41 G01 X#104 Y0 D01 F120;	G54 G90 G40 G0 Z50; G0 X0 Y0; S1500 M3; G0 D2 Z15; R1=0; R2=2; R10=35; MA3:G1 Z-R2; R3=R2 * TAN(R10); R4=2 * TAN(R10)-R3; R5=13.25+R4; G41 G1 X=R5 Y0 D1 F120;	建立工件坐标系(X_{P1}, Y_{P1}, Z_{P1}) 倒角起始位置 倒角长度 倒角角度 Z向下刀到工件上表面下方R1mm处 计算X值 直线插补

（续）

工步	程序(FANUC 0i M 系统)	程序(SINUMERIK 802D M 系统)	注　释
倒直角	G02　I-#104; G40　G01　X0　Y0; #101=#101-0.1; IF[#101GE#100]　GOTO　20; G49　G00　Z50; M00;	G2　I-R5; R2=R2-0.1; IF R2>=R1 GOTOB MA3; G40　G1　X0　Y0; G0　Z50; M0;	铣倒角 进给量 条件判断语句
钻 ϕ9.8mm 孔	G54　G90　G80　G49　G40　G00　Z50; M06　T02; M03　S800; G43　G00　Z15　H02; G00　Z15; G98　G83　X0　Y22.5　Z-35　R3　Q5　F80; X0　Y-22.5; G80; G49　G00　Z50; M00;	G54　G90　G40　G40　G0　Z50; M6　T2; G0　D2　Z15; G0　X-15　Y22.5; S800　M3; G1 Z5 F80; MCALL CYCLE81(5,0,2,-35,35); X-15　Y-22.5; MCALL ; G0　Z50; M0;	建立工件坐标系(X_{P1}，Y_{P1}，Z_{P1}) 钻 ϕ10H7 孔的底孔
铰 ϕ10H7 孔	G54　G90　G80　G49　G40　G00　Z50; M06　T03; M03　S200; G43　G00　Z15　H03; G00　Z15; G98　G85　X0　Y22.5　Z-35　R3　F50; X0　Y-22.5; G80　G49　G00　Z50; M05; M30;	G54　G90　G40　G0　Z50; G0　D2　Z15; G0　X0　Y0; S200　M3; G1　Z5　F50; MCALL CYCLE85(10,0,5,-33,33,3,50,80); X-15　Y-22.5; MCALL; G0　Z50; M5; M30;	建立工件坐标系(X_{P1}，Y_{P1}，Z_{P1})； 铰 ϕ10H7 孔

注：粗铣和精铣时使用同一加工程序，通过调整刀具补偿参数就可实现粗、精加工，刀具补偿参数的设置与调整见表 5-15。

3）安装工件。

4）安装刀具并对刀。

5）输入加工程序，并检查调试。

6）手动移动刀具退至距离工件较远处。

7）自动加工。

8）测量工件，对工件进行误差与质量分析并优化程序。

零件检测及评分见表 5-18。

表 5-18　零件检测及评分表

准考证号				操作时间		总得分	
工件编号				系统类型			
考核项目		序号	考核内容与要求	配分	评分标准	检测结果	得分
工件加工评分（60%）	反面六边形、十字形孔，ϕ26.5mm 孔	1	$3\times34.641_{0}^{+0.039}$mm	4	超差 0.01mm 扣 1 分		
		2	R6mm（6 处）	3	不符要求无分		
		3	$8_{0}^{+0.043}$mm	2	超差 0.01mm 扣 1 分		
		4	$4\times12_{0}^{+0.027}$mm	4	超差 0.01mm 扣 1 分		
		5	$2\times42_{0}^{+0.039}$mm	4	超差 0.01mm 扣 1 分		
		6	$7_{0}^{+0.043}$mm	2	超差 0.01mm 扣 1 分		
		7	$\phi26.5_{0}^{+0.021}$mm	3	超差 0.01mm 扣 1 分		
	正面外轮廓、45°旋转槽、弯曲腰形槽，倒直角	8	$70_{-0.046}^{0}$mm，$75_{-0.046}^{0}$mm	6	超差 0.01mm 扣 1 分		
		9	$12_{-0.027}^{0}$mm（2 处）	6	超差 0.01mm 扣 1 分		
		10	45°，R59mm，35°，25°	4	不符要求无分		
		11	$10_{0}^{+0.036}$mm，$7_{0}^{+0.043}$mm	4	超差 0.01mm 扣 1 分		
	孔	12	2×ϕ10H7	2	超差 0.01mm 扣 1 分		
		13	（55±0.03）mm	2	超差 0.01mm 扣 1 分		
	其他	14	一般尺寸	5	超差无分		
		15	几何公差，表面粗糙度	4	不符要求无分		
		16	按时完成，无缺陷	5	缺陷一处扣 2 分，未按时完成全扣		
程序与工艺（30%）		17	工艺制订合理，选择刀具正确	10	每错一处扣 1 分		
		18	指令应用合理、得当、正确	10	每错一处扣 1 分		
		19	程序格式正确，符合工艺要求	10	每错一处扣 1 分		
现场操作规范（10%）		20	刀具的正确使用	2			
		21	量具的正确使用	3			
		22	刃的正确使用	3			
		23	设备正确操作和维护保养	2			
		24	安全操作	倒扣	出现安全事故时停止操作；酌情扣 5~30 分		

项目实践一

一、实践内容

完成图 5-8 所示零件的数控加工程序的编制，并对零件进行加工。

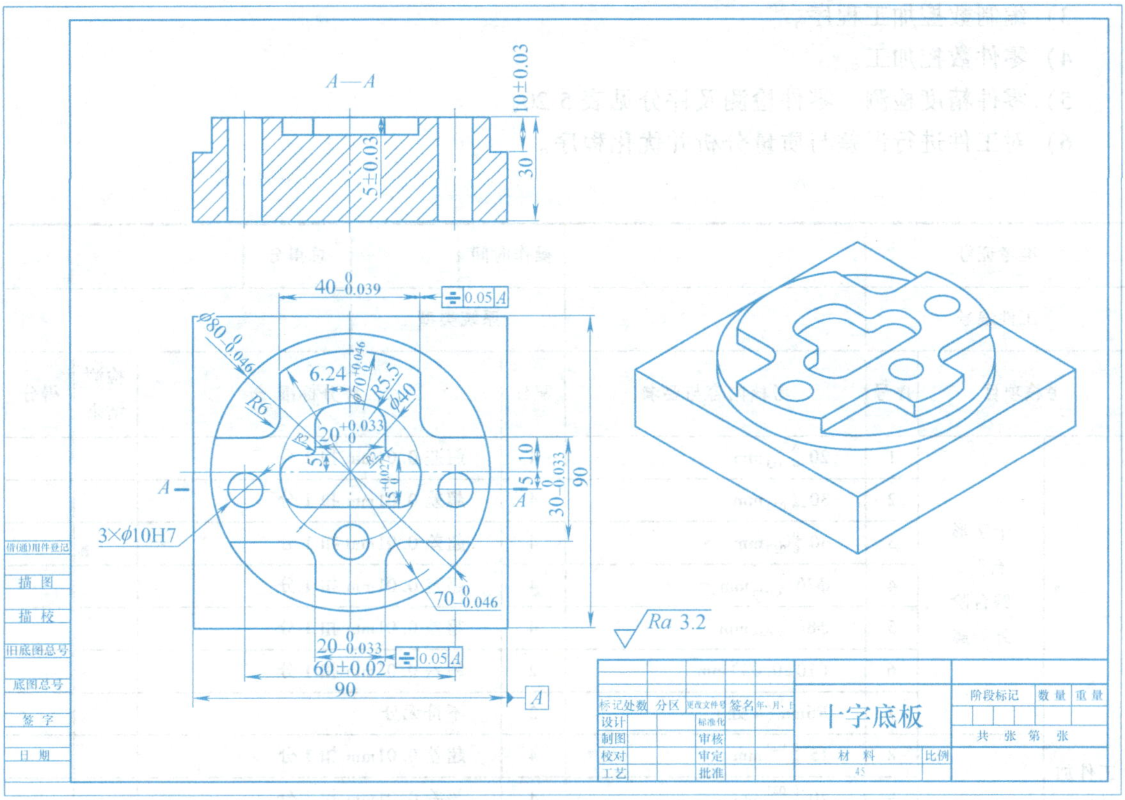

图 5-8　实践一零件图

二、实践步骤

1）零件加工方案如下：

① 铣 φ80mm 的外圆台阶，选用 φ10mm 立铣刀。

② 铣十字形台阶，采用 φ10mm 立铣刀。

③ 铣内槽，采用 φ10mm 键槽铣刀。

④ 钻 3×φ10H7 底孔，采用 φ9. 8mm 麻花钻。

⑤ 铰 3×φ10H7 孔，采用 φ10mm 铰刀。

2）确定刀具和切削用量，填写工序卡。

零件材料为铝合金，参考切削用量见表 5-19。

表 5-19　刀具及切削参数选择

序号	工步	刀具号	刀具规格/mm		主轴转速 n /(r/min)	进给速度 v_f /(mm/ min)
			类型	材料		
1	铣 φ80mm 的外圆	T01	φ10 立铣刀	高速钢	1000	100
2	铣十字形台阶	T01	φ10 立铣刀	高速钢	1000	100
3	铣内槽	T02	φ10 键槽铣刀	高速钢	1000	50
4	钻 3×φ9. 8mm 孔	T03	φ9. 8 麻花钻	高速钢	500	30
5	铰 3×φ10H7 孔	T04	φ10 铰刀	硬质合金	200	80

3）编制数控加工程序。

4）零件数控加工。

5）零件精度检测。零件检测及评分见表 5-20。

6）对工件进行误差与质量分析并优化程序。

表 5-20　零件检测及评分表

准考证号				操作时间		总得分	
工件编号				系统类型			
考核项目		序号	考核内容与要求	配分	评分标准	检测结果	得分
工件加工评分（60%）	十字形台阶、圆台阶外轮廓	1	$20_{-0.033}^{0}$mm	4	超差 0.01mm 扣 1 分		
		2	$30_{-0.033}^{0}$mm	4	超差 0.01mm 扣 1 分		
		3	$40_{-0.039}^{0}$mm	4	超差 0.01mm 扣 1 分		
		4	$\phi70_{-0.046}^{0}$mm	4	超差 0.01mm 扣 1 分		
		5	$\phi80_{-0.046}^{0}$mm	4	超差 0.01mm 扣 1 分		
		6	(10±0.03)mm	2	超差 0.01mm 扣 1 分		
		7	*R*6mm(4 处)	2	不符无分		
	丁字形内轮廓	8	$15_{0}^{+0.027}$mm	4	超差 0.01mm 扣 1 分		
		9	$20_{0}^{+0.033}$mm	4	超差 0.01mm 扣 1 分		
		10	*R*5.5mm(6 处)	3	不符要求无分		
		11	*R*2mm，ϕ40mm	4	不符要求无分		
		12	(5±0.03)mm	2	超差无分		
	孔	13	ϕ10H7	4	超差 0.01mm 扣 1 分，降一级扣 1 分		
		14	(60±0.02)mm，5mm	4	超差 0.01mm 扣 1 分		
	其他	15	几何公差、表面粗糙度	6	不符要求无分		
		16	按时完成，无缺陷	5	缺陷一处扣 2 分，未按时完成全扣		
程序与工艺（30%）		17	工艺制订合理，选择刀具正确	10	每错一处扣 1 分		
		18	指令应用合理、得当、正确	10	每错一处扣 1 分		
		19	程序格式正确，符合工艺要求	10	每错一处扣 1 分		
现场操作规范（10%）		20	刀具的正确使用	2			
		21	量具的正确使用	3			
		22	刃的正确使用	3			
		23	设备正确操作和维护保养	2			
		24	安全操作	倒扣	出现安全事故时停止操作；酌情扣 5~30 分		

项目实践二

一、实践内容

完成图 5-9 所示零件的数控加工程序的编制，并对零件进行加工。

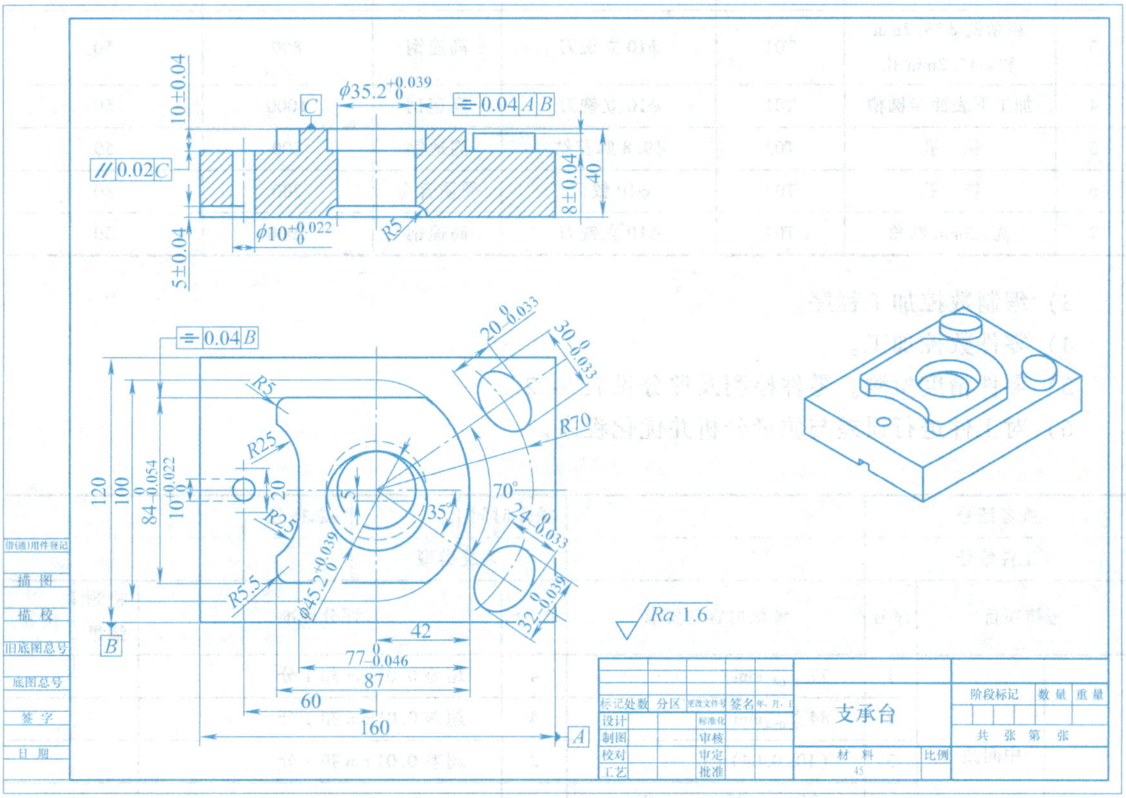

图 5-9　实践二零件图

二、实践步骤

1）零件参考加工方案如下：

① 铣中间凸台及上、下 2 个小椭圆面，选用 ϕ10mm 立铣刀。

② 钻 ϕ9. 8mm、ϕ19. 8mm 孔（预钻 ϕ35. 2mm 孔的底孔），采用 ϕ9. 8mm 和 ϕ19. 8mm 麻花钻。

③ 粗、精铣孔 ϕ35. 2mm 和 ϕ45. 2mm 至尺寸要求，采用 ϕ10mm 立铣刀。

④ 翻过 180°加工下表面半圆槽，采用 ϕ10mm 立铣刀。

⑤ 钻 ϕ9. 8mm 孔，采用 ϕ9. 8mm 麻花钻。

⑥ 铰 $\phi10^{+0.022}_{0}$ 孔，采用 ϕ10mm 铰刀。

⑦ 铣 R5mm 圆角，采用 ϕ10mm 立铣刀。

5 PROJECT

2）确定刀具和切削用量，填写工序卡。零件材料为铝合金，参考切削用量见表 5-21。

表 5-21　刀具及切削参数选择

序号	加工面	刀具号	刀具规格/mm		主轴转速 n /(r/min)	进给速度 v_f /(mm/ min)
			类型	材料		
1	铣外轮廓	T01	ϕ10 立铣刀	高速钢	1000	100
2	钻　孔	T02	ϕ9.7、ϕ19.8 麻花钻	高速钢	600	30
3	粗精铣 ϕ35.2mm 和 ϕ45.2mm 孔	T01	ϕ10 立铣刀	高速钢	800	50
4	加工下表面半圆槽	T01	ϕ10 立铣刀	高速钢	1000	50
5	钻　孔	T03	ϕ9.8 麻花钻	高速钢	800	50
6	铰　孔	T04	ϕ10 铰刀	硬质合金	200	80
7	铣 R5mm 圆角	T01	ϕ10 立铣刀	高速钢	2000	30

3）编制数控加工程序。

4）零件数控加工。

5）零件精度检测。零件检测及评分见表 5-22。

6）对工件进行误差与质量分析并优化程序。

表 5-22　零件检测及评分表

准考证号			操作时间		总得分		
工件编号			系统类型				
考核项目		序号	考核内容与要求	配分	评分标准	检测结果	得分
工件加工评分（60%）	中间凸台	1	$77_{-0.046}^{\ 0}$mm	4	超差 0.01mm 扣 1 分		
		2	$84_{-0.054}^{\ 0}$mm	4	超差 0.01mm 扣 1 分		
		3	(10±0.04)mm	2	超差 0.01mm 扣 1 分		
		4	R5mm，R5.5mm，R25mm，87mm	8	不符要求无分		
	上、下小椭圆轮廓	5	$20_{-0.033}^{\ 0}$mm，$30_{-0.033}^{\ 0}$mm	6	超差 0.01mm 扣 1 分		
		6	$24_{-0.033}^{\ 0}$mm，$32_{-0.039}^{\ 0}$mm	6	超差 0.01mm 扣 1 分		
		7	(8±0.04)mm	2	超差无分		
		8	R70mm，70°	2	不符要求无分		
	中间孔	9	$\phi35.2_{\ 0}^{+0.039}$mm	4	超差 0.01mm 扣 1 分		
		10	$\phi45.2_{\ 0}^{+0.039}$mm	3	超差 0.01mm 扣 1 分		
		11	42mm，5mm	2	超差无分		
	左侧孔	12	$\phi10_{\ 0}^{+0.022}$mm	3	超差 0.01mm 扣 1 分		
	左下侧槽	13	$10_{\ 0}^{+0.022}$mm	2	超差 0.01mm 扣 1 分		
		14	(5±0.04)mm	2	超差 0.01mm 扣 1 分		
	其他	15	几何公差，表面粗糙度	5	不符要求无分		
		16	按时完成，无缺陷	5	缺陷一处扣 2 分，未按时完成全扣		

（续）

准考证号			操作时间		总得分	
工件编号				系统类型		
考核项目	序号	考核内容与要求	配分	评分标准	检测结果	得分
程序与工艺（30%）	17	工艺制订合理，选择刀具正确	10	每错一处扣 1 分		
	18	指令应用合理、得当、正确	10	每错一处扣 1 分		
	19	程序格式正确，符合工艺要求	10	每错一处扣 1 分		
现场操作规范（10%）	20	刀具的正确使用	2			
	21	量具的正确使用	3			
	22	刃的正确使用	3			
	23	设备正确操作和维护保养	2			
	24	安全操作	倒扣	出现安全事故时停止操作；酌情扣 5~30 分		

7）操作注意事项如下：

① 起动机床回零后，检查机床零点位置是否正确。

② 换刀后进行对刀，并检查刀具位置是否正确。

③ 正确操作机床，注意安全，文明生产。

项目自测题

一、选择题

1. 程序中使用变量，通过变量赋值并处理使程序具有特殊功能，这种程序称为（　　）。

A. 主程序　　B. 子程序　　C. 宏程序　　D. 加工程序

2. 精加工曲面时，一般采用（　　）进行切削。

A. 立铣刀　　B. 面铣刀　　C. 键槽铣刀　　D. 球头刀

3. 球头刀加工曲面时，刀头半径不应（　　）曲面的最小曲率半径。

A. 大于　　B. 等于　　C. 小于　　D. 小于或等于

4. FANUC 数控系统中，如果#1=4 #2=1，则#［#1+#2-1］等价于（　　）。

A. #0　　B. #1　　C. #4　　D. #5

5. FANUC 数控系统中，下列函数表达正确的是（　　）。

A. COS（#3）　　B. SIN（#3）　　C. SIN#3　　D. SIN［#3］

6. FANUC 数控系统在运算指令中，# i=# j ＊ # k 代表的意义是（　　）。

A. 加法　　B. 减法　　C. 乘法　　D. 除法

7. FANUC 数控系统在运算指令中，#i=#j AND #k 代表的意义是（　　）。

A. 逻辑对数　　B. 逻辑或　　C. 逻辑平均值　　D. 逻辑与

8. FANUC 数控系统运算符 LE 代表的意义是（　　）。

A. 小于　　B. 小于或等于　　C. 大于或等于　　D. 大于

9. FANUC 数控系统的比较运算过程中，“不等于”用下列符号中的（　　）表示。

A. ≠　　B. NE　　C. ! =　　D. <>

10. FANUC 数控系统在运算指令中，WHILE ［#1GE20］ DO1 代表的意义是（　　）。

A. 无条件转移　　B. 条件转移　　C. 循环语句　　D. 都不对

11. 在 SINUMERIK 数控系统中，选择一个不属于参数的选项（　　）。

A. R0　　B. R10　　C. R104　　D. Ri

12. 在 SINUMERIK 数控系统中，执行完 R1=2；R1=R1+3 两段程序后，程序段计算值为（　　）。

A. 3　　B. 6.5　　C. 5　　D. 不确定

13. SINUMERIK 数控系统中，R30=R30+10，则 R30 的值为（　　）。

A. 10　　B. 60　　C. 不确定　　D. 赋值错误

14. SINUMERIK 数控系统中，下列函数表达有错误的为（　　）。

A. COS（R1）　　B. SIN（R1）　　C. SIN［45］　　D. SIN（45）

15. 在 SINUMERIK 系统中，“大于等于”用条件运算符表示为（　　）。

A. >　　B. <　　C. > =　　D. < >

16. 在 SINUMERIK 数控系统中，表示向后跳转的是（　　）。

A. GOTOB　　B. GOTOF　　C. GOTO　　D. GOTO M30

二、判断题

1. 曲率变化不大，精度要求不高的曲面轮廓，可采用三轴联动加工。（　　）

2. 采用球头刀加工曲面时，减少球头刀半径和加大行距可以减少残留高度。（　　）

3. 通常用球头刀加工比较平滑的曲面时，表面粗糙度的质量不会很高。这是因为球刀的切削刃不太锋利造成的。（　　）

4. 在试切和加工中，刃磨刀具和更换刀具辅具后，可重新设定刀号。（　　）

5. 刀具交换时，掉刀的原因主要是由于刀具质量过小（一般小于 5kg）引起的。（　　）

6. 加工中心的刀柄是加工中心可有可无的辅具。（　　）

7. 加工中心与主机的主轴没有对应的要求。（　　）

8. 控制指令 IF ［<条件表达式>］ GOTO n 表示若条件成立，则转向段号为 n3+2 的程序段。（　　）

9. 用户宏程序最大的特点是使用变量。（　　）

10. 在参数计算时应遵循通常的数学运算法则，即先乘除后加减、括号优先的原则。（　　）

11. FANUC 数控系统的表达式必须用［　］，而 SINUMERIK 数控系统用。（　　）

12. 铣削常用的进给率可以用 mm/min 表示。（　　）

13. SINUMERIK 数控系统中，MARKE、AA、BB2 等均可作为标记符。（　　）

14. SINUMERIK 数控系统中，程序段 AA1：G00X100 的格式是正确的。（　　）

三、简答题

1. 简述宏程序有哪些用途。

2. 分别用 FANUC 和 SINUMERIK 系统的指令表示 $X^2/30^2+Y^2/20^2=1$。

四、编程题

1. 图 5-10 所示为含椭圆的零件，试分别用 FANUC 数控系统和 SINUMERIK 数控系统的格式编制其程序。

2. 图 5-11 所示为含双曲线的零件，试分别用 FANUC 数控系统和 SINUMERIK 数控系统的格式编制其程序。

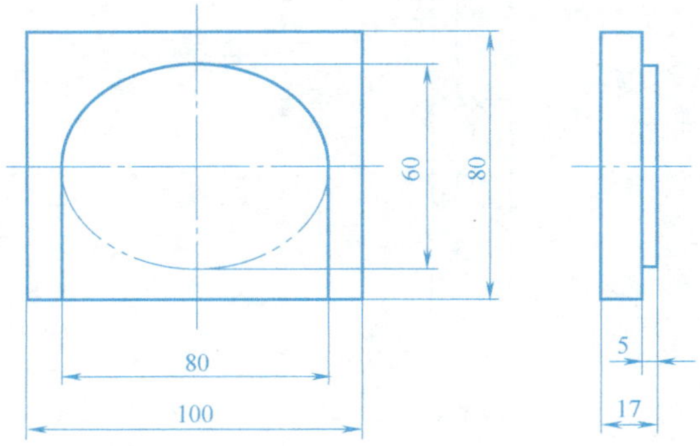

图 5-10　含椭圆零件图

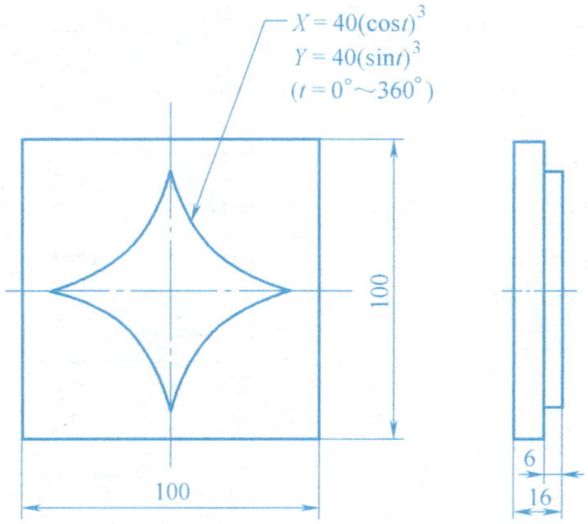

图 5-11　含双曲线零件图

3. 图 5-12 所示为含抛物线的零件，试分别用 FANUC 数控系统和 SINUMERIK 数控系统的格式编制其程序。

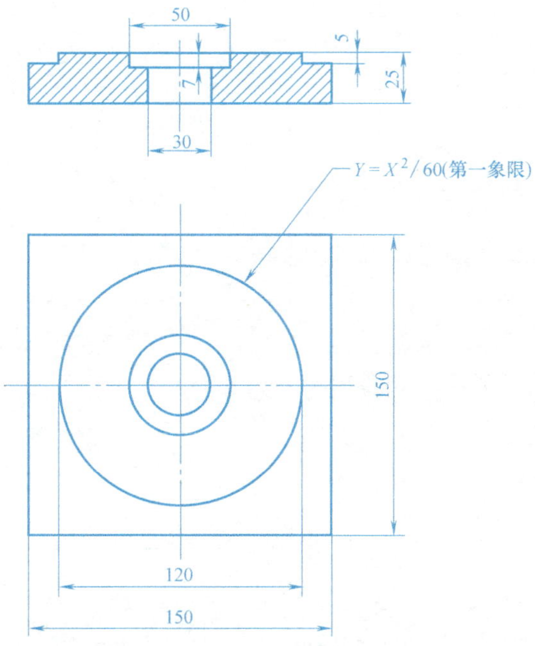

图 5-12　含抛物线零件图

4. 在机床上完成如图 5-13 所示含椭圆的综合零件的编程与加工，已知毛坯尺寸为 105mm×140mm×30mm。试分别用 FANUC 数控系统和 SINUMERIK 数控系统的格式编制其程序。

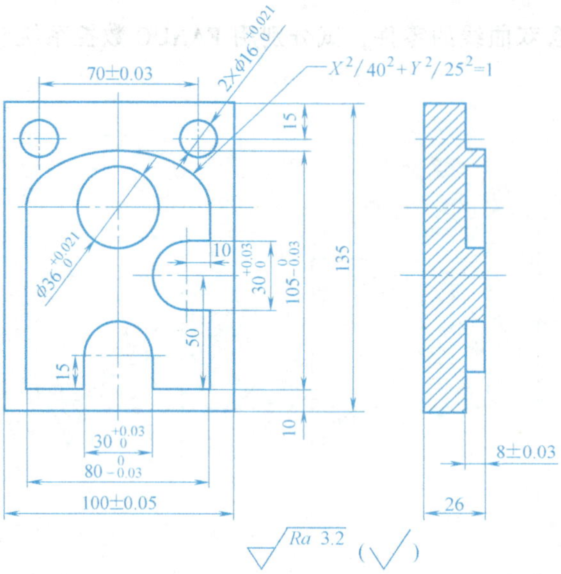

图 5-13　含椭圆的综合零件图

项目六 配合零件的加工

项目目标

1. 能对配合零件的结构进行分析。
2. 掌握配合零件的加工工艺，能正确选用刀具及合理的切削参数。
3. 能正确设置工件零点偏置。
4. 能区分各种常用铣削刀具的应用特点。
5. 掌握几何精度与配合精度的分析方法。
6. 培养数控机床的独立操作能力。
7. 掌握常用铣削量具的使用方法，能对配合件的加工质量进行分析。
8. 了解数控机床的维护与保养。

项目任务

在数控铣床上加工图 6-1、图 6-2 所示的配合件零件。零件材料为 45 钢，已完成上、下

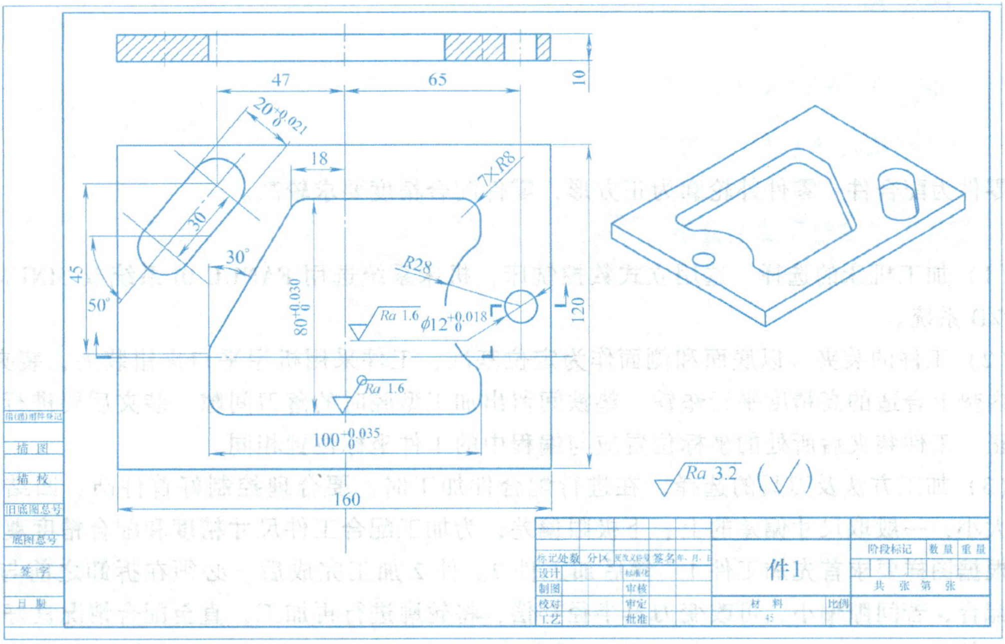

图 6-1　配合件 1

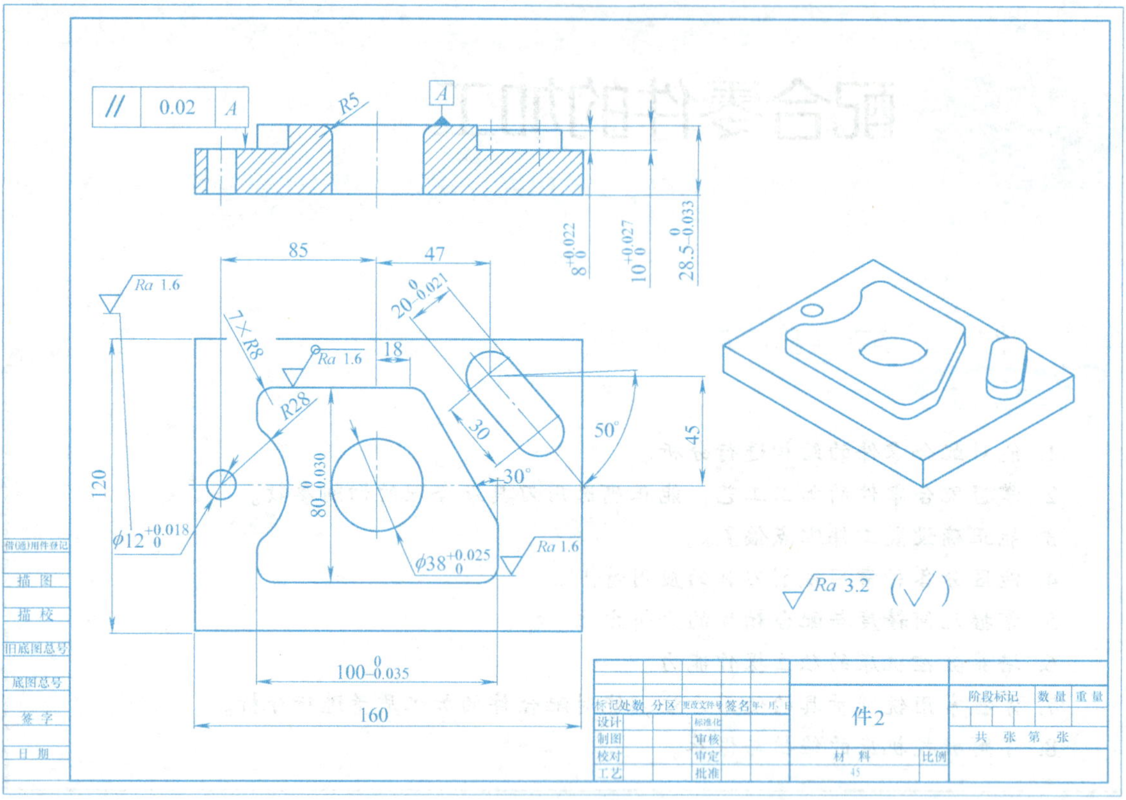

图 6-2　配合件 2

平面及周边侧面的预加工。

项目实施

6 PROJECT

一、制订零件的加工工艺

1. 零件结构及技术要求分析

零件为配合件，零件外轮廓为正方形，零件配合精度要求较高。

2. 零件加工工艺及工装分析

（1）加工机床的选择　选用立式数控铣床，机床系统选用 FANUC 0i 系统或 SINUMERIK 802D 系统。

（2）工件的装夹　以底面和侧面作为定位基准，工件采用机用平口虎钳装夹，装夹时，钳口内垫上合适的高精度平行垫铁，垫铁间留出加工型腔时的落刀间隙，装夹后要进行工件的找正。工件装夹后所处的坐标位置应与编程中的工件坐标位置相同。

（3）加工方法及刀具的选择　在进行配合件加工时，要合理控制好首件凸、凹结构的尺寸大小，一般取尺寸偏差的上、下极限偏差，为加工配合工件尺寸精度和配合精度奠定基础。根据图样要求首先加工件 1，然后加工件 2。件 2 加工完成后，必须在拆卸之前与件 1 进行配合，若间隙偏小，可改变刀具半径补偿，将轮廓进行再加工，直至配合情况良好后方可取下件 2。

配合件 1 的加工方案为：

1）铣削平面，保证尺寸 10mm，选用 ϕ80mm 面铣刀。

2）钻两工艺孔，选用 ϕ11.8mm 直柄麻花钻。

3）粗加工两个凹型腔，选用 ϕ14mm 三刃立铣刀。

4）精加工两个凹型腔，选用 ϕ12mm 四刃立铣刀。

5）点孔加工，选用 ϕ3mm 中心钻。

6）钻孔加工，选用 ϕ11.8mm 直柄麻花钻。

7）铰孔加工，选用 ϕ12mm 机用铰刀。

配合件 2 的加工方案为：

1）铣削平面，保证尺寸 28.5mm，选用 ϕ80mm 面铣刀。

2）粗加工两个凸台外轮廓，选用 ϕ16mm 三刃立铣刀。

3）铣削边角料，选用 ϕ16mm 三刃立铣刀。

4）钻中间位置孔，选用 ϕ11.8mm 直柄麻花钻。

5）扩中间位置孔，选用 ϕ35mm 锥柄麻花钻。

6）精加工两个凸台外轮廓，并保证 8mm 和 10mm 的高度，选用 ϕ12mm 四刃立铣刀。

7）粗镗 ϕ37.5mm 孔，选用 ϕ37.5mm 粗镗刀。

8）精镗 ϕ38mm 孔，选用 ϕ38mm 精镗刀。

9）点孔加工，选用 ϕ3mm 中心钻。

10）钻孔加工，选用 ϕ11.8mm 直柄麻花钻。

11）铰孔加工，选用 ϕ12mm 机用铰刀。

12）孔口 R5mm 圆角，选用 ϕ14mm 三刃立铣刀。

（4）切削用量的选择　工件材料为 45 钢，对于主轴转速的选择，粗加工及去除余量时取较低值，精加工时选择最大值；对于进给速度的选择，粗加工时选择较大值，精加工应选择较小值；轮廓深度有公差要求时分两次切削，留一些精加工余量。

3. 数控加工工艺文件

数控加工工量具清单见表 6-1，件 1、件 2 数控加工工序卡见表 6-2、表 6-3，件 1、件 2 各工步加工过程见表 6-4、表 6-5。

表 6-1　数控加工工量具清单

图号			机床号		
种类	序号	名称	规格/mm	精度/mm	数量/个
工具	1	机用平口虎钳	QH135		1
	2	扳手			1
	3	平行垫铁			1
	4	橡胶锤			1
	5	卸刀器及扳手			1
量具	1	游标卡尺	0~150	0.02	1
	2	高度游标卡尺	0~300	0.02	
	3	钢直尺	150		

6 PROJECT

（续）

图号			机床号		
种类	序号	名称	规格/mm	精度/mm	数量/个
量具	4	百分表及磁性表座	0~10	0.01	各 1
	5	外径千分尺	0~25　75~100	0.01	各 1
	6	内测千分尺	0~25　75~100	0.01	各 1
	7	塞尺	0.02~0.5		1

表 6-2　件 1 数控加工工序卡

数控加工工序卡片		工序号			工序内容			
单　位		零件名称			零件图号	材料	夹具名称	使用设备
		配合件 1			6-1	45 钢	精密机用平口虎钳	数控铣床
工步号	工步内容	刀具号	刀具规格/mm		主轴转速	进给速度 v_f	长度补偿	半径补偿
			类型	材料	n/(r/min)	/(mm/min)	(FANUC)	(FANUC)
1	粗、精加工上表面	T01	ϕ80 面铣刀（5 个刀片）	硬质合金	450/800	300/160	H01	
2	钻两个凹型腔工艺孔	T02	ϕ11.8 直柄麻花钻	高速钢	550	80	H02	
3	粗加工两个凹型腔（落料）	T03	ϕ14 粗齿三刃立铣刀	高速钢	500	80	H03	D01 = 7.2
4	精加工两个凹型腔	T04	ϕ12 细齿四刃立铣刀	高速钢	800	100	H04	D02 = 5.985（实测）
5	点孔加工	T05	ϕ3 中心钻	高速钢	1200	120	H05	
6	钻孔加工	T02	ϕ11.8 直柄麻花钻	高速钢	550	80	H02	
7	铰孔加工	T06	ϕ12 机用铰刀	高速钢	300	50	H06	
编制		审核			批准		第　页	共　页

注：H01~H06 中的数值根据具体加工和对刀情况而定。

表 6-3　件 2 数控加工工序卡

数控加工工序卡片		工序号			工序内容			
单　位		零件名称			零件图号	材料	夹具名称	使用设备
		配合件 2			6-2	45 钢	精密机用平口虎钳	数控铣床
工步号	工步内容	刀具号	刀具规格/mm		主轴转速	进给速度 v_f	长度补偿	半径补偿
			类型	材料	n/(r/min)	/(mm/min)	(FANUC)	(FANUC)
1	粗、精加工上表面	T01	ϕ80 面铣刀（5 个刀片）	硬质合金	450/800	300/160	H01	
2	粗加工两个凸台外轮廓面	T07	ϕ16 粗齿三刃立铣刀	高速钢	500	120	H07	D03 = 8.2
3	铣削边角料	T07	ϕ16 粗齿三刃立铣刀	高速钢	500	120	H07	D03 = 8.2
4	钻中间位置孔	T02	ϕ11.8 直柄麻花钻	高速钢	550	80	H02	

（续）

工步号	工步内容	刀具号	刀具规格/mm		主轴转速	进给速度 v_f	长度补偿	半径补偿
			类型	材料	n/(r/min)	/(mm/min)	(FANUC)	(FANUC)
5	扩中间位置孔	T08	ϕ35 锥柄麻花钻	高速钢	150	20	H08	
6	精加工两个凸台外轮廓面	T04	ϕ12 细齿四刃立铣刀	高速钢	800	100	H04	D04 = 5.985（实测）
7	粗镗孔 ϕ37.5mm	T09	ϕ37.5 粗镗刀	硬质合金	850	80	H09	
8	精镗孔 ϕ38mm	T10	ϕ38 精镗刀	硬质合金	1000	40	H10	
9	点孔加工	T05	ϕ3 中心钻	高速钢	1200	120	H05	
10	钻孔加工	T02	ϕ11.8 直柄麻花钻	高速钢	550	80	H02	
11	铰孔加工	T06	ϕ12 机用铰刀	高速钢	300	50	H06	
12	孔口 R5mm 圆角	T03	ϕ14 粗齿三刃立铣刀	高速钢	800	60	H03	
编制		审核			批准		第　页	共　页

注：H01～H08 中的数值根据具体加工和对刀情况而定。

表 6-4　配合件 1 工步加工过程

序号	工　步	工　步　图	说　明
1	粗加工上表面	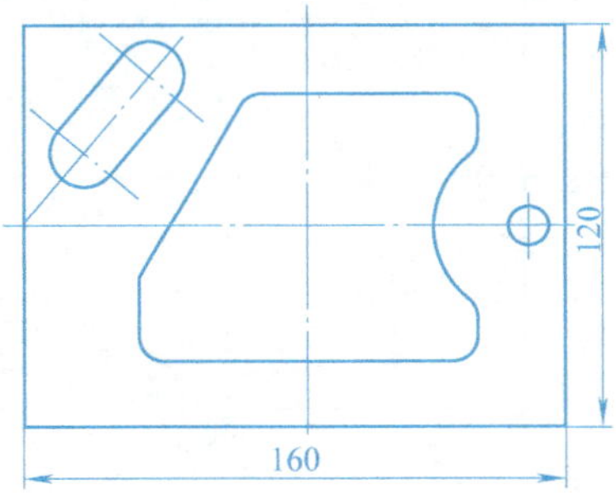	ϕ80mm 面铣刀（5 个刀片）
	精加工上表面		
2	钻两工艺孔（凹型腔）	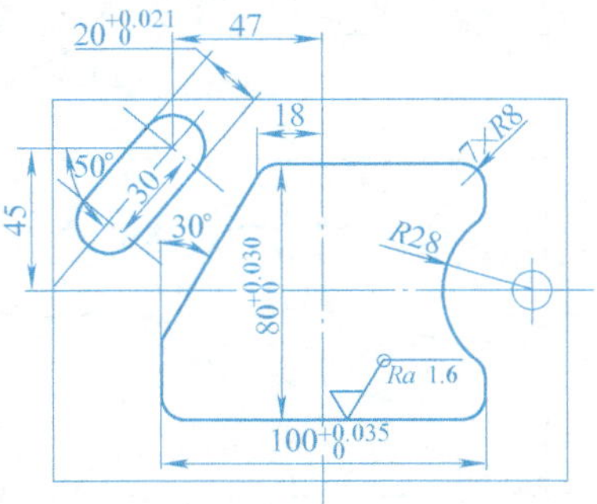	ϕ11.8mm 直柄麻花钻
3	粗加工两个凹型腔（落料）		ϕ14mm 粗齿三刃立铣刀
4	精加工两个凹型腔		ϕ12mm 细齿四刃立铣刀

6 PROJECT

（续）

序号	工 步	工 步 图	说 明
5	点孔加工	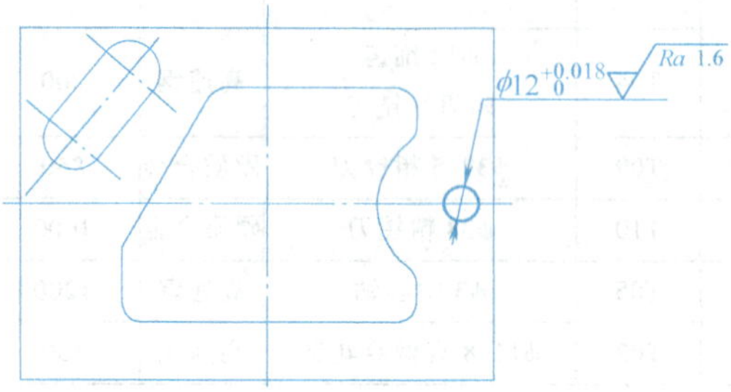	φ3mm 中心钻
6	钻孔加工		φ11.8mm 直柄麻花钻
7	铰孔加工		φ12mm 机用铰刀

表 6-5 配合件 2 工步加工过程

序号	工 步	工 步 图	说 明
1	粗加工上表面 精加工上表面	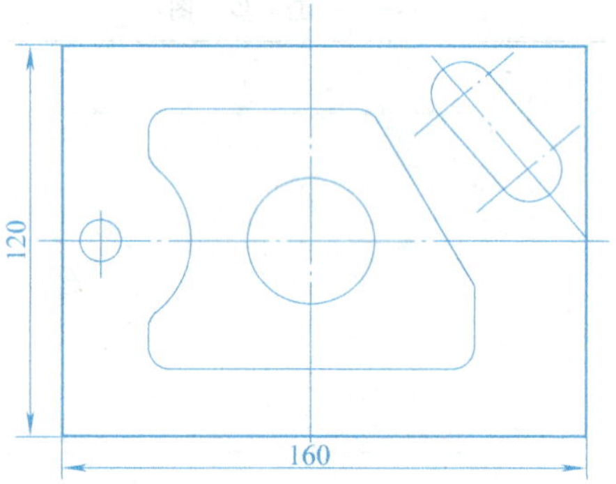	φ80mm 面铣刀（5 个刀片）
2	粗加工两个外轮廓面	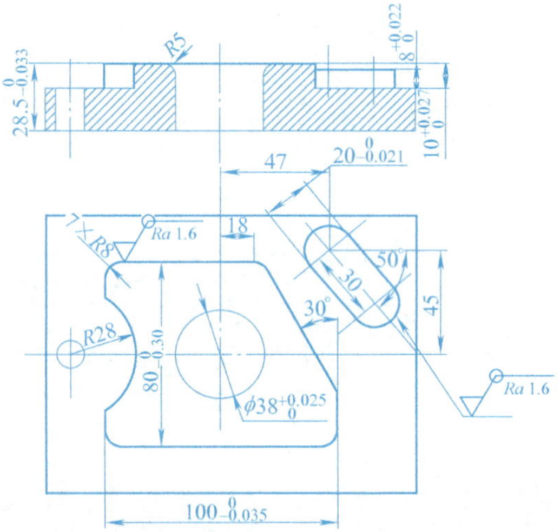	φ16mm 粗齿三刃立铣刀

（续）

序号	工　步	工　步　图	说　明
3	铣削边角料	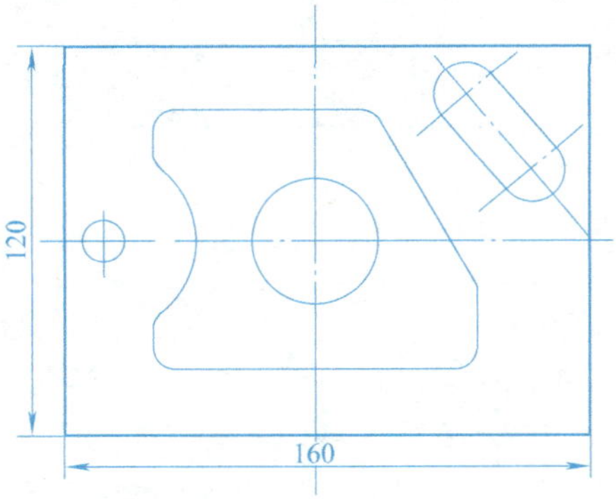	ϕ16mm 粗齿三刃立铣刀
4	钻中间位置孔	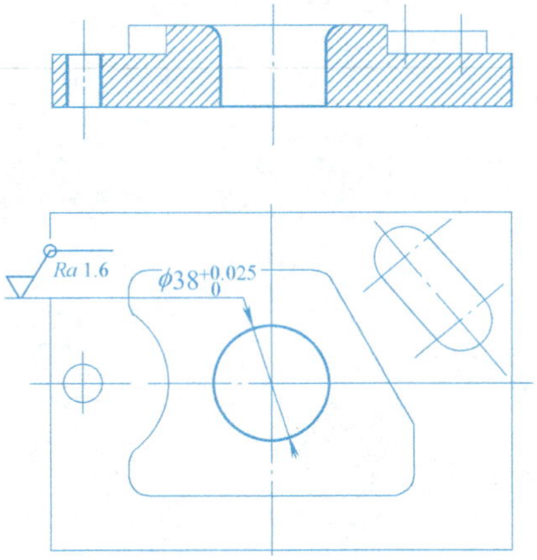	ϕ11. 8mm 直柄麻花钻
5	扩中间位置孔		ϕ35mm 锥柄麻花钻
6	精加工两个外轮廓面	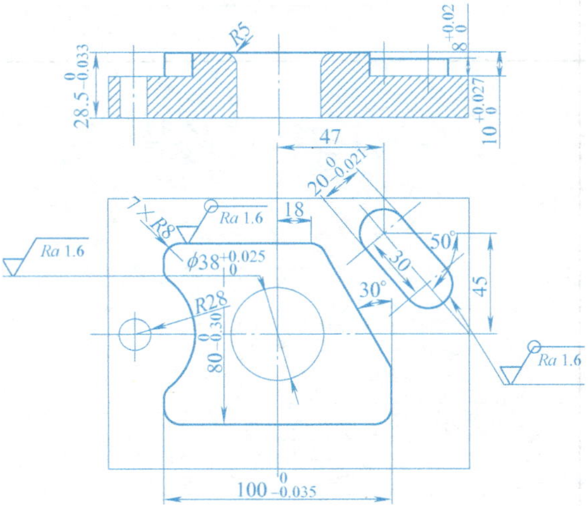	ϕ12mm 细齿四刃立铣刀

（续）

序号	工　步	工　步　图	说　　明
7	粗镗孔 $\phi37.5$mm	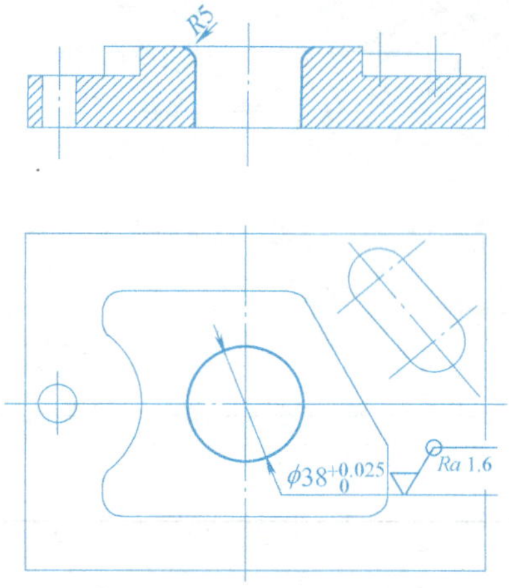	$\phi37.5$mm 粗镗刀
8	精镗孔 $\phi38$mm		$\phi38$mm 精镗刀
9	点孔加工	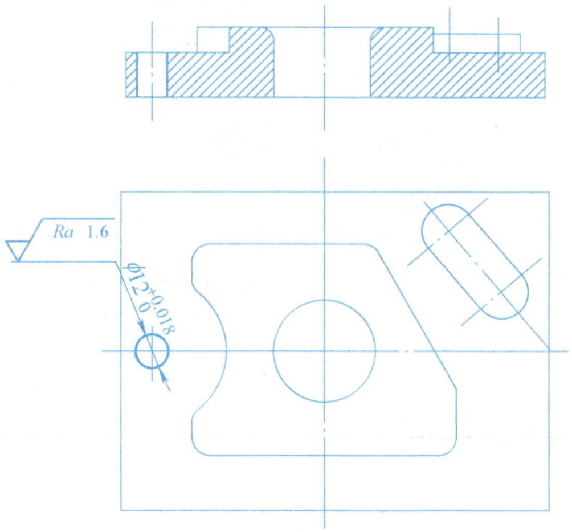	$\phi3$mm 中心钻
10	钻孔加工		$\phi11.8$mm 直柄麻花钻
11	铰孔加工		$\phi12$mm 机用铰刀
12	孔口 $R5$mm 圆角	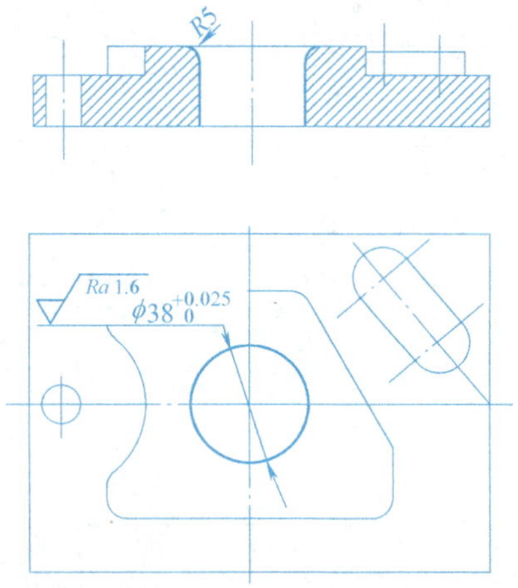	$\phi14$mm 粗齿三刃立铣刀

二、编制数控加工程序

1. 坐标系的确定

件 1 和件 2 编程坐标系原点设在工件上表面。利用寻边器或分中棒、Z 轴设定器或量块对刀，确定工件坐标系原点 O。

2. 编写加工程序

根据 FANUC 0i M 数控系统及 SINUMERIK 802D M 数控系统的指令及规则，编写加工程序见表 6-6、表 6-7。

表 6-6 件 1 数控加工参考程序

工步	程序(FANUC 0i M 系统)	程序(SINUMERIK 802D M 系统)	注 释
粗加工上表面	O0268; G54 G90 G17 G21 G94 G49 G40; M03 S450; G00 G43 Z150 H01; X125 Y-30; Z0.3; G01 X-125 F300; G00 Y30; G01 X125; G00 Z150; M05; M00;	XK3211.MPF; G54 G90 G17 G71 G94 G40; M3 S450; G0 D2 Z150; X125 Y-30; Z0.3; G1 X-125 F300; G0 Y30; G1 X125; G0 Z150; M5; M0;	建立工件坐标系，用 φ80mm 面铣刀 调用 1 号刀具长度补偿 程序暂停(利用厚度千分尺测量厚度，确定精加工余量)
精加工上表面	M03 S800; G00 X125 Y-30 M07; Z0; G01 X-125 F160; G00 Y30; G01 X125; G00 Z150 M09; M05; M00;	M3 S800; G0 X125 Y-30 M7; G1 X-125 F160; G0 Y30; G1 X125; G0 Z150 M9; M5; M0;	程序暂停(手动换刀，更换 φ11.8mm 麻花钻)
钻两个凹型腔工艺孔	M03 S550; G00 G43 Z150 H02; X0 Y0 M07; G83 G99 X0 Y25 Z-16 Q5 R2 F80; X-55 Y35; G00 Z150 M09; M05; M00;	M3 S550 F80; G0 D2 Z150 M7; MCALL; CYCLE83(10,0,2,-16,16,-5,5,0,0,1,1,1); X0 Y25; X-55 Y35; MCALL; G0 Z150 M9; M5; M0;	调用 2 号刀具长度补偿 程序暂停(手动换刀，更换 φ14mm 粗齿立铣刀)
粗加工两个凹型腔(落料)	M03 S500; G00 G43 Z150 H03; X0 Y25 M07; Z1; G01 Z-10.5 F40;	M3 S500; G0 D2 Z150; X0 Y25 M7; Z1; G1 Z-10.5 F40;	调用 3 号刀具长度补偿

（续）

工步	程序（FANUC 0i M 系统）	程序（SINUMERIK 802D M 系统）	注　释
粗加工两个凹型腔（落料）	G41 G01 X-13.381 Y40 D01 F80; M98 P1; G00 Z5; X-55 Y35; Z1; G01 Z-10.5 F40; G41 X-73.944 Y28.447 D01 F80; M98 P2; G00 Z150 M09; M05; M00;	G41 G1 X-8.381 Y40 D1 F80; X-13.381, L1; G0 Z5; X-55 Y35; Z1; G1 Z-10.5 F40; G41 X-63.944 Y28.447 D1 F80; X-73.944; L2; G0 Z150 M9; M5; M0;	引入3号刀具1号半径补偿值 调用子程序 O0001，加工中间凹型腔 调用子程序 O0002，加工键形腔
精加工两个凹型腔	M03 S800 F100; G00 G43 Z150 H04; X0 Y25 M07; Z-10.5; G01 G41 X-13.381 Y40 D02; M98 P1; G00 Z5; X-55 Y35; Z-10.5; G01 G41 X-73.944 Y28.447 D02; M98 P2; G00 Z150 M09; M05; M00;	M3 S800 F100; G0 D2 Z150; X0 Y25 M7; Z-10.5; G1 G41 X-8.381 Y40 D1; X-13.381; L1; G0 Z5; X-55 Y35; Z-10.5; G1 G41 X-63.944 Y28.447 D1; X-73.944; L2; G0 Z150 M9; M5; M0;	调用4号刀具长度补偿 引入4号刀具2号半径补偿值 调用子程序 O0001，加工中间凹型腔 调用子程序 O0002，加工键形腔 程序暂停，更换 ϕ3mm 中心钻
点孔加工	M03 S1200; G00 G43 Z150 H05; X0 Y0; G81 G99 X65 Y0 Z-5 R2 F120; G00 Z150; M05; M00;	M42; M3 S1200 F120; G0 D2 Z150; X65 Y0; CYCLE81(10,0,2,-5,5); G0 Z150; M5; M0;	主轴选用高速档（800～5300r/min） 调用5号刀具长度补偿 程序暂停（更换 ϕ11.8mm 麻花钻）
钻孔加工	M03 S550; G43 G00 Z100 H02; X0 Y0 M07; G83 G99 X65 Y0 Z-15 Q5 R2 F80; G00 Z150 M09; M05; M00;	M41; M3 S550 F80; G0 D2 Z150; X65 Y0 M7; CYCLE83(10,0,2,-16,16,-5,5,0,0,1,1,1); G0 Z150 M9; M5; M0;	主轴选用低速档（50～800r/min） 调用2号刀具长度补偿 程序暂停（更换 ϕ12mm 机用铰刀）

（续）

工步	程序（FANUC 0i M 系统）	程序（SINUMERIK 802D M 系统）	注　　释
铰孔加工	M03　S300; G43　G00　Z100　H06　M07; X0　Y0; G85　G99　X65　Y0　Z-15　R2 F50; G00　G49　Z50; M05; M30;	M3　S300　F50; G0　D2　Z150　M7; X65　Y0; CYCLE85(10,0,2,-16,16,0,50, 50); G0　Z50　M9; M5; M30;	调用6号刀具长度补偿 程序结束回起始位置，机床复位（切削液关，主轴停转）
子程序 O0001（中间凹型腔）	O0001; G03　X-20.309　Y36　R8; G01　X-48.928　Y-13.569; G03　X-50　Y-17.569　R8; G01　Y-32; G03　X-42　Y-40　R8; G01　X42; G03　X50　Y-32　R8; G01　Y-23.664; G03　X47.576　Y-17.928　R8; G02　Y17.928　R28; G03　X50　Y23.664　R8; G01　Y32; G03　X42　Y40　R8; G01　X-13.381; G40　X0　Y25; M99;	L01.SPF; G3　X-20.309　Y36　CR=8; G1　X-48.928　Y-13.569; G3　X-50　Y-17.569　CR=8; G1　Y-32; G3　X-42　Y-40　CR=8; G1　X42; G3　X50　Y-32　CR=8; G1　Y-23.664; G3　X47.576　Y-17.928　CR=8; G2　Y17.928　CR=28; G3　X50　Y23.664　CR=8; G1　Y32; G3　X42　Y40　CR=8; G1　X-13.381; G40　X0　Y25; RET;	子程序名 子程序结束，返回主程序
子程序 O0002（键形腔）	O0002; G03　X-58.623　Y15.519　R-10; G01　X-39.34　Y38.572; G03　X-54.66　Y51.428　R-10; G01　X-73.944　Y28.447; G40　X-55　Y35; M99;	L02.SPF; G3　X-58.623　Y15.519　CR=-10; G1　X-39.34　Y38.572; G3　X-54.66　Y51.428　CR=-10; G1　X-73.944　Y28.447; G40　X-55　Y35; RET;	子程序名 子程序结束，返回主程序

表 6-7　件2数控加工参考程序

工步	程序（FANUC 0i 系统）	程序（SINUMERIK 802D 系统）	注　　释
粗加工上表面	G55　G90　G17　G21　G94　G49　G40; M03　S450; G00　G43　Z150　H01; X125　Y-30; Z0.3; G01　X-125　F300; G00　Y30;	G55　G90　G17　G71　G94　G40; M3　S450; G0　D2　Z150; X125　Y-30; Z0.3; G1　X-125　F300; G0　Y30;	建立工件坐标系，用 φ80mm 面铣刀 调用1号刀具长度补偿

（续）

工步	程序（FANUC 0i 系统）	程序（SINUMERIK 802D 系统）	注　释
粗加工上表面	G01　X125; G00　Z150; M05; M00;	G1　X125; G0　Z150; M5; M0;	程序暂停（利用厚度千分尺测量厚度，确定精加工余量）
精加工上表面	M03　S800; G00　X125　Y-30　M07; Z0; G01　X-125　F160; G00　Y30; G01　X125; G00　Z150　M09; M05; M00;	M3　S800; G0　X125　Y-30　M07; Z0; G1　X-125　F160; G0　Y30; G1　X125; G0　Z150　M9; M5; M0;	程序暂停（手动换刀，更换 ϕ16mm 粗齿立铣刀）
粗加工两个凸台外轮廓面	M03　S500　F120; G00　G43　Z150　H07; X92　Y0　M07; Z-10; G41　G01　X50　Y-14　D03; M98　P3; G41　G01　X58.623　Y15.591　D03; M98　P4; G01　X73; Y-60; X65　Y-46; Y-53; X-81; X-65　Y-46; X-73; Y0; X-63　Y-10; Y10; X-73　Y6; Y60; X-65　Y46; Y53; X25; Y70; G00　X75; G01　Y50; G00　Z150　M09; M05; M00;	M3　S500　F120; G0　D2　Z150; X92　Y0　M7; Z-10; G41　G1　X60　Y-14　D3; X50; L3; G41　G1　X58.623　Y10.591　D3; Y15.591; L4; G1　X73; Y-60; X65　Y-46; Y-53; X-81; X-65　Y-46; X-73; Y0; X-63　Y-10; Y10; X-73　Y6; Y60; X-65　Y46; Y53; X25; Y70; G0　X75; G1　Y50; G0　Z150　M9; M5; M0;	调用 7 号刀具长度补偿 引入 7 号刀具 3 号半径补偿值 调用子程序 O0003，加工中间凸台 调用子程序 O0004，加工键形凸台 程序暂停（更换 ϕ11.8mm 麻花钻）

（续）

工步	程序（FANUC 0i 系统）	程序（SINUMERIK 802D 系统）	注　　释
钻中间位置孔	M03　S550　F80; G00　G43　X0　Y0　Z150　H02; X0　Y0　M07; G83　G99　X0　Y0　Z-35　Q5　R2　F80; G00　Z150　M09; M05; M00;	M3　S550　F80; G0　D2　Z150; X0　Y0　M7; CYCLE83(10,0,2,-35,35,-5,5,0,0,1,1,1); G0　Z150　M9; M5; M0;	调用2号刀具长度补偿 程序暂停（更换 ϕ35mm 麻花钻）
扩中间位置孔	M03　S150　F20; G00　G43　Z150　H08; X0　Y0　M07; G83　G99　X0　Y0　Z-40　Q-5　R2　F20; G00　Z150　M09; M05; M00;	M3　S150　F20; G0　D2　Z150; X0　Y0　M7; CYCLE83(10,0,2,-40,40,-5,5,0,0,1,1,1); G0　Z150　M9; M5; M0;	调用8号刀具长度补偿 程序暂停（更换 ϕ12mm 立铣刀）
精加工两个凸台外轮廓面	M03　S800　F100; G00　G43　Z150　H04; X92　Y0　M07; Z-10; G41　G01　X50　Y-14　D04; M98　P3; G41　G01　X58.623　Y15.591　D04; M98　P4; G00　Z5; X32　Y55.098; Z-2; G01　X68.881　Y11.144; X76.542　Y17.572; X40.941　Y60; G00　Z150　M09; M05; M00;	M3　S800　F100; G0　D2　Z150; X92　Y0　M7; Z-10; G41　G1　X60　Y-14　D4; X50; L3; G41　G1　X58.623　Y10.591　D4; Y15.591; L4; G0　Z5; X32　Y55.098; Z-2; G1　X68.881　Y11.144; X76.542　Y17.572; X40.941　Y60; G0　Z150　M9; M5; M0;	调用4号刀具长度补偿 引入4号刀具4号半径补偿值 调用子程序 O0003，加工中间凸台 调用子程序 O0004，加工键形凸台 程序暂停（手动换刀，更换 ϕ37.5mm 粗镗刀）
粗镗孔 ϕ37.5mm	M03　S850; G43　G00　Z100　H09　M07; X0　Y0; G85　G99　X0　Y0　Z-30　R2　F80; G00　Z100　M09; M05; M00;	M42; M3　S850　F80; G0　D2　Z150; X0　Y0　M7; CYCLE85(10,0,2,-30,30,0,80,100); G0　Z150　M9; M5; M0;	主轴选用高速档（800～5300r/min） 调用9号刀具长度补偿 程序暂停（手动换刀，更换 ϕ38mm 精镗刀）

（续）

工步	程序（FANUC 0i 系统）	程序（SINUMERIK 802D 系统）	注 释
精镗孔 ϕ38mm	M03 S1000; G43 G00 Z100 H10 M07; X0 Y0; G85 G99 X0 Y0 Z-30 R2 F40; G00 Z100 M09; M05; M00;	M3 S1000 F40; G0 D2 Z150; X0 Y0 M7; CYCLE85(10, 0, 2, -30, 30, 0, 40, 60); G0 Z150 M9; M5; M0;	 调用 10 号刀具长度补偿 程序暂停(更换 ϕ3mm 中心钻)
点孔加工	M03 S1200; G00 G43 Z150 H05; X0 Y0; G81 G99 X-65 Y0 Z-12 R2 F120; G00 Z150; M05; M00;	M3 S1200 F120; G0 D2 Z150; X-65 Y0; CYCLE81(10,0,2,-12,12); G0 Z150; M5; M0;	 调用 5 号刀具长度补偿 程序暂停（更换 ϕ11.8mm 麻花钻）
钻孔加工	M03 S550; G43 G00 Z100 H02; X0 Y0 M07; G83 G99 X-65 Y0 Z-35 Q5 R2 F80; G00 Z150 M09; M05; M00;	M41; M3 S550 F80; G0 D2 Z150; X-65 Y0 M7; CYCLE83(10,0,2,-35,35,-5,5,0,0,1,1,1); G0 Z150 M9; M5; M0;	 主轴选用低速档(50~800r/min) 调用 2 号刀具长度补偿 程序暂停（更换 ϕ12mm 机用铰刀）
铰孔加工	M03 S300; G43 G00 Z100 H06 M07; X0 Y0; G85 G99 X-65 Y0 Z-35 R2 F50; G00 Z150 M09; M05; M00;	M3 S300 F50; G0 D2 Z150 M7; X-65 Y0; CYCLE85(10, 0, 2, -30, 30, 0, 50, 50); G0 Z150 M9; M5; M0;	 调用 6 号刀具长度补偿 程序暂停（更换 ϕ14mm 立铣刀）
孔口 R5mm 圆角	M03 S800; G43 G00 Z100 H03; X0 Y0 M07; Z0; G01 X17 F60; #1=0; #2=-7;	M3 S800; G0 D2 Z150; X0 Y0; Z0; G1 X17 F60; R1=0; R2=-5; MARKE1; R3=5+R1;	 调用 3 号刀具长度补偿

（续）

工步	程序（FANUC 0i 系统）	程序（SINUMERIK 802D 系统）	注　释
孔口 *R*5mm 圆角	N123　#3=7+#1; #4=SQRT[7*7-#3*#3]; #5=17-#4; G01　X[#5]　Y0　Z[#1]　F1000; G02　I[-#5]　J0; #1=#1-0.02; IF　[#1GE#2]　GOTO　123; G00　G49　Z50; M30;	R4=SQRT(5*5-R3*R3); R5=17-R4; G1　X=R5　Y0　Z=R1　F1000; G2　I=-R5　J0; R1=R1-0.02; IF　R1>=R2　GOTOB MARKE1; G0　Z50　D0　M9; M5; M30;	程序结束回起始位置，机床复位（切削液关，主轴停转）
子程序 O0003 （中间 凸台）	O0003; G01　Y-32; G02　X42　Y-40　R8; G01　X-42; G02　X-50　Y-32　R8; G01　Y-23.664; G02　X-47.576　Y-17.928　R8; G03　Y17.928　R28; G02　X-50　Y23.664　R8; G01　Y32; G02　X-42　Y40　R8; G01　X13.381; G02　X20.309　Y36　R8; G01　X48.928　Y-13.569; G02　X50　Y-17.569　R8; G40　G01　X60　Y0; M99;	L03.SPF; G1　Y-32; G2　X42　Y-40　CR=8; G1　X-42; G2　X-50　Y-32　CR=8; G1　Y-23.664; G2　X-47.576　Y-17.928　CR=8; G3　Y17.817　CR=28; G2　X-50　Y23.664　CR=8; G1　Y32; G2　X-42　Y40　CR=8; G1　X13.381; G2　X20.309　Y36　CR=8; G1　X48.928　Y-13.569; G2　X50　Y-17.569　CR=8; G40　G1　X60　Y0; RET;	子程序名 子程序结束，返回主程序
子程序 O0003 （键形 凸台）	O0004; G01　X39.34　Y38.572; G02　X54.66　Y51.428　R-10; G01　X73.944　Y28.447; G02　X58.623　Y15.519　R-10; G40　G01　X55　Y0; M99;	L04.SPF; G1　X39.34　Y38.572; G2　X54.66　Y51.428　CR=-10; G1　X73.944　Y28.447; G2　X58.623　Y15.519　CR=-10; G40　G1　X55　Y0; RET;	子程序名 子程序结束，返回主程序

三、用数控铣床加工

1）选择机床、数控系统并开机。

2）机床各轴回参考点。

3）安装工件。

4）安装刀具并对刀。

5）输入加工程序，并检查调试。

6）手动移动刀具退至距离工件较远处。

7）自动加工。

8）测量工件，对工件进行误差与质量分析并优化程序。

零件检测及评分见表 6-8。

表 6-8　零件检测及评分表

准考证号				操作时间		总得分		
工件编号				系统类型				
序号	考核项目		考核内容及要求	评分标准	配分	检测结果	扣分	得分
1	件 1（30%）	凹槽	圆弧过渡光滑	有明显接痕每处扣 1 分	4			
2			R8mm（7 处），R28mm	不符要求无分	5			
3			$80^{+0.030}_{0}$mm	超差 0.01mm 扣 1 分	2			
4			$100^{+0.035}_{0}$mm	超差 0.01mm 扣 1 分	2			
5			30°	超差无分	2			
6			周边 $Ra1.6\mu m$	每处降一级，扣 2 分	4			
7		孔	$\phi12^{+0.018}_{0}$mm	超差 0.01mm 扣 1 分	5			
8			$Ra1.6\mu m$	每处降一级，扣 2 分	4			
9		键形凹槽	$20^{+0.021}_{0}$mm	超差 0.01mm 扣 1 分	2			
10	件 2（52%）	零件厚度	$28.5^{0}_{-0.033}$mm	超差 0.01mm 扣 1 分	3			
11		平行度	0.02mm	超差无分	2			
12		孔	$\phi12^{+0.018}_{0}$mm	超差 0.01mm 扣 2 分	6			
13			$Ra1.6\mu m$	每降一级扣 2 分	2			
14			$\phi38^{+0.025}_{0}$mm	超差 0.01mm 扣 2 分	6			
15			$Ra1.6\mu m$	每处降一级，扣 2 分	4			
16		孔口圆角	R5mm	不符要求无分	5			
17		凸台	高度 $10^{+0.027}_{0}$mm	超差 0.01mm 扣 1 分	2			
18			圆弧过渡光滑	超差 0.01mm 扣 1 分	2			
19			R8mm（7 处），R28mm	不符要求无分	5			
20			$80^{0}_{-0.030}$mm	超差 0.01mm 扣 1 分	1			
21			$100^{0}_{-0.035}$mm	超差 0.01mm 扣 1 分	1			
22			30°	超差无分	1			
23			周边 $Ra1.6\mu m$	每降一级扣 2 分	4			
24		键形凸台	50°	超差无分	1			
25			周边 $Ra1.6\mu m$	每处降一级，扣 2 分	4			
26			高度 $8^{+0.022}_{0}$mm	超差 0.01mm 扣 1 分	1			
27			宽度 $20^{0}_{-0.021}$mm	超差 0.01mm 扣 1 分	2			
28	残料清角		外轮廓加工后的残料必须切除；内轮廓必须清角	每留一个残料岛屿扣 1 分；没有清角每处扣 1 分。扣完为止	5			

（续）

序号	考核项目	考核内容及要求	评分标准	配分	检测结果	扣分	得分
29	配合	双边配合间隙<0.06mm	超差不得分	4			
30	安全文明生产	1. 遵守机床安全操作规范 2. 刀具、工具、量具放置规范	未达要求酌情扣 1～5 分	3			
31	工艺合理	1. 工件定位、夹紧及刀具选择合理 2. 加工顺序及刀具轨迹路线合理	未达要求酌情扣 1～5 分	3			
32	程序编制	1. 指令正确，程序完整 2. 数值计算正确，程序编写表现出一定的技巧 3. 刀具补偿功能正确 4. 切削参数、坐标系选择正确、合理	未达要求酌情扣 1～5 分	3			
33	其他项目	发生重大事故（人员及设备安全等事故）、严重违反工艺原则和情节严重的野蛮操作等，由裁判长决定取消其操作资格					

监考人		检验员		考评员	

四、几何精度和配合精度的分析

1. 几何精度

几何精度对配合精度有直接影响。图 6-2 中的几何精度有各加工表面与基准面的平行度，平行度一般采用百分表来检测。

在加工过程中，造成几何精度降低的原因见表 6-9，可根据具体情况采取措施。

表 6-9　几何精度误差分析

影响因素	序　号	产 生 原 因
装夹与找正	1	工件装夹不牢固，加工过程中产生松动与振动
	2	夹紧力过大，产生弹性变形，切削完成后变形恢复
	3	工件找正不正确，造成加工表面与基准面不平行或不垂直
刀具	4	刀具刚性差，刀具加工过程中产生振动
	5	对刀不正确，产生位置精度误差
加工	6	背吃刀量过大，导致刀具发生弹性变形，加工面呈锥形
	7	切削用量选择不当，导致切削力过大，而产生工件变形
工艺系统	8	夹具装夹、找正不正确（如本任务中钳口找正不正确）
	9	机床几何误差
	10	工件定位不正确或夹具与定位元件存在误差

2. 配合精度

本项目任务常见配合质量问题及其原因见表 6-10。

表 6-10　配合质量问题及其原因

现　　象	序　　号	可 能 原 因
工件不能配合或配合得太紧	1	单件轮廓尺寸精度不正确
	2	工件找正不正确，造成加工面与基准面不平行或不垂直
配合后总高不正确	3	工件加工面交角处圆角过大，工件落不到底
	4	单件高度尺寸加工不正确
件 1 与件 2 不垂直	5	加工面与基准面不垂直
配合间隙过大或配合喇叭口	6	加工面呈倒锥形，上大下小，造成配合间隙过大
	7	配作不合理
	8	精加工余量过大或刀具刚性差

项目实践

一、实践内容

在机床上加工图 6-3、图 6-4 所示的零件。其工具、量具清单见表 6-11。

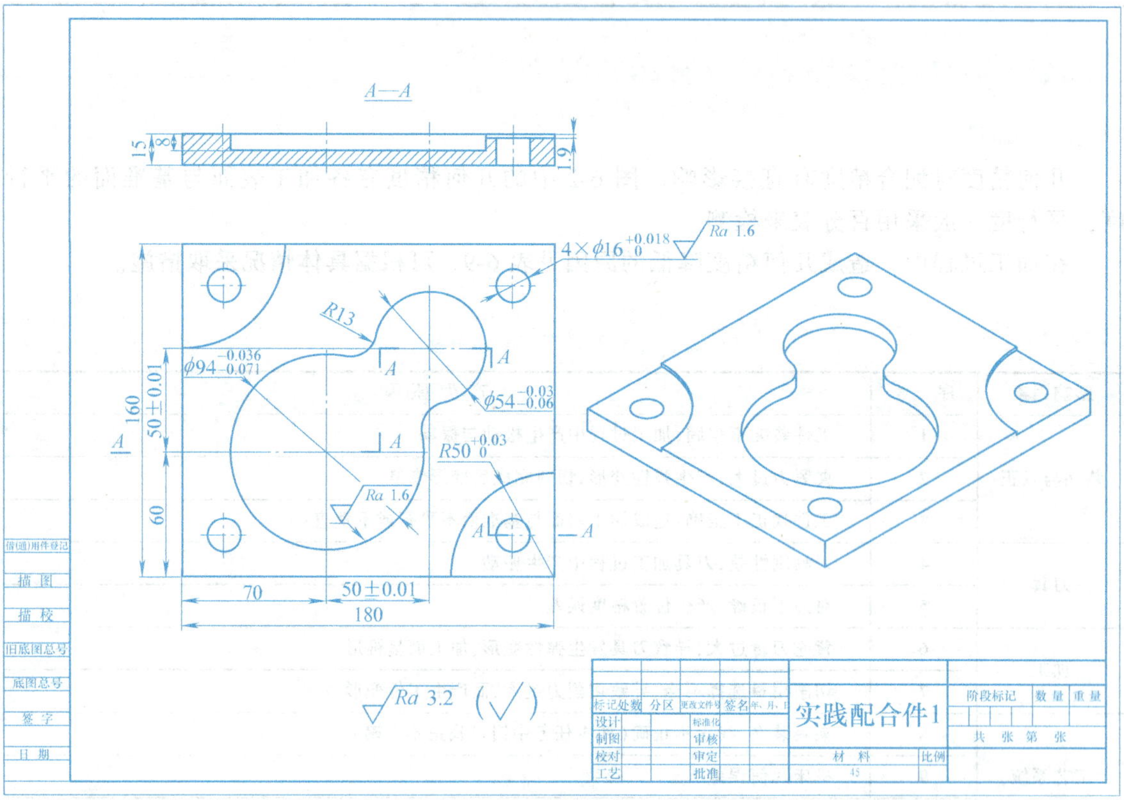

图 6-3　实践配合件 1

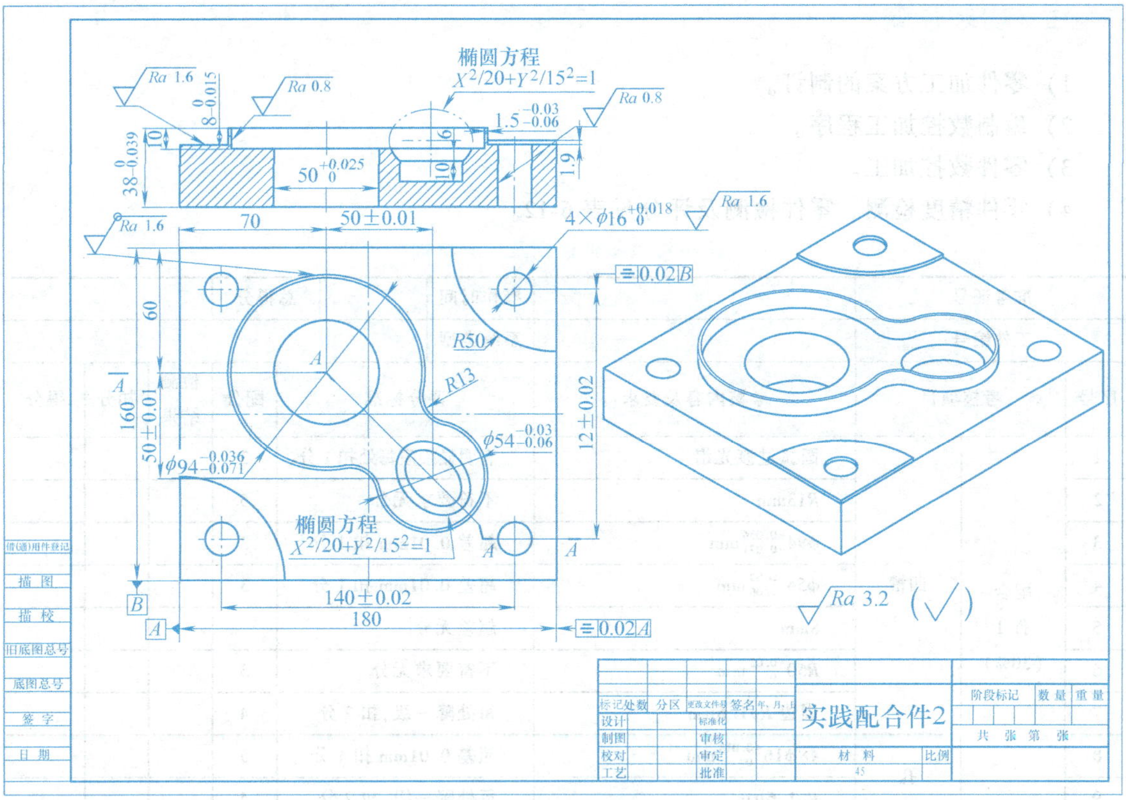

图 6-4　实践配合件 2

表 6-11　工具、量具清单

图号			机床号		
种类	序号	名称	规格/mm	精度/mm	数量/个
工具	1	机用平口虎钳	QH135		1
	2	扳手			1
	3	平行垫铁			1
	4	橡胶锤			1
	5	卸刀器及扳手			1
量具	1	游标卡尺	0~150	0.02	1
	2	高度游标卡尺	0~300	0.02	
	3	钢直尺	150		
	4	百分表及磁性表座	0~10	0.01	各 1
	5	外径千分尺	0~25　75~100	0.01	各 1
	6	内测千分尺	0~25　75~100	0.01	各 1
	7	塞尺	0.02~0.5		1

二、实践步骤

1）零件加工方案的制订。
2）编制数控加工程序。
3）零件数控加工。
4）零件精度检测。零件检测及评分见表 6-12。

表 6-12　零件检测及评分标准

准考证号				操作时间		总得分		
工件编号				系统类型				
序号	考核项目		考核内容及要求	评分标准	配分	检测结果	扣分	得分
1	配合件 1（30%）	凹槽	圆弧过渡光滑	有明显接痕每处扣 1 分	3			
2			$R13$mm	不符要求无分	5			
3			$\phi94^{-0.036}_{-0.071}$mm	超差 0.01mm 扣 1 分	3			
4			$\phi54^{-0.03}_{-0.06}$mm	超差 0.01mm 扣 1 分	3			
5			8mm	超差无分				
6			$R50^{+0.03}_{0}$mm	不符要求无分	3			
7			周边 $Ra1.6\mu m$	每处降一级，扣 2 分	4			
8		孔	$4\times\phi16^{+0.018}_{0}$mm	超差 0.01mm 扣 1 分	5			
9			$Ra1.6\mu m$	每处降一级，扣 2 分	4			
10	配合件 2（52%）	零件厚度	$38^{0}_{-0.039}$mm	超差 0.01mm 扣 1 分	4			
11		对称度	0.02mm	超差无分	4			
12		孔	$4\times\phi16^{+0.018}_{0}$mm	超差 0.01mm 扣 2 分	6			
13			$\phi50^{+0.025}_{0}$mm	每处降一级，扣 2 分	4			
14		薄壁	$1.5^{-0.03}_{-0.06}$mm	超差 0.01mm 扣 2 分	3			
15			$8^{0}_{-0.015}$mm	超差 0.01mm 扣 2 分	2			
16		凹槽	$\phi54^{-0.03}_{-0.06}$mm	超差 0.01mm 扣 2 分	6			
17			$\phi94^{-0.036}_{-0.071}$mm	超差 0.01mm 扣 2 分	4			
18			椭圆槽	超差无分	8			
19			$R50$mm	超差 0.01mm 扣 1 分	3			
20			10mm，1.9mm	超差无分	2			
21			孔 $Ra0.8\mu m$	每处降一级，扣 2 分	3			
22			周边 $Ra1.6\mu m$	每处降一级，扣 2 分	3			
23	残料清角		外轮廓加工后的残料必须切除；内轮廓必须清角	留一个残料岛屿扣 1 分；没有清角每处扣 1 分。扣完为止	5			
24	配合		双边配合间隙≤0.06mm	超差无分	4			
25	安全文明生产		1. 遵守机床安全操作规范 2. 刀具、工具、量具放置规范	未达要求酌情扣 1～5 分	3			

（续）

序号	考核项目	考核内容及要求	评分标准	配分	检测结果	扣分	得分
26	工艺合理	1. 工件定位、夹紧及刀具选择合理 2. 加工顺序及刀具轨迹路线合理	未达要求酌情扣1～5分	3			
27	程序编制	1. 指令正确，程序完整 2. 数值计算正确、程序编写表现出一定的技巧 3. 刀具补偿功能正确 4. 切削参数、坐标系选择正确、合理	未达要求酌情扣1～5分	3			
28	其他项目	发生重大事故（人员及设备安全等事故）、严重违反工艺原则和情节严重的野蛮操作等，由裁判长决定取消其操作资格					
监考人		检验员		考评员			

5）对工件进行误差与质量分析并优化程序。

6）操作注意事项如下：

① 要注意使用好进给倍率和主轴转速倍率，以便调节切削用量到合适状态；在发现问题时可迅速停止进给，检查和排除问题后再继续执行程序。

② 键槽铣刀垂直进给速度不能太快；普通立铣刀不能垂直下刀切削。

③ 加工时要关好防护门。

④ 单段运行中，重点检查有G00指令的程序段中，Z坐标是否已经下到背吃刀量，一个轮廓加工完毕是否设置抬刀指令，避免撞刀现象的发生。

⑤ 如发生意外事故，应迅速按复位键或紧急停止按钮，查找原因。

⑥ 首次切削运行的程序禁止采用自动方式连续执行，防止意外事故发生。

⑦ 加工时要控制好配合处公差大小。

项目七 曲面零件CAM自动编程加工

项目目标

1. 熟悉 UG 软件的界面，掌握 UG 软件的基本操作。
2. 了解 UG 软件的 CAD 基本造型方法。
3. 了解 UG 软件的 CAM 自动编程方法。

项目任务

在机床上加工如图 7-1 所示的零件，零件材料为 45 钢，已完成上下平面、周边侧面及 *B* 向内容的加工。要求对方台零件的 *A* 向结构进行 CAD/CAM 加工。

项目实施

CAD/CAM 技术经过几十年的发展，先后经过大型机、小型机、工作站、微机的时代，每个时代都有流行的 CAD/CAM 软件。本项目以 UG NX 6.0 为例。

一、CAD 造型

1. 建模思路

根据方台零件 *A* 向结构进行分析。确定建模思路为：

1）画草图。

2）拉伸，利用布尔求差操作对零件进行裁剪。

3）创建点。

4）画出球，再利用布尔求差。

2. 创建零件模型

1）单击【开始】→【程序】→【UG NX 6.0】，启动后进入 UG NX 6.0 初始界面，如图 7-2 所示。

2）单击“新建”图标按钮，弹出“新建”对话框，如图 7-3 所示。指定文件“名称”为“fangtai. prt”，“文件夹”路径设置为“E：\UG NX\xiangmu7”，单击按钮。

3）绘制草图。单击创建草图按钮，或选择【插入】→【草图】命令，以底面为草图平面，绘制如图 7-4 所示的形状，再设置参考线并约束，如图 7-5 所示。在四个角落绘制直

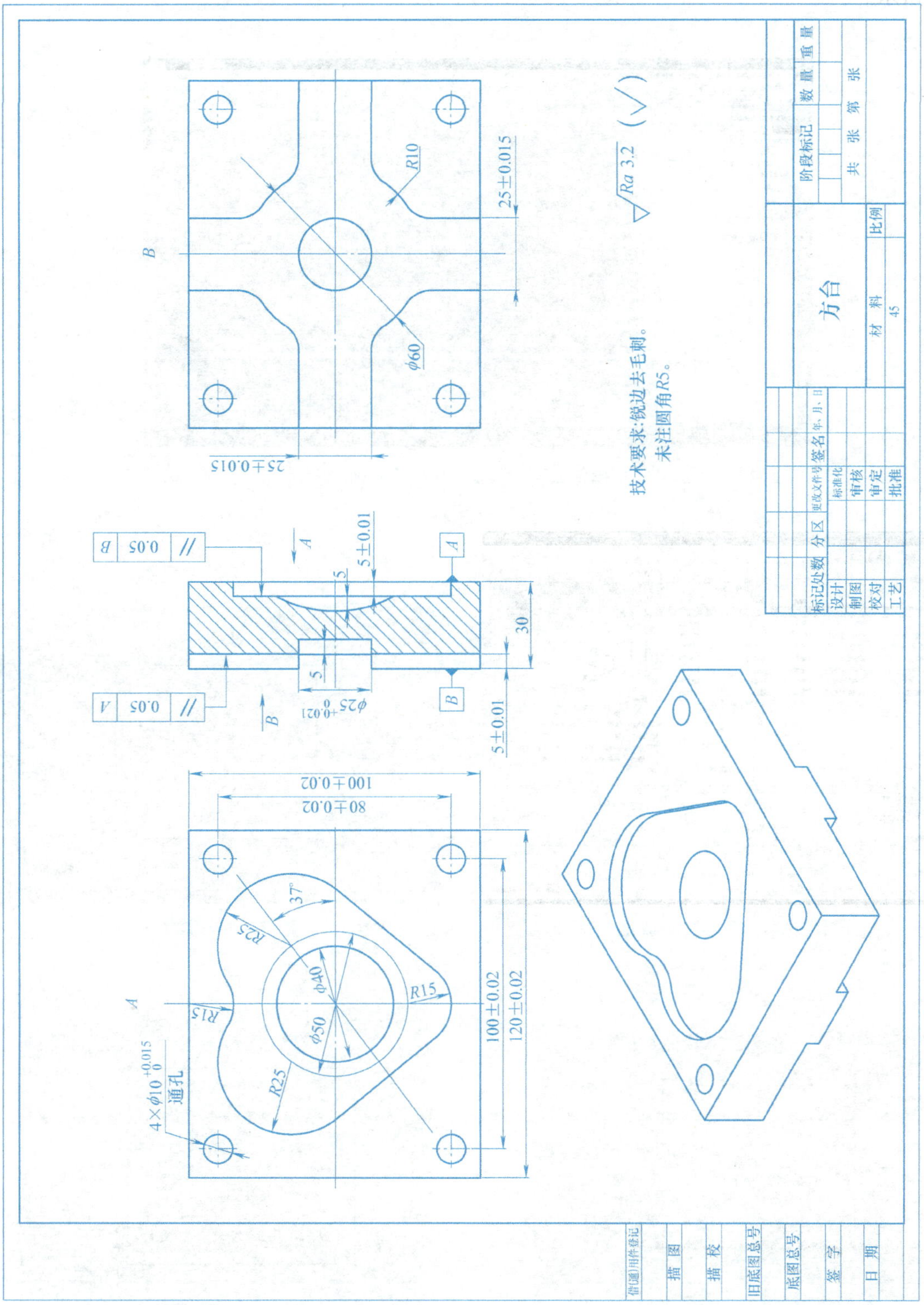
技术要求：锐边去毛刺。
未注圆角R5。
方台
材　料
45
100±0.02
80±0.02
120±0.02
25±0.015
5±0.01
30
Ra 3.2
4×φ10$^{+0.015}_{0}$
通孔
φ60
φ50
φ40
R25
R15
R10
37°
0.05

图 7-1　方台零件

径 10mm 的圆，如图 7-6 所示。在图中央绘制心形图样，再进行标注，完成整体草图，如图 7-7 所示。

图 7-2　UG NX 6.0 初始界面

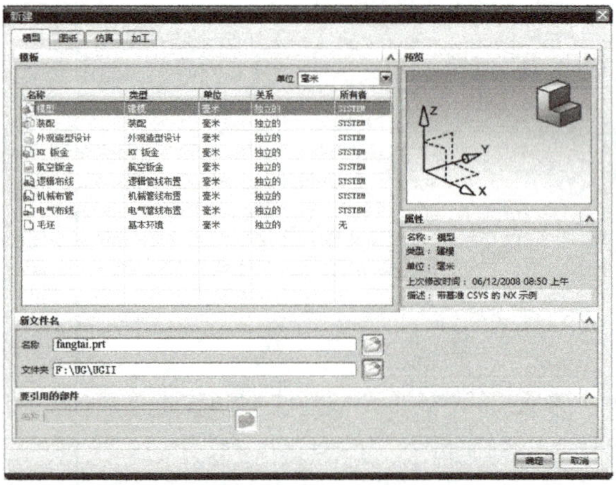

图 7-3　“新建”对话框

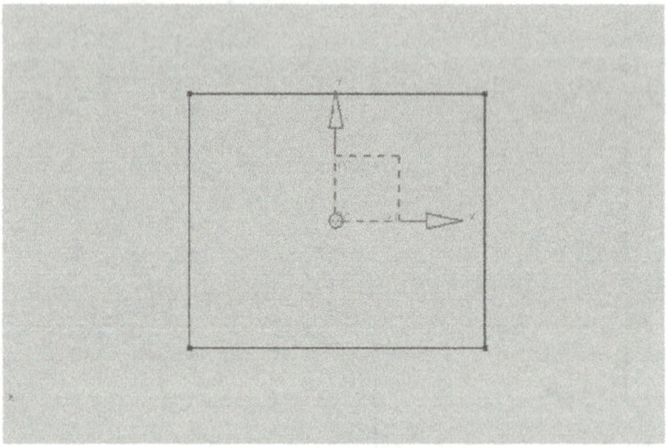

图 7-4　图框草图

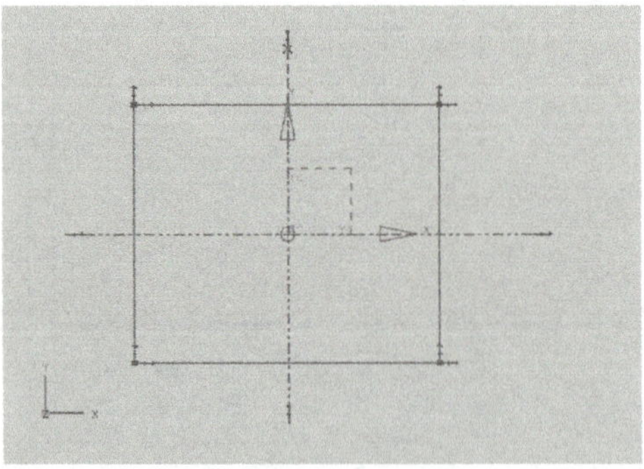

图 7-5　约束草图

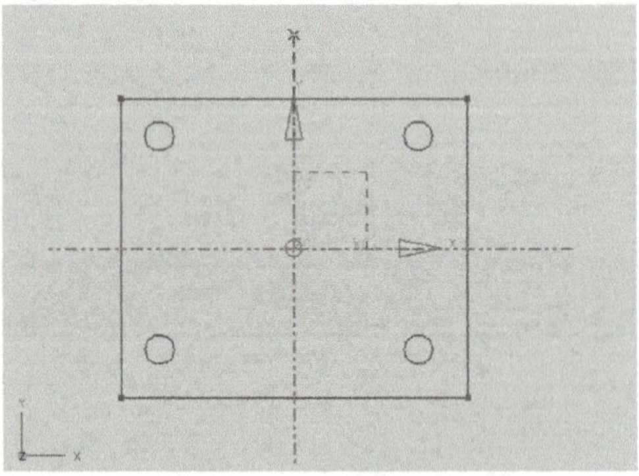

图 7-6　绘圆

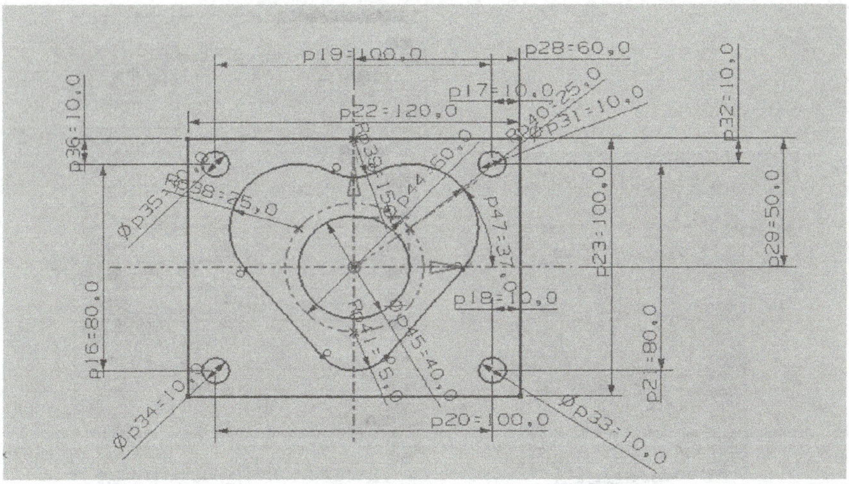

图 7-7　整体草图

4）拉伸。单击按钮，选择外框，如图 7-8a 所示，设置如图 7-8b 所示的参数，并进行拉伸。再选择四个圆，设置参数，如图 7-9 所示，拉伸成通孔。

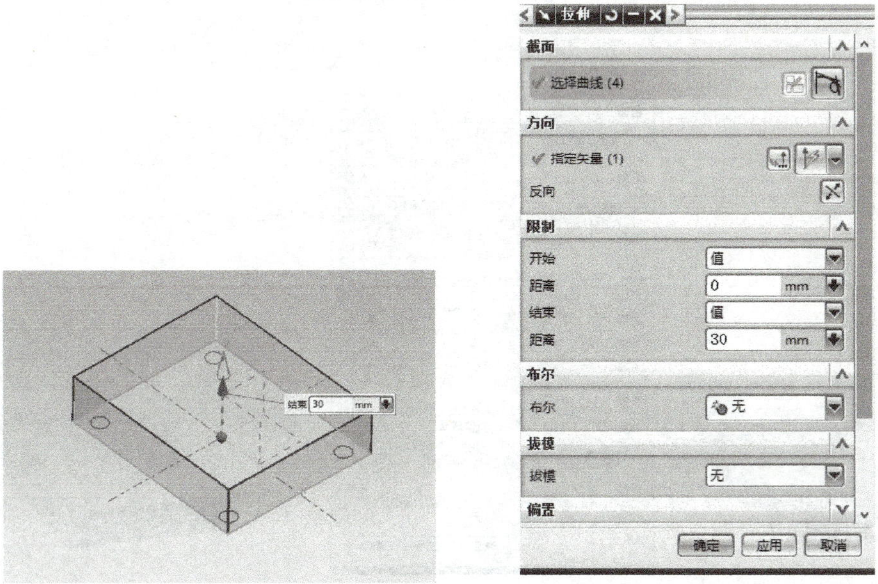

a)　　　　　　　　　　b)

图 7-8　拉伸方框

a）拉伸图框　b）拉伸参数设置

5）构建中间的心形凹槽。选中心形凹槽草图，如图 7-10a 所示，并向下拉伸 5mm，再进行布尔求差运算，参数设置如图 7-10b 所示，形成心形凹槽，如图 7-10c 所示。

6）构建球心。选择【插入】→【基准点】→【+点】命令，弹出如图 7-11 所示的对话框。输入点数据参数，如图 7-12 所示，形成如图 7-13 所示的点，即球心。

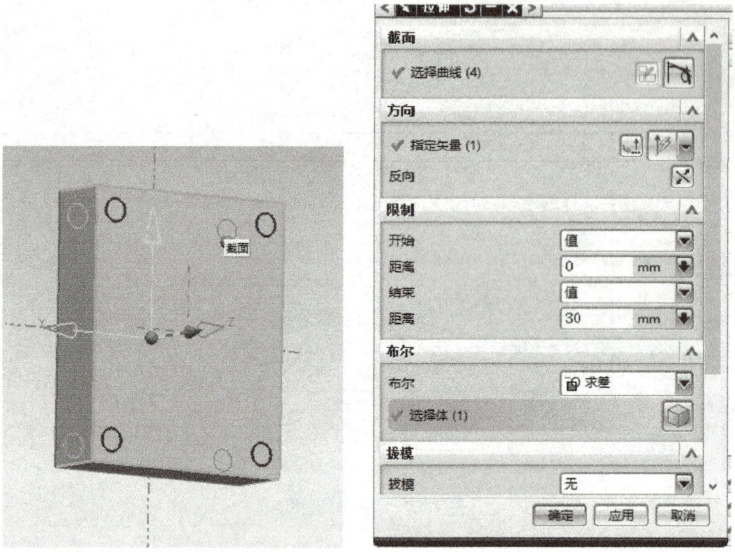

a)　　　　b)

图 7-9　拉伸圆

a）选择圆　b）拉伸参数设置

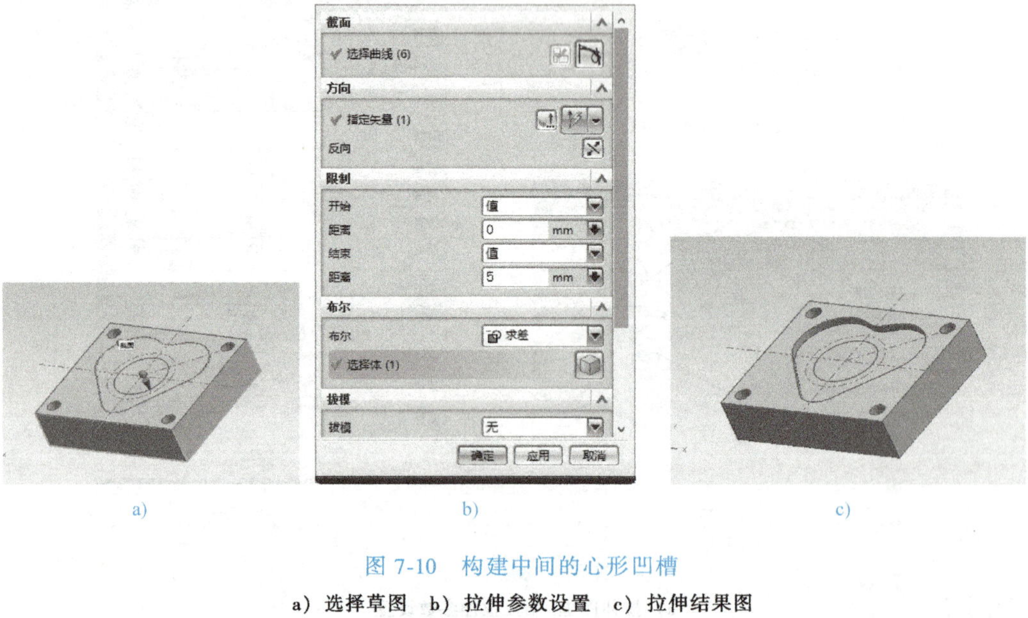

a)　　　　b)　　　　c)

图 7-10　构建中间的心形凹槽

a）选择草图　b）拉伸参数设置　c）拉伸结果图

7）构建球形凹槽。选中【插入】→【设计特征】→【球】命令，弹出“球”对话框，如图 7-14 所示。计算出球的直径是 85mm，输入参数数据，再进行布尔运算，可得球形凹槽，完成的零件 *A* 向结构如图 7-15 所示。

8）单击保存按钮，保存文件。

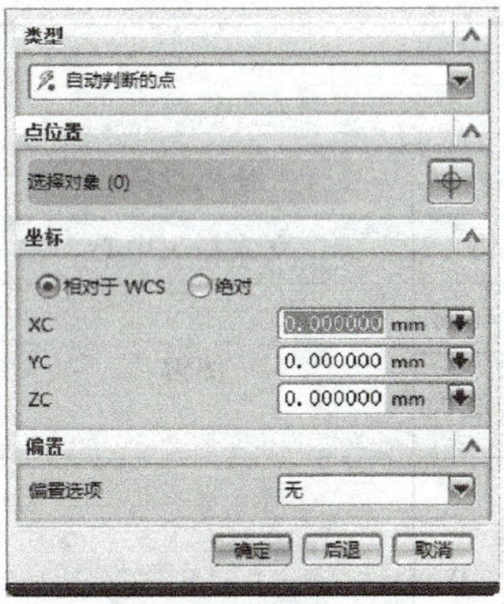

图 7-11　点命令对话框

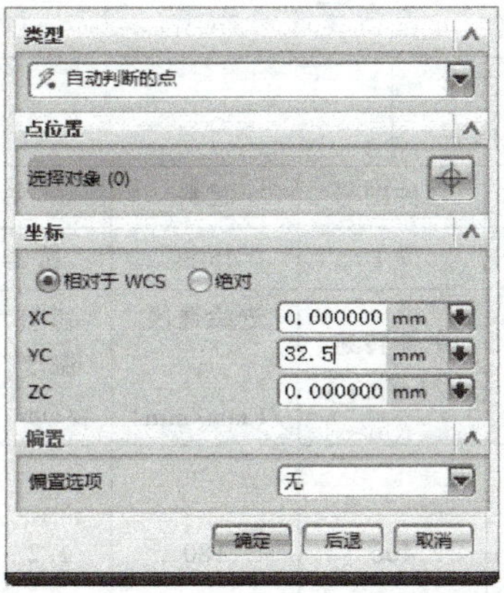

图 7-12　圆球球心设置

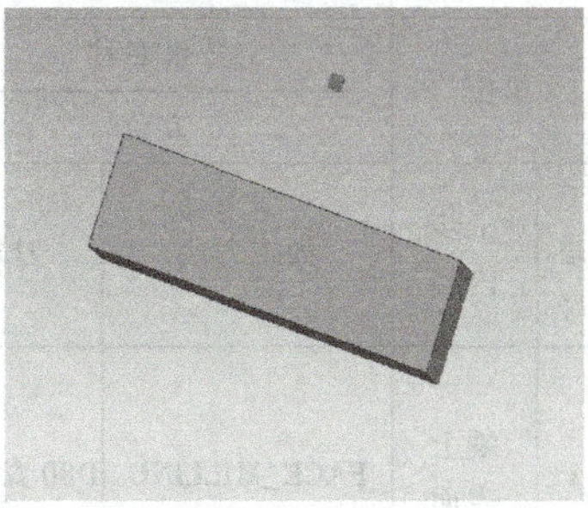
图 7-13　点位置

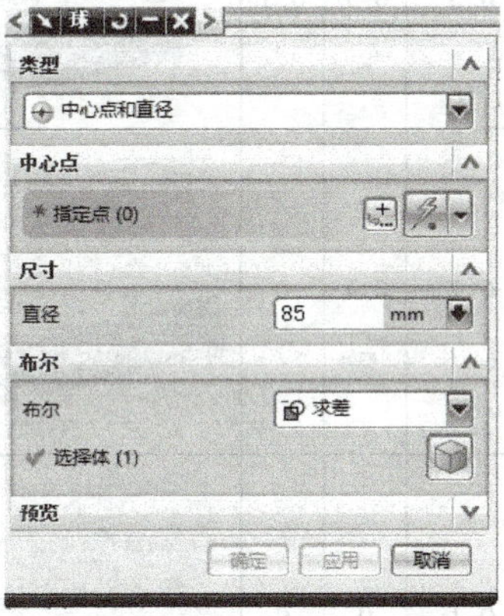

图 7-14　“球”对话框

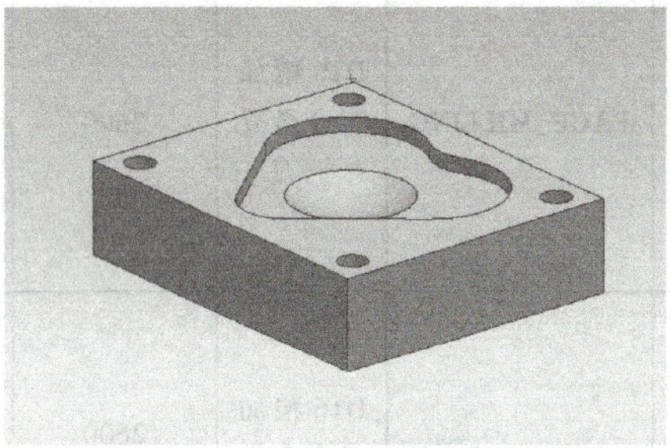
图 7-15　零件 *A* 向结构图

二、制订零件的加工工艺

1. 零件结构及技术要求分析

如图 7-1 所示，零件材料为 45 钢，尺寸为 120mm×100mm×30mm，已完成上下平面、周边侧面及 *B* 向内容的加工，现要求对方台零件 *A* 向结构进行加工。具体加工内容为：心形凹槽、球形凹槽及 4 个 ϕ10mm 的通孔，曲面及孔的精度要求较高。

2. 零件加工工艺及工装分析

（1）加工机床的选择　选用立式加工中心，机床系统为 FANUC 0i 数控系统或 SINUMERIK 802D 数控系统。

（2）工件的装夹　以底面和侧面作为定位基准，工件采用精密平口虎钳装夹。

（3）加工方法及刀具的选择　心形凹槽、球形凹槽铣削采用先粗后精的方案，ϕ10mm 的通孔属 IT7 级，采用钻中心孔→钻孔→铰孔的加工工艺。加工坐标原点设置在工件顶面中心。

3. 数控加工工艺文件

数控加工工序卡及切削参数见表 7-1。

表 7-1　方台零件 *A* 向结构加工工序卡

数控加工工序卡片	工序号			工序内容					
单位		零件名称		零件图号	材料	夹具名称			使用设备
		方台		7-1	45 钢	精密平口虎钳			立式加工中心
工步号	工步内容	加工方法	刀具	主轴转速 n/(r/min)	进给速度 v_f/(mm/min)	切削深度/mm	余量/mm 侧面	余量/mm 底面	图解
1	铣上表面	FACE_MILLING	D80 盘铣刀	400	180	1.2	0	0	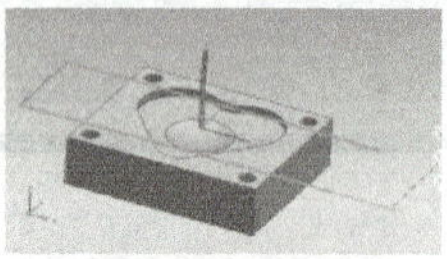
2	型腔铣粗加工	CAVITY_MILL	D16 合金立铣刀	2500	1500	0.5	0.1	0.1	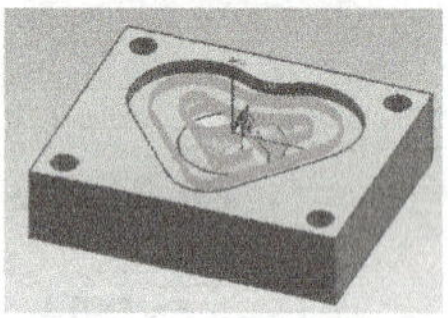
3	心形底面精加工	FACE_MILLING	D16 精加工合金立铣刀	2600	800	0.1	0.1	0	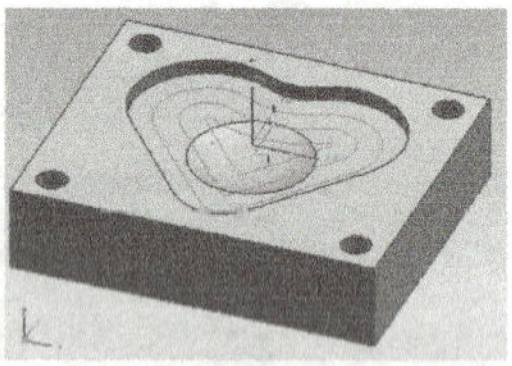
4	心形侧面精加工	PLANAR_MILL	D16 精加工合金立铣刀	2600	800	0.1	0	0	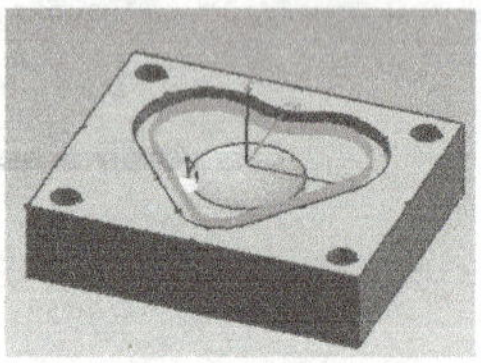
5	球面精加工	FIXED_CONTOUR	BM8 球刀	3000	1200	0.1	0	0	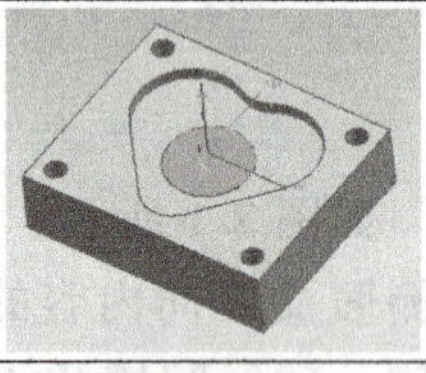
6	点钻	SPOT_DRILLING	D03 中心钻	2000	30	2	—		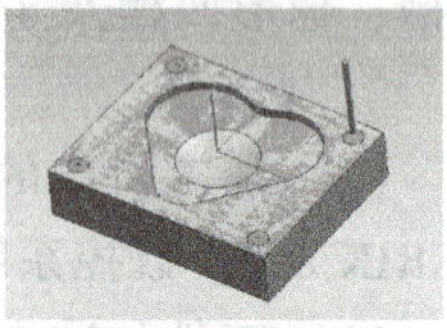
7	钻 ϕ9.8mm 的通孔	PECK_DRILLING	ϕ9.8mm 麻花钻	800	100	30	—		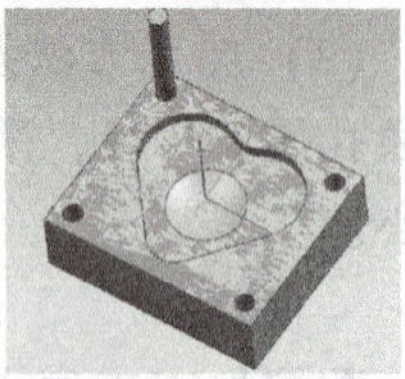

7 PROJECT

（续）

工步号	工步内容	加工方法	刀具	主轴转速 n/(r/min)	进给速度 v_f /(mm/min)	切削深度 /mm	余量/mm		图解
							侧面	底面	
8	铰 ϕ10H7孔	REAMING	ϕ10H7铰刀	300	30	30	—		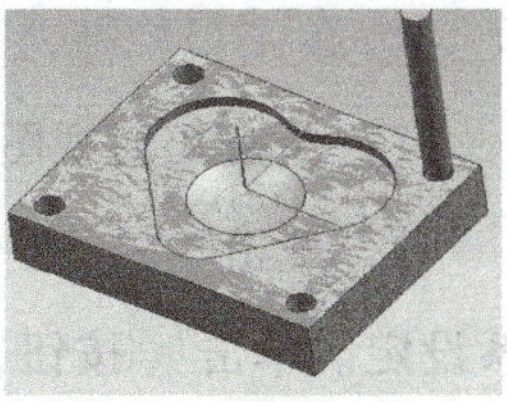
编制		审核		批准		第　页			共　页

三、CAM 自动编程

1. 打开模型文件

打开 UG NX 6.0 软件，单击标准工具条中的打开按钮，在“打开”对话框中选择 fangtai. prt，单击 OK 按钮。

2. 创建毛坯

1）在“特征”工具条上单击拉伸按钮，选择零件底面 4 条边作为拉伸截面，“限制”开始距离为值 0，结束距离为值 35，“布尔”设置为无，单击 确定 按钮，结果如图 7-16 所示。

2）选择上一步拉伸实体，选择菜单栏中的【格式】→【移动至图层】命令，弹出“移动图层”对话框，如图 7-17 所示，将“目标图层或类别”输入 5，单击 确定 按钮，完成将毛坯移动到图层 5 的操作。

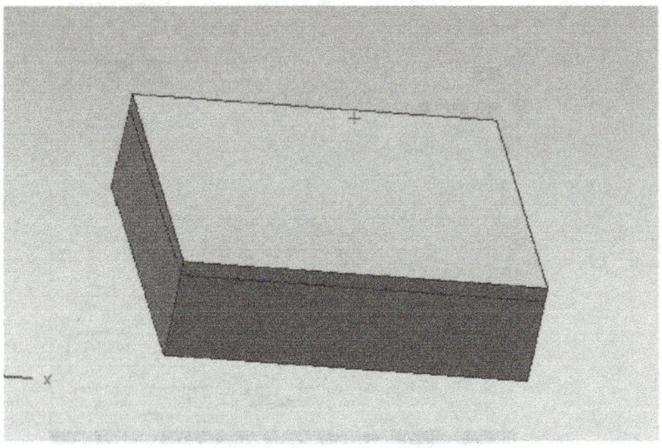

图 7-16　毛坯图

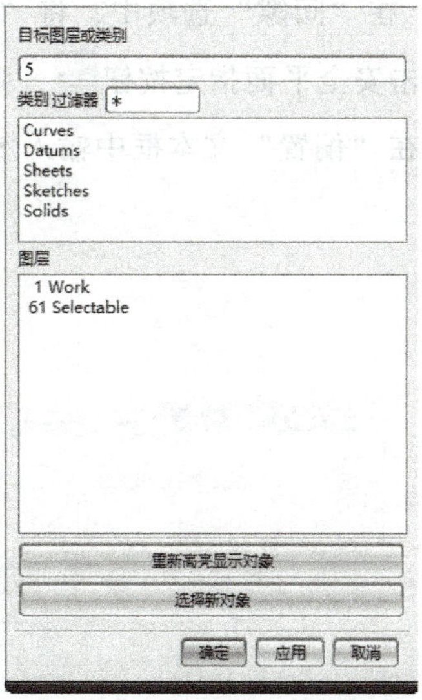

图 7-17　“移动图层”对话框

3. 加工环境初始化

单击标准工具栏中的开始按钮，选择加工按钮，进入加工模块，系统弹出“加工环境设置”对话框，如图 7-18 所示，在“要创建的 CAM 设置”中选择 mill_planar，单击确定按钮，完成加工环境设置。

4. 加工坐标系及安全平面设定

1）单击几何视图按钮，将“操作导航器”切换到“几何”视图。

2）双击 MCS_MILL 节点按钮，弹出 Mill Orient 对话框，如图 7-19 所示，进行机床坐标系设定。单击按钮，弹出如图 7-20 所示的 CSYS 对话框，“类型”设置为自动判断，选择毛坯顶面，系统自动分中捕捉毛坯顶面中心，单击确定按钮，返回 Mill Orient 对话框。

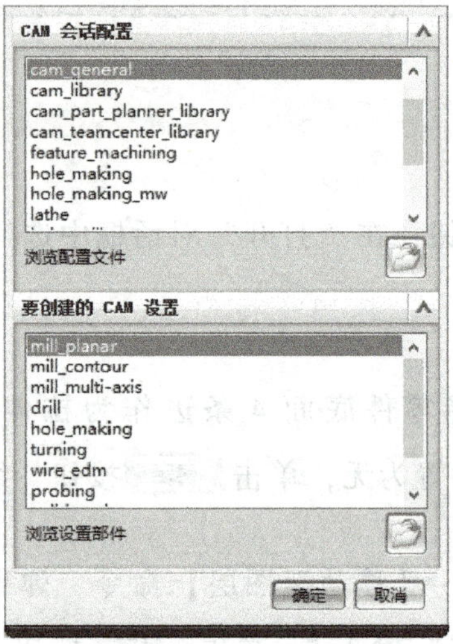

图 7-18 “加工环境设置”对话框

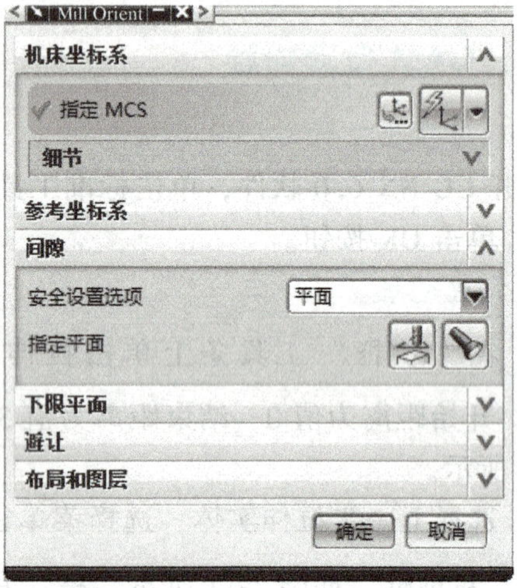

图 7-19 Mill Orient 对话框

3）在“间隙”选项中，将“安全设置选项”设置为“平面”选项，如图 7-19 所示，然后单击安全平面指定按钮，弹出如图 7-21 所示的“平面构造器”对话框，选取毛坯上表面，在“偏置”文本框中输入 5，单击确定按钮，返回“Mill Orient”对话框。此时图形

图 7-20 CSYS 对话框

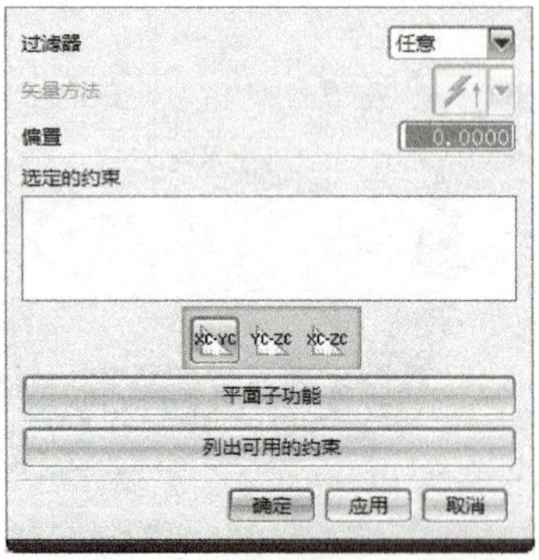

图 7-21 “平面构造器”对话框

上将会有一三角形显示安全平面的位置，单击确定按钮，完成设置。

选择菜单栏中的“格式”→“图层设置”命令，将层5前的“√”去掉，单击关闭按钮，隐藏毛坯。

5. 创建几何体

1）在操作导航器的几何视图中，双击 WORKPIECE 节点，弹出如图7-22所示的“铣削几何体”对话框，单击指定部件按钮，弹出“工件几何体”对话框，选择工件实体，单击确定按钮，完成工件几何体创建。

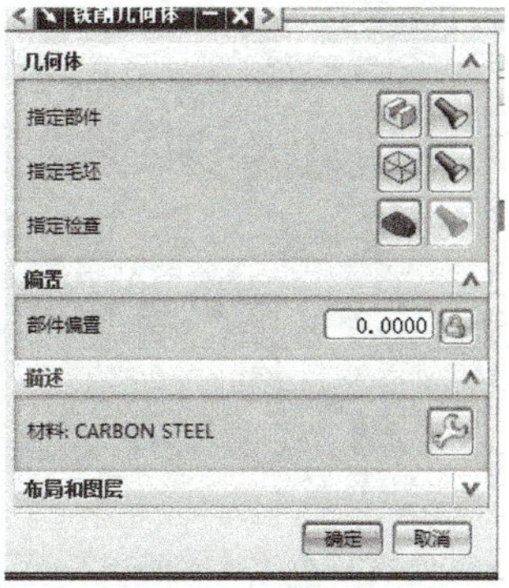

图7-22　“铣削几何体”对话框

2）单击指定毛坯按钮，弹出“毛坯几何体”对话框，将层5显示，选择之前构建的毛坯，隐藏层5，单击确定按钮，完成毛坯几何体创建。

6. 创建刀具

1）单击“操作导航器”工具栏的“机床视图”按钮，将操作导航器切换到机床视图。

2）在“插入”工具条中单击创建刀具按钮，弹出如图7-23所示的“创建刀具”对话框，在“类型”下拉列表中选择 mill_planar 选项，“刀具子类型”选择，“名称”输入 MILL_D80，单击确定按钮，弹出如图7-24所示的“刀具参数设置”对话框。

3）将“直径”设置为80，“刀刃”为4，“刀具号”为1，“长度补偿”为1，“半径补偿”为1，其他选项默认，单击确定按钮，完成D80面铣刀的创建。

4）创建第二把刀具。重复2）、3）的操作，创建刀具参数如下：“刀具名称”为 MILL_D16，“直径”为16，“刀具号”为2，“长度补偿”为2，“半径补偿”为2。

5）创建第三把刀具。重复2）、3）的操作，创建刀具参数如下：“刀具名称”MILL_D16_F，“直径为”16，“刀具号”为3，“长度补偿”为3，“半径补偿”为3。

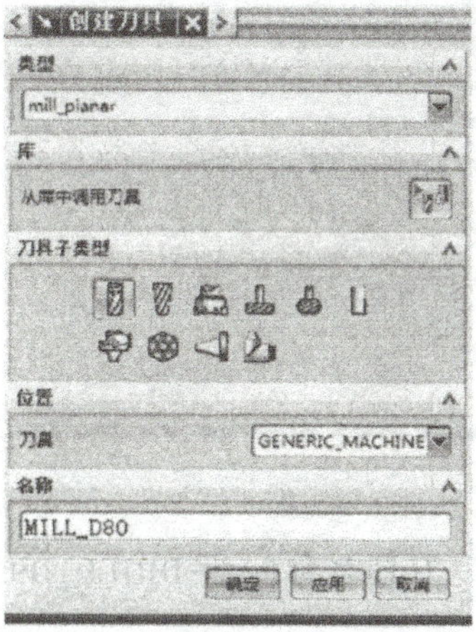

图7-23　“创建刀具”对话框1

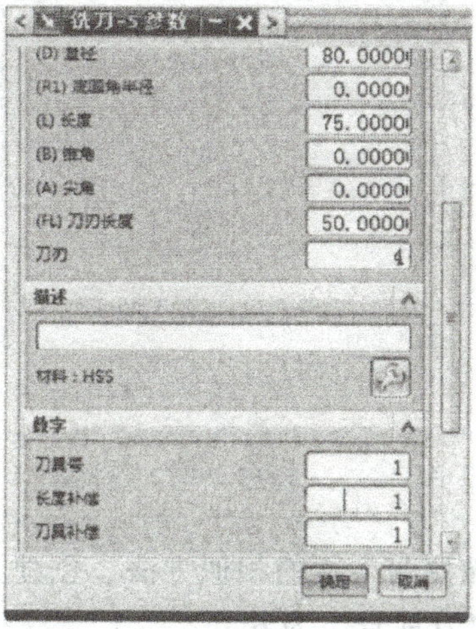

图7-24　“刀具参数设置”对话框1

6）创建第四把刀具。在“插入”工具条中单击创建刀具按钮，弹出如图 7-25 所示的“创建刀具”对话框，在“类型”下拉列表中选择 mill_contour 选项，“刀具子类型”选择，“名称”输入 BALL_MILL-8，单击确定按钮，弹出如图 7-26 所示的对话框。

7）将“直径”设置为 8，“刀具号”为 4，“长度补偿”为 4，“半径补偿”为 4。

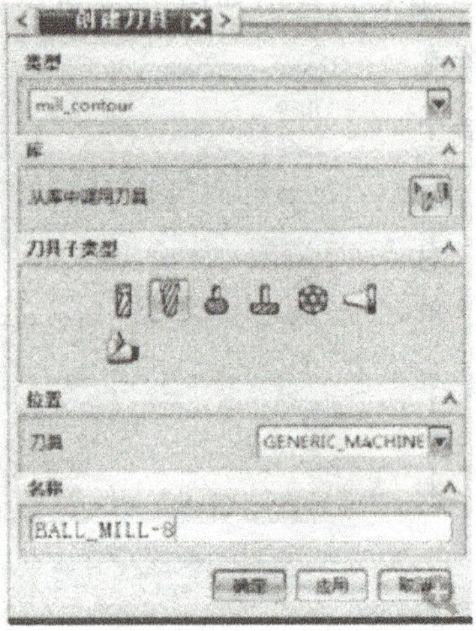

图 7-25 “创建刀具”对话框 2

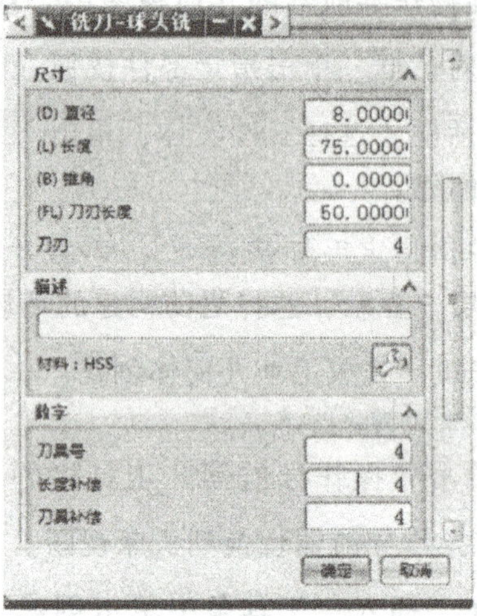

图 7-26 “刀具参数设置”对话框 2

8）创建第五把刀具。在“插入”工具条中单击“创建刀具”按钮，弹出如图 7-27 所示的“创建刀具”对话框，在“类型”下拉列表中选择 drill 选项，“刀具子类型”选择，“名称”输入 SPOT_D03，单击确定按钮，弹出如图 7-28 所示的对话框。将刀具直径改为 3，“刀具号”为 5。

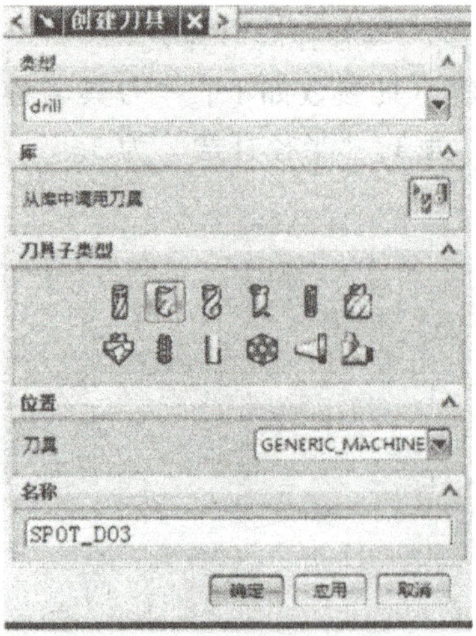

图 7-27 “创建刀具”对话框 3

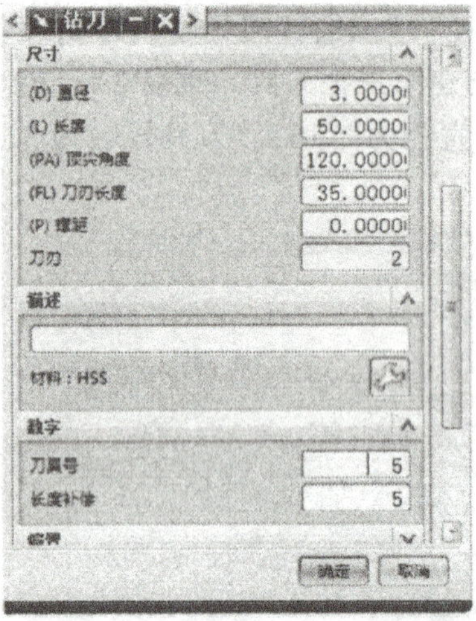

图 7-28 “刀具参数设置”对话框 3

9）按照与上面的相似方法，创建刀具（图 7-29）：“刀具名称”为 DRILL_D9.8，直径为 9.8，“刀具号”为 6。

10）按照与上面的相似方法，创建刀具（图 7-30）："刀具名称"为 REAMER_D10，直径为 10，"刀具号"为 7。

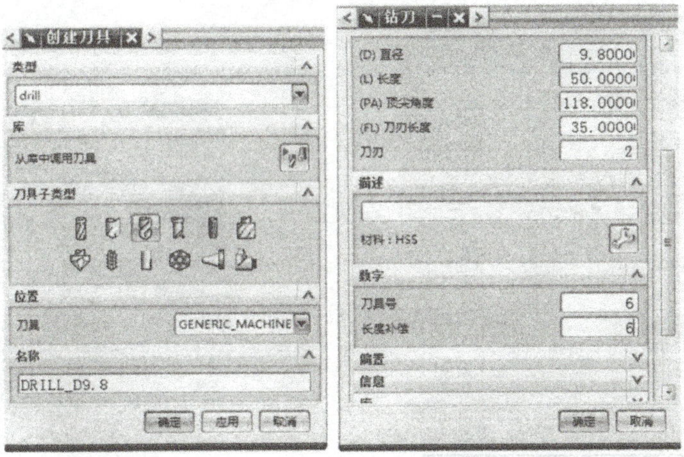

a)　　b)

图 7-29　创建第六把刀具

a）创建刀具　b）刀具参数设置

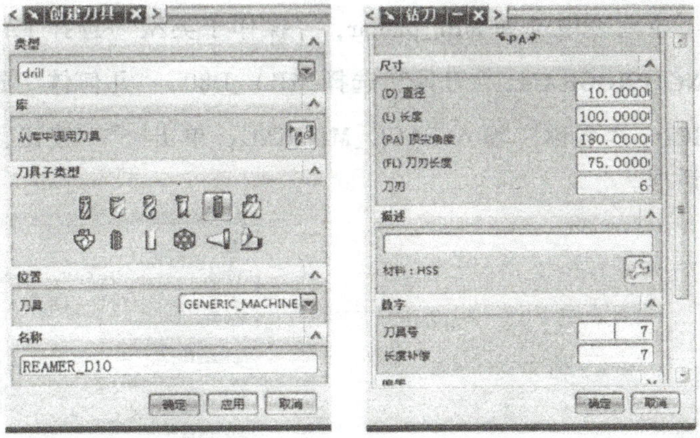

a)　　b)

图 7-30　创建第七把刀具

a）创建刀具　b）刀具参数设置

7. 工步一：铣上表面

（1）创建加工方法

1）在"操作导航器"工具栏中，单击加工方法视图按钮，将操作导航器切换到加工方法视图。双击 MILL_ROUGH 节点，弹出如图 7-31 所示的"铣削方法"对话框，设置"部件余量"为 0.03，"公差"都为 0.03，单击"进给"按钮，弹出如图 7-32 所示的"进给"对话框，根据所制订的加工工艺参数，进给率为 180mm/min，故将"切削"设置为 180，单击确定按钮，再次单击确定按钮，完成加工方法创建。

7 PROJECT

2）利用同样的加工方法设置精加工参数，参数如下：“部件余量”为0，“公差”为0.01，“切削”为300。

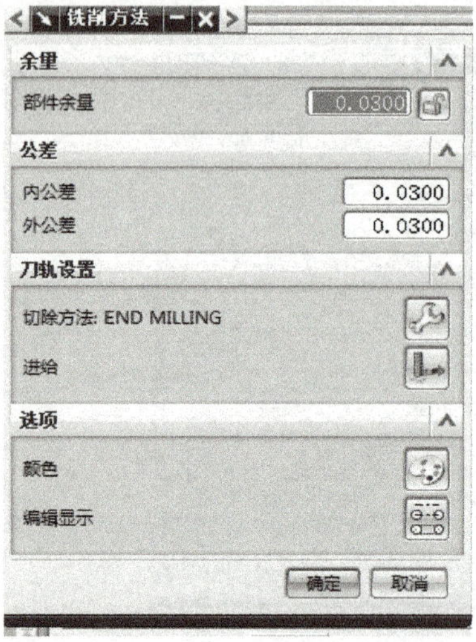

图 7-31　“铣削方法”对话框

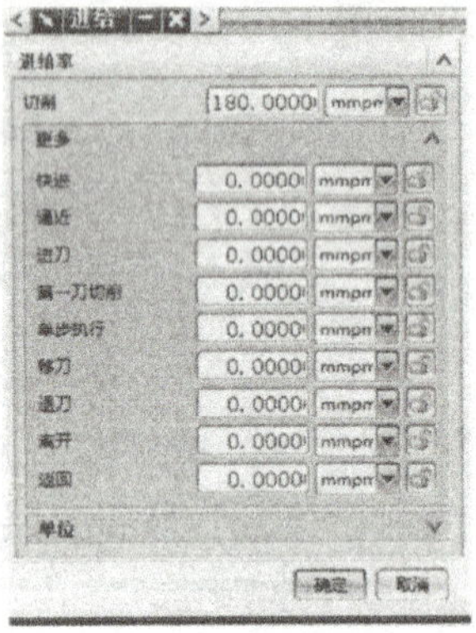

图 7-32　进给对话框

（2）创建铣操作

1）在“插入”工具条中单击创建操作按钮，弹出如图 7-33 所示的“创建操作”对话框，在“类型”下拉列表中选择 mill_planar，“操作子类型”选择 FACE_MILLING 按钮，“程序”选择 NC_PROGRAM，“刀具”选择 MILL_D80，“几何体”选择 WORKPIECE，“方法”选择 METHOD，“名称”输入 FACE_MILLING，单击确定按钮，打开如图 7-34 所示的“平面铣”对话框。

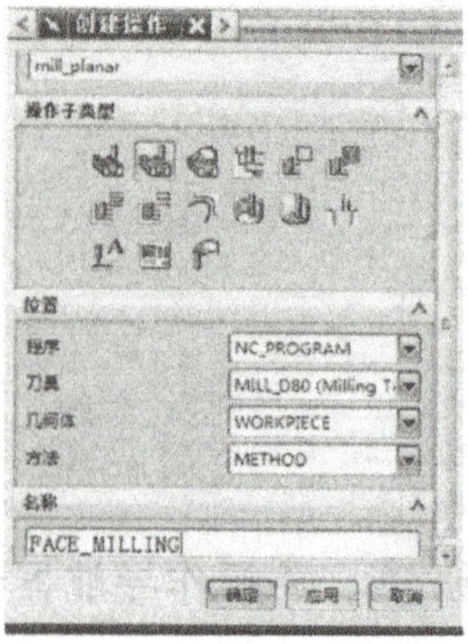

图 7-33　“创建操作”对话框

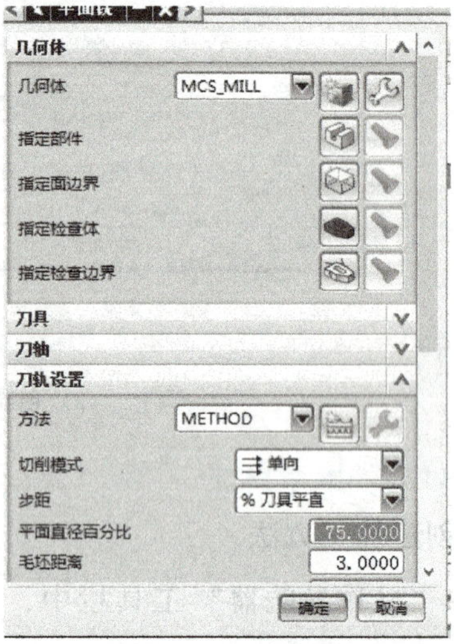

图 7-34　“平面铣”对话框

2）在“平面铣”对话框中，单击“面边界”按钮，弹出如图 7-35 所示的“指定面几何体”对话框，“过滤器类型”选择曲线边界按钮，“平面”选择手工，弹出如图 7-36

所示的“平面”对话框，单击对象平面按钮，选择方台顶面平面，此时在顶面上出现一个三角形，然后依次选择 120mm×100mm 长方形的四条边，单击确定按钮，返回“平面铣”对话框，完成“面边界”指定，单击“指定面边界”右侧的显示按钮，所指定的面边界如图 7-37 所示。

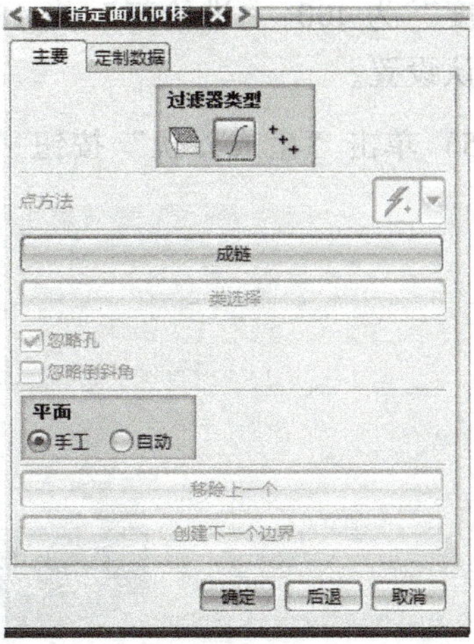

图 7-35 “指定面几何体”对话框

3）在“刀轨设置”中，“切削模式”选择往复，“毛坯距离”为 2，“每刀深度”为 1.2，“最终底部面余量”为 0。

4）单击“切削参数”设置按钮，弹出如图 7-38 所示的“切削参数”对话框，单击“余量”选项卡，将“部件余量”设置为 0，“内公差”设为 0.01，“外公差”设为 0.01，单击确定按钮，返回“平面铣”对话框，然后单击进给和速度按钮，弹出如图 7-39 所示的“进给和速度”对话框，进行进给和速度设置，根据工艺方案，“主

图 7-36 “平面”对话框

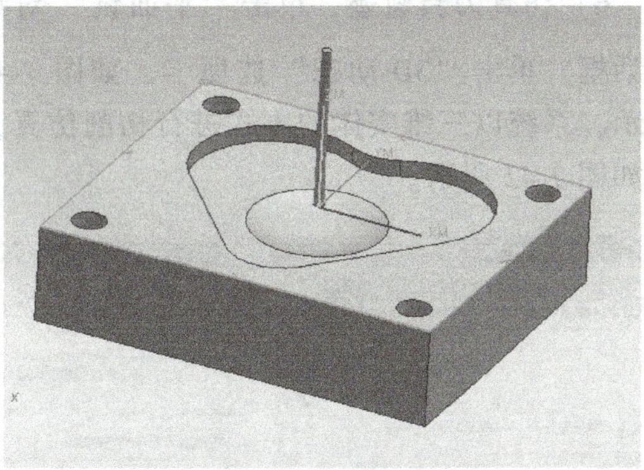
图 7-37 选择面边界

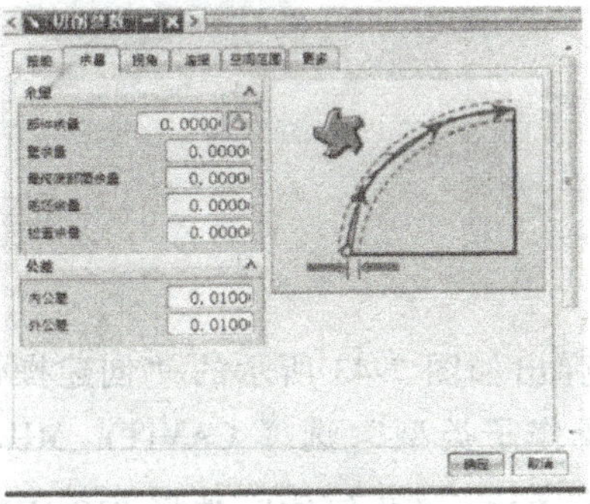
图 7-38 “切削参数”对话框

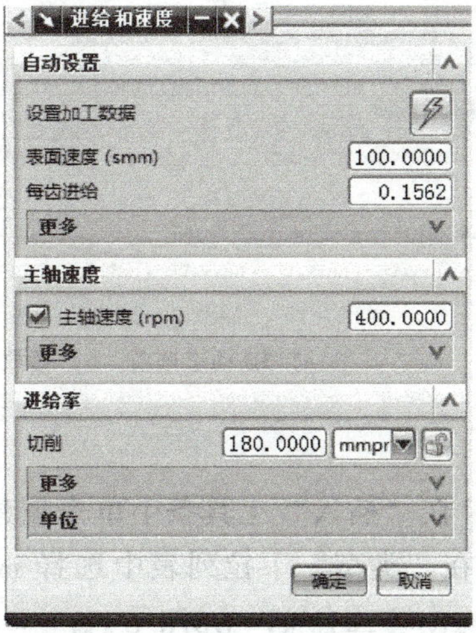

图 7-39 “进给和速度”对话框

轴速度”为400，“进给率”为180，单击确定按钮，返回“平面铣”对话框，其他参数采用默认设置。

5）单击“生成刀轨”按钮，生成刀具轨迹，如图7-40所示。

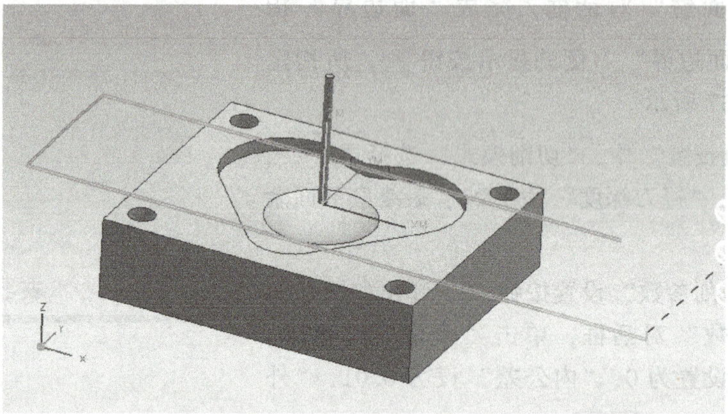

图7-40　刀具轨迹

6）仿真刀具轨迹，单击“平面铣”对话框底部的确认按钮，打开“刀轨可视化”对话框。单击“3D动态”选项卡，如图7-41a所示，单击下面的播放按钮，如图7-41b所示，系统以三维实体的方式进行切削仿真，通过仿真过程查看刀具轨迹是否正确，仿真结果如图7-42所示。

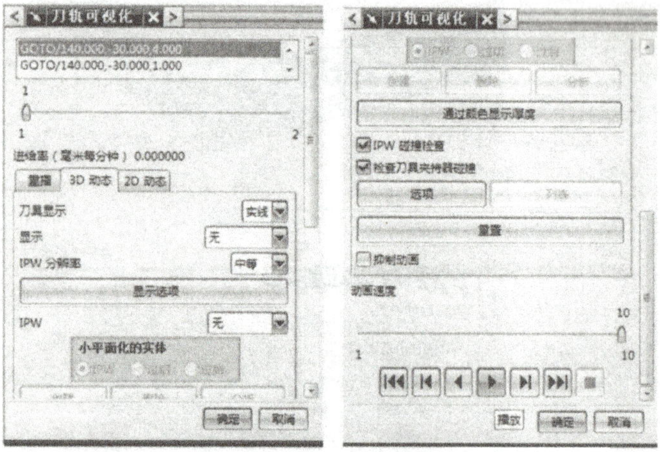

a)　　b)

图7-41　刀轨可视化对话框设置

a）3D动态选项　b）播放

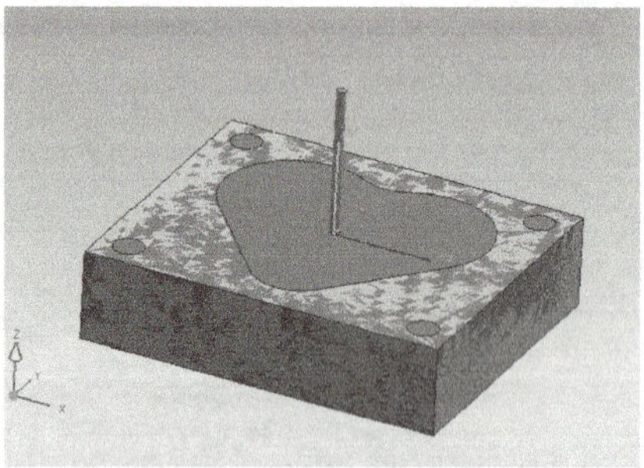

图7-42　仿真图

8. 工步二：型腔铣粗加工

1）在“插入”工具条中单击创建操作按钮，弹出如图7-43所示的“创建操作”对话框，在“类型”下拉列表中选择mill_contour，“操作子类型”选择CAVITY_MILL按钮，“程序”选择NC_PROGRAM，“刀具”选择MILL_D16，“几何体”选择WORKPIECE，

“方法”选择 MILL_ROUGH，“名称”输入 CAVITY_MILL，单击确定按钮，打开如图 7-44 所示的“型腔铣”对话框。

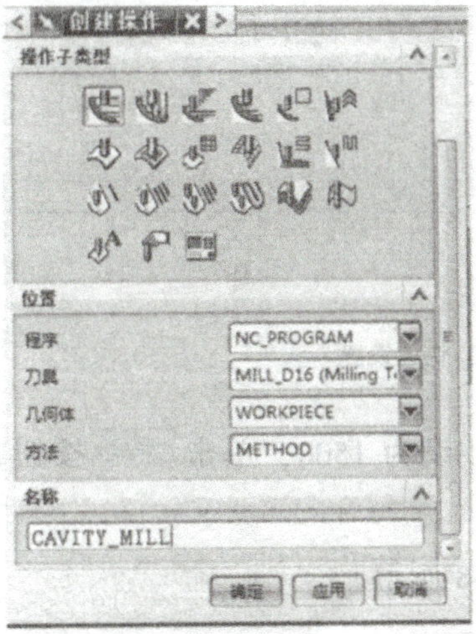

图 7-43　“创建操作”对话框

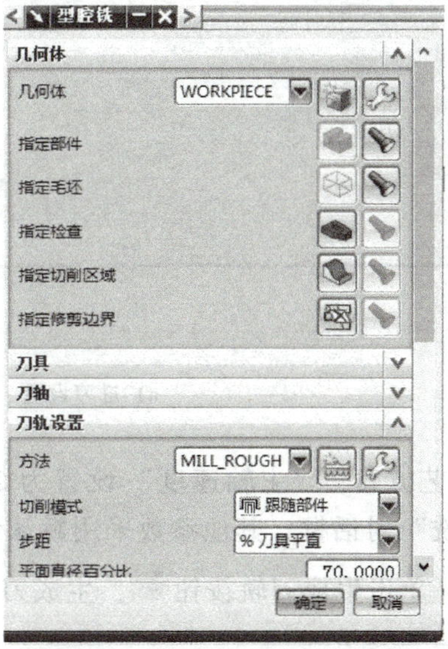

图 7-44　“型腔铣”对话框

2）在“刀轨设置”中，“切削模式”选择跟随部件，“平面直径百分比”为 50，“全局每刀深度”为 0.5。

3）单击切削参数按钮，弹出“切削参数”对话框，在“策略”选项卡中设置如图 7-45 所示的参数，在“余量”选项卡中设置如图 7-46 所示参数，单击确定按钮，返回“型腔铣”对话框。

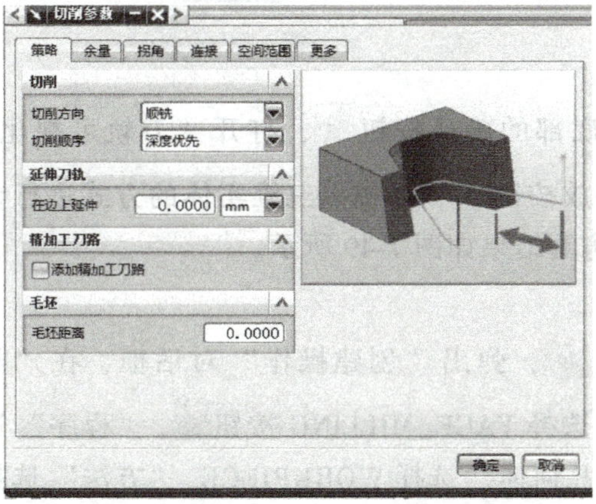

图 7-45　策略设置

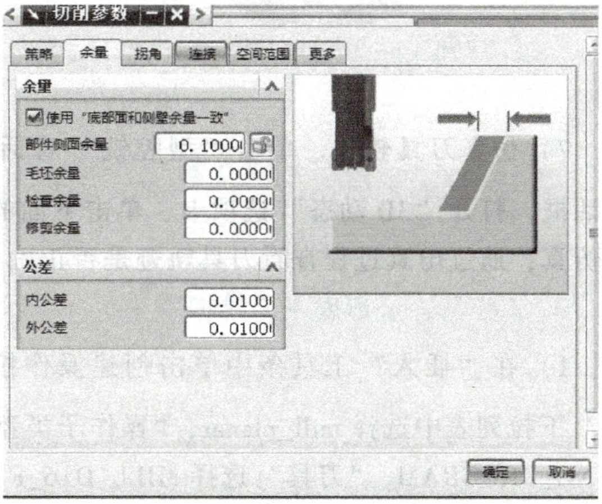

图 7-46　“余量”选项卡

4）单击非切削移动设置按钮，弹出“非切削移动”对话框，在“进刀”“退刀”“传递/快速”选项卡中，分别进行如图 7-47 所示的参数设置，其他为默认设置。

5）单击进给和速度按钮，弹出“进给和速度”对话框，进行进给和速度设置，根据

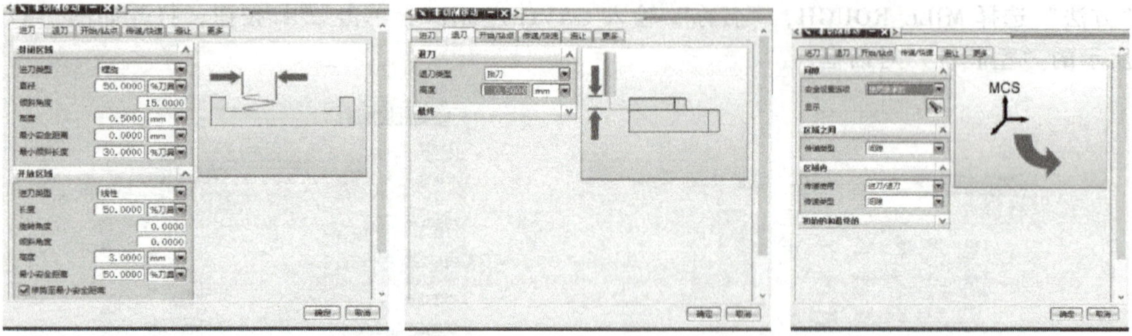

a)　　b)　　c)

图 7-47　“非切削移动”对话框

a）进刀设置　b）退刀设置　c）传递/快速设置

加工工艺方案，“主轴速度”设置为 2500，“进给率”设为 1500，单击[确定]按钮，返回“型腔铣”对话框，其他参数采用默认设置。

6）单击生成刀轨按钮，生成刀具轨迹，如图 7-48 所示。

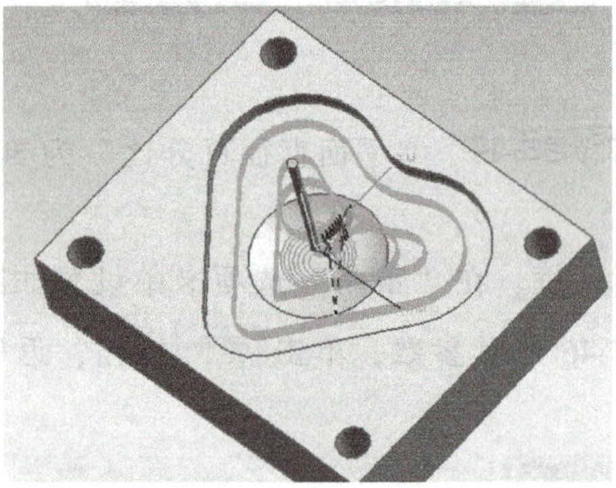

图 7-48　刀具轨迹

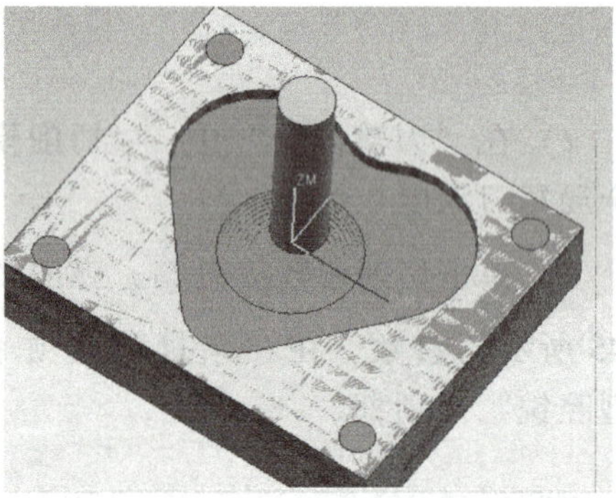

图 7-49　3D 仿真

7）仿真刀具轨迹。单击“型腔铣”对话框底部的确认按钮，打开“刀轨可视化”对话框。打开“3D 动态”选项卡，单击下面的播放按钮，系统以三维实体的方式进行切削仿真，通过仿真过程查看刀具轨迹是否正确，仿真结果如图 7-49 所示。

9. 工步三：心形底平面精加工

1）在“插入”工具条中单击创建操作按钮，弹出“创建操作”对话框，在“类型”下拉列表中选择 mill_planar，“操作子类型”选择 FACE_MILLING 按钮，“程序”选择 NC_PROGRAM，“刀具”选择 MILL_D16_F，“几何体”选择 WORKPIECE，“方法”选择 MILL_FINISH，“名称”输入 FACE_MILLING，单击[确定]按钮，打开如图 7-50 所示的“平面铣”对话框。

2）在“平面铣”对话框中，单击指定部件边界按钮，弹出如图 7-51 所示的“编辑边界”对话框，设置如图 7-51 所示的参数后选择心形的边缘，单击[确定]按钮，返回“平面铣”对话框，单击“指定部件边界”右侧的显示按钮，所指定的部件边界如图 7-52 所示。

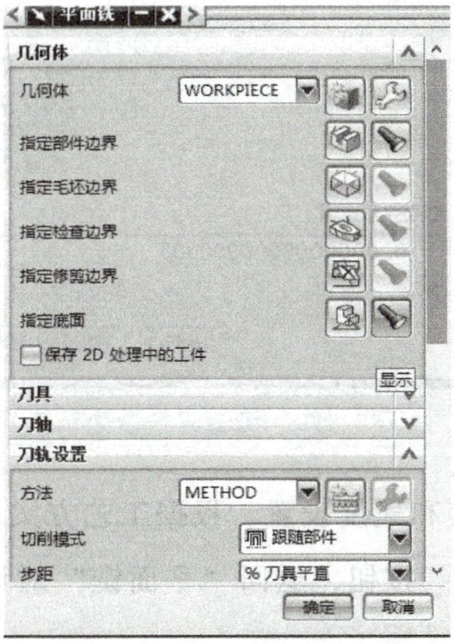

图 7-50 “平面铣”对话框

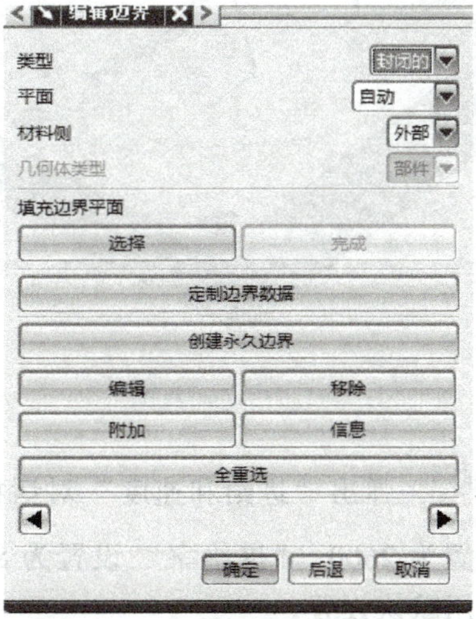

图 7-51 “编辑边界”对话框

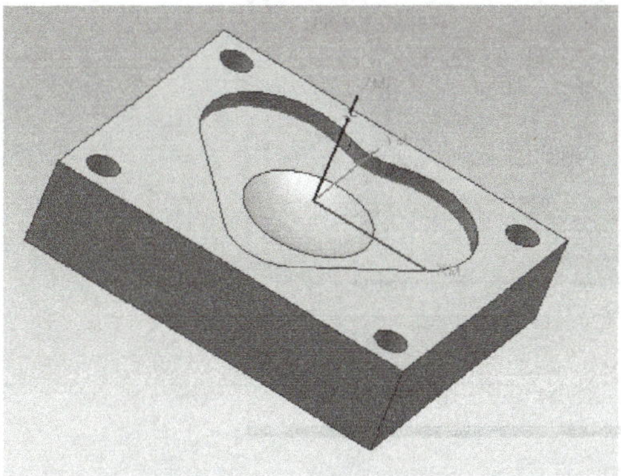

图 7-52 指定的部件边界

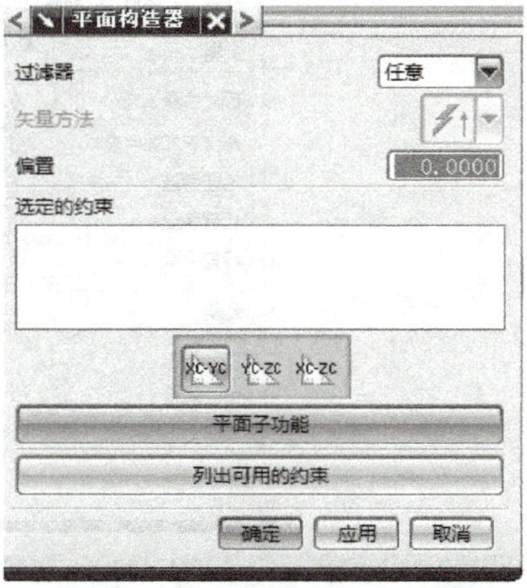

图 7-53 “平面构造器”对话框

3）单击指定底面按钮，弹出如图 7-53 所示的“平面构造器”对话框，选择心形平面，单击确定按钮，返回“平面铣”对话框，单击“指定底面”右侧的显示按钮，所指定的底面如图 7-54 所示。

4）在“刀轨设置”中，“切削模式”选择跟随部件，“步距”为% 刀具平直，“平面直径百分比”50。单击“切削层”按钮，弹出“切削深度参数”对话框，设置如图 7-55 所示的参数。

5）单击“切削参数”设置按钮，弹出“切削参数”对话框，单击“余量”选项卡，如图 7-56 所示，将“部件余量”设置为 0.11，“最终底部面余量”设为 0，“内公差”设为 0.005，“外公差”设为 0.005，单击确定按钮，返回“平面铣”对话框，然后单击进给和

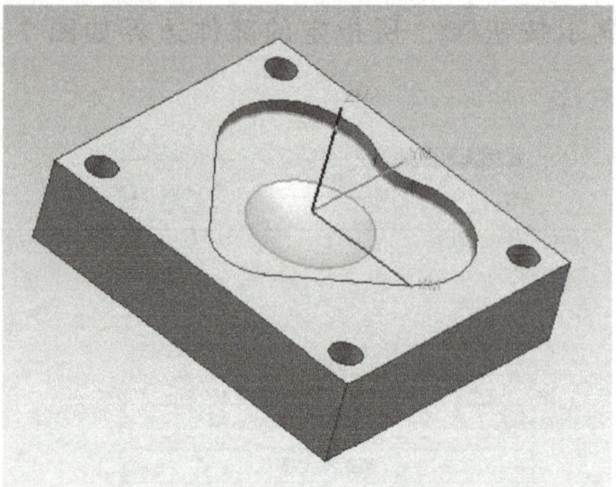

图 7-54　指定的底面

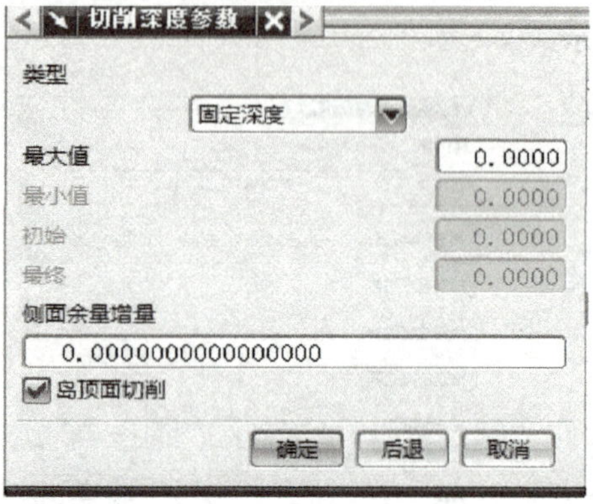

图 7-55　“切削深度参数”对话框

速度按钮，弹出“进给和速度”对话框，进行进给和速度设置，根据工艺方案，“主轴速度”设置为2600，“进给率”设置为800，单击确定按钮，返回“平面铣”对话框，其他参数采用默认设置。

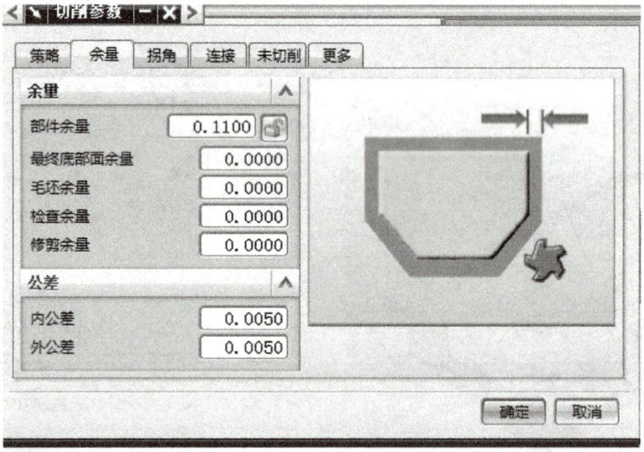

图 7-56　“余量”选项卡

6）单击“生成刀轨”按钮，生成刀具轨迹，如图 7-57 所示。

7）仿真刀具轨迹。单击“平面铣”对话框底部的确认按钮，弹出“刀轨可视化”对话框。打开“3D 动态”选项卡，单击下面的播放按钮，系统以三维实体的方式进行切削仿真，通过仿真过程查看刀具轨迹是否正确，仿真结果如图 7-58 所示。

10. 工步四：心形侧面精加工

1）复制 PLANAR_MILL_1 节点。在几何视图中，选择“PLANAR_MILL_1”节点，右击鼠标，在弹出的快捷菜单中，选择【复制】命令，然后同样选择“PLANAR_MILL_1”节点，右击鼠标，在弹出的快捷菜单中，选择【粘贴】命令。重新命名复制的节点，选择复制节点，选择“PLANAR_MILL_1”节点，右击鼠标，在弹出的快捷菜单中，选择【重命名】命令，输入名称 PLANAR_MILL_2。

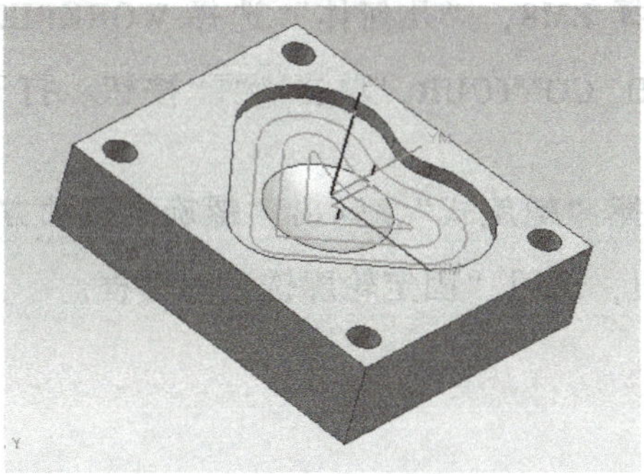

图 7-57　刀具轨迹

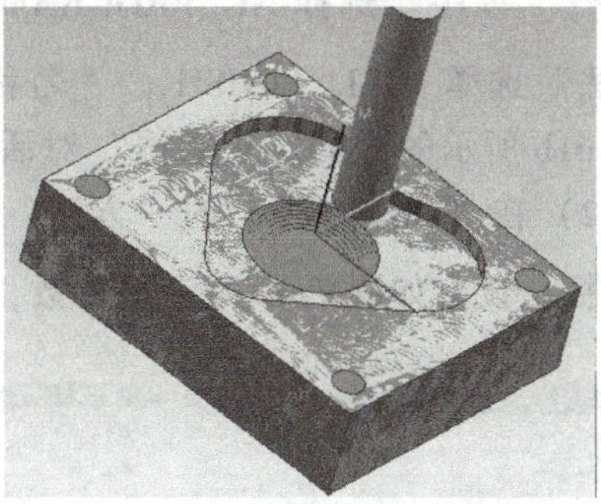

图 7-58　3D 仿真

2）在操作导航器几何视图中，双击 PLANAR_MILL_2 节点，弹出“平面铣”对话框，对参数进行修改。在“方法”下拉列表中，选择“MILL_FINISH”选项，在“切削模式”下拉列表框中，选择“配置文件”选项。

3）单击切削层按钮，弹出“切削深度参数”对话框，在“最大值”文本框中输入值 0.3，单击“确定”按钮，完成切削深度参数的设置。

4）单击切削参数按钮，弹出“切削参数”对话框，在“余量”选项卡中的“部件余量”文本框中，输入值 0，内公差修改为 0.005，外公差修改为 0.01，其余参数采用默认设置，单击“确定”按钮，完成切削参数的设置。

5）单击进给和速度按钮，弹出“进给和速度”对话框，根据工艺，将主轴转速修改为 2600，进给速度修改为 800，单击“确定”按钮。

6）在“平面铣”对话框中单击生成刀轨按钮，生成如图 7-59 所示的刀具轨迹。

7）仿真刀具轨迹。单击“平面铣”对话框底部的确认按钮，弹出“刀轨可视化”对话框。打开“3D 动态”选项卡，单击下面的播放按钮，系统以三维实体的方式进行切削仿真，通过仿真过程查看刀具轨迹是否正确，仿真结果如图 7-60 所示。

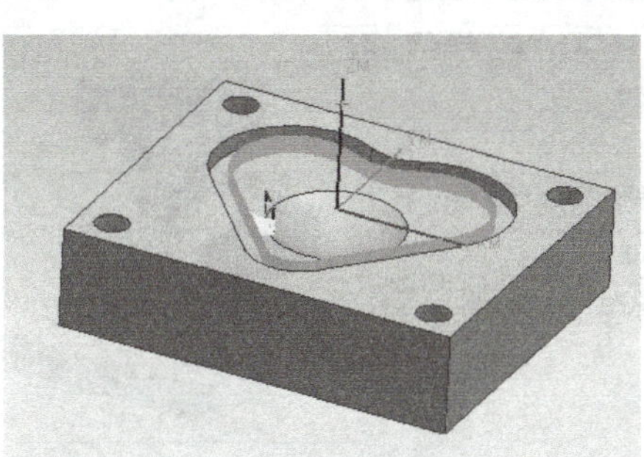

图 7-59　刀具轨迹

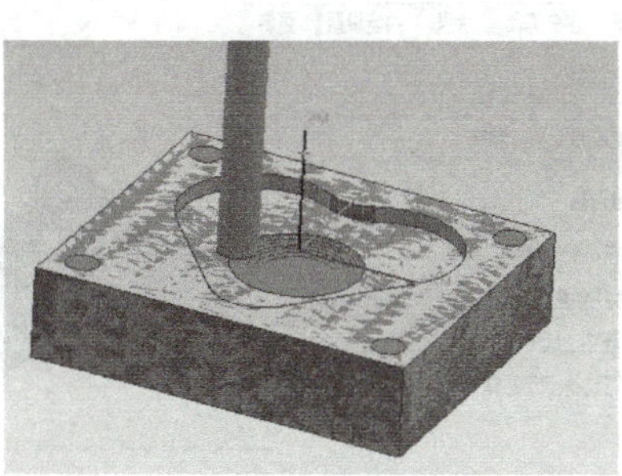

图 7-60　3D 仿真

11. 工步五：球面精加工

1）在“插入”工具条中单击创建操作按钮，弹出如图 7-61a 所示“创建操作”对话框，在“类型”下拉列表中选择 mill_contour，“操作子类型”选择 FIXED_CONTOUR 按钮，“程序”选择 NC_PROGRAM，“刀具”选择 BM8，“几何体”选择 WORKPIECE，“方法”选择 MILL_FINISH，“名称”输入 FIXED_CONTOUR，单击确定按钮，打开如图 7-61b 所示的“固定轮廓铣”对话框。

2）在“驱动方法”的“方法”下拉选项中选择“螺旋式”，弹出“螺旋式驱动方法”对话框，设置如图 7-62 所示的参数，单击确定按钮，返回“固定轮廓铣”对话框。

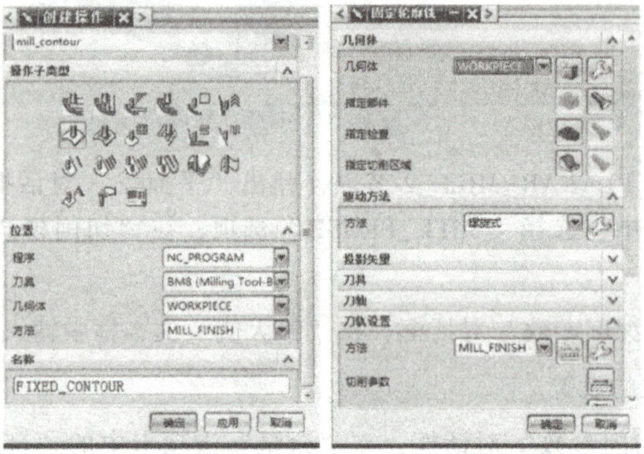

a) b)

图 7-61 固定轮廓铣

a）创建操作 b）固定轮廓铣对话框

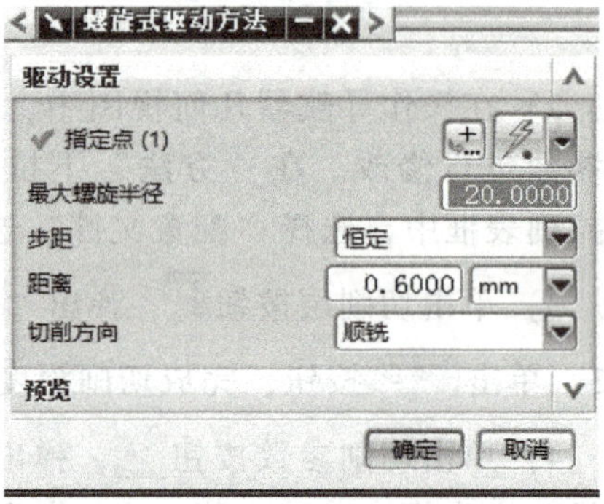

图 7-62 “螺旋式驱动方法”对话框

3）单击切削参数按钮，弹出“切削参数”对话框，在“策略”“安全设置”选项卡中，分别进行如图 7-63 所示的设置，其他参数均为默认设置。

4）单击非切削移动设置按钮，弹出“非切削移动”对话框，在“进刀”“退刀”选项卡中，分别进行如图 7-64、图 7-65 所示的设置。在“传递/快速”选项卡中进行如图 7-66 所示的设置。

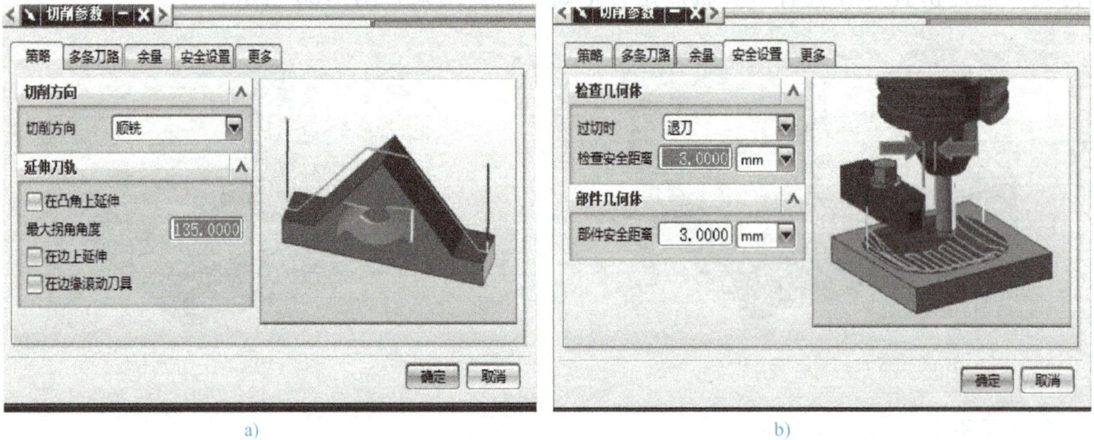

a) b)

图 7-63 “切削参数”选项卡

a）切削参数策略设置 b）切削参数安全设置

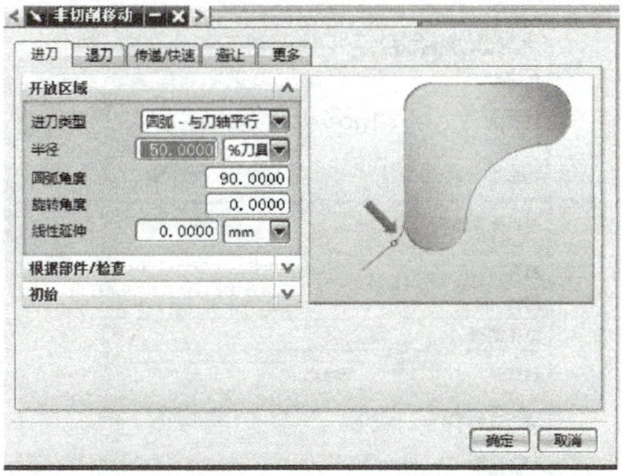

图 7-64　进刀设置

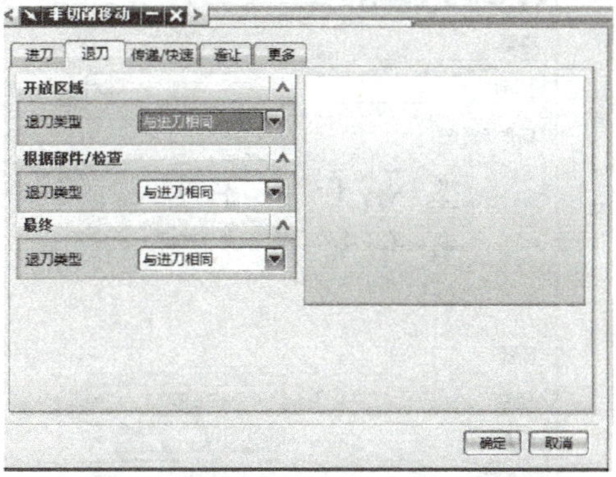

图 7-65　退刀设置

5）在“进给和速度”对话框中，设置主轴转速为 3000，进给速度为 1200。单击 确定 按钮，返回“固定轮廓铣”对话框，其他参数采用默认设置。

6）单击生成刀轨按钮，生成刀具轨迹，如图 7-67 所示。

7）仿真刀具轨迹。单击确认按钮，打开“刀轨可视化”对话框。打开“3D 动态”选项卡，单击下面的播放按钮，系统以三维实体的方式进行切削仿真，通过仿真过程查看刀具轨迹是否正确，仿真结果如图 7-68 所示。

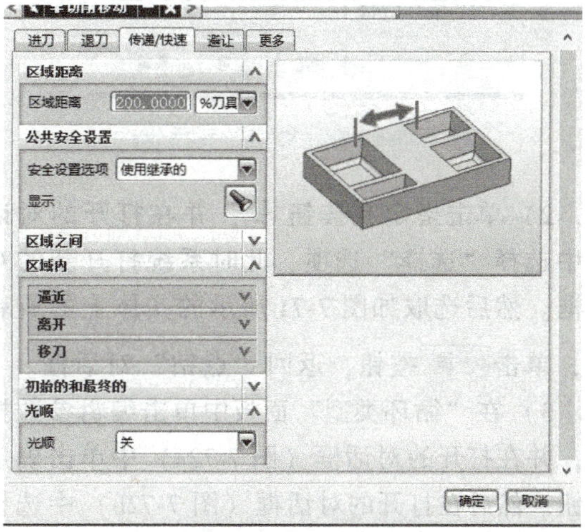

图 7-66　传递/快速设置

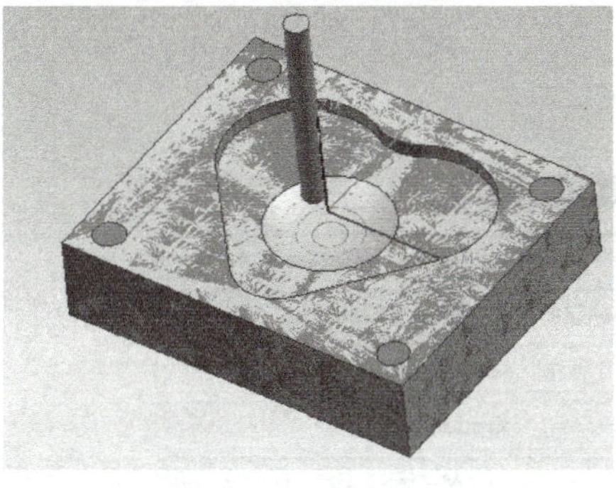

图 7-67　刀具轨迹

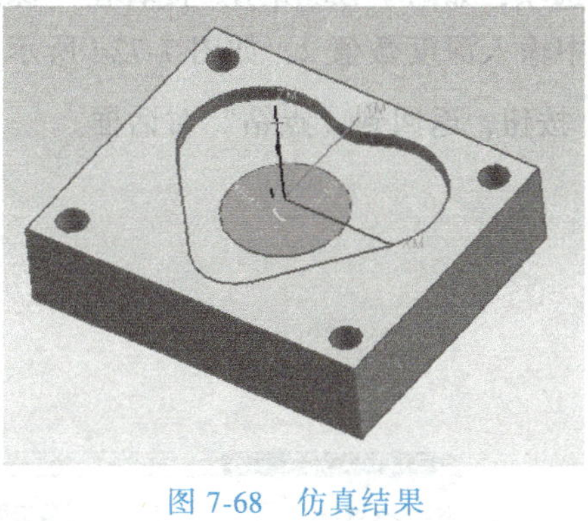

图 7-68　仿真结果

12. 工步六：点钻

1）在“插入”工具条中单击创建操作按钮，弹出如图 7-69 所示的“创建操作”对话框，设置如图所示参数后，单击“确定”按钮，弹出如图 7-70 所示的“点钻”对话框。

图 7-69　“创建操作”对话框

图 7-70　“点钻”对话框

2）单击指定孔按钮，并在打开的对话框中选择“选择”选项，此时系统打开新的对话框。然后选取如图 7-71 所示的实体上的所有孔，单击确定按钮，返回“点钻”对话框。

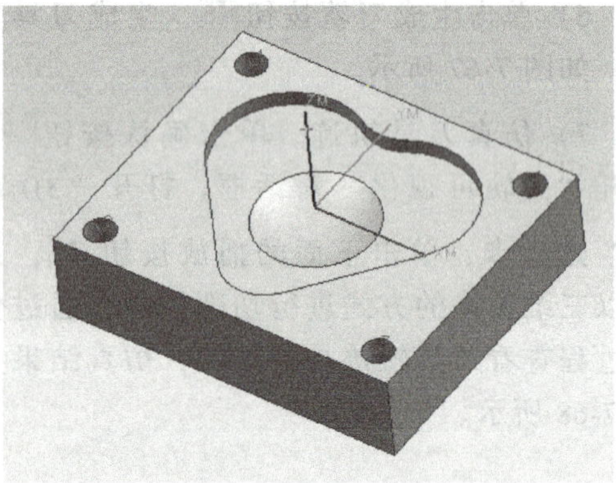

图 7-71　实体选孔

3）在“循环类型”面板中单击编辑参数按钮，并在打开的对话框（图 7-72a）中单击确定按钮。然后在打开的对话框（图 7-72b）中选择第一选项，并在打开的对话框中选择“刀尖深度”选项，如图 7-72c 所示。接着在“深度”文本框中输入深度数值 2，如图 7-72d 所示，单击确定按钮，返回到“点钻”对话框。

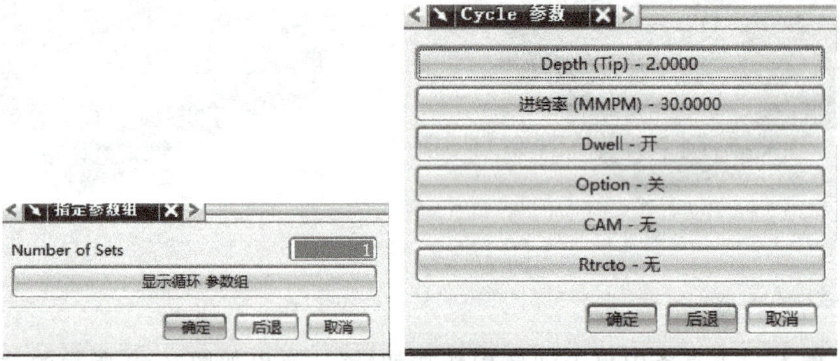

a)　　b)

图 7-72　点钻参数设置

a）指定参数组　b）Cycle 参数

7 PROJECT

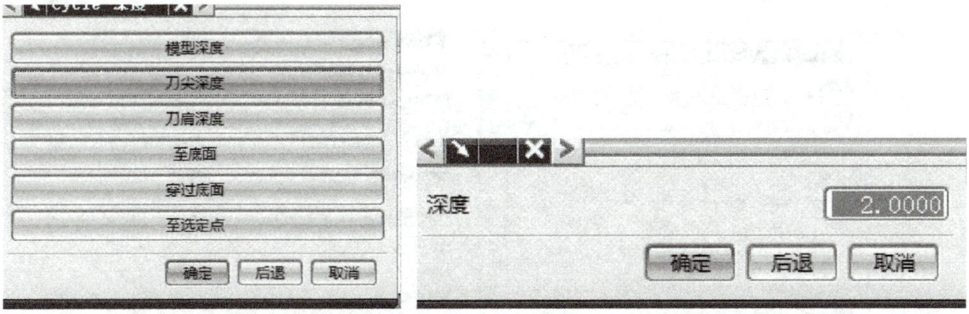

c)　　　　d)

图 7-72　点钻参数设置（续）

c）Cycle 深度　d）刀尖深度

4）单击生成按钮，将生成加工刀具路径如图 7-73a 所示，并模拟仿真，效果图如图 7-73b 所示。

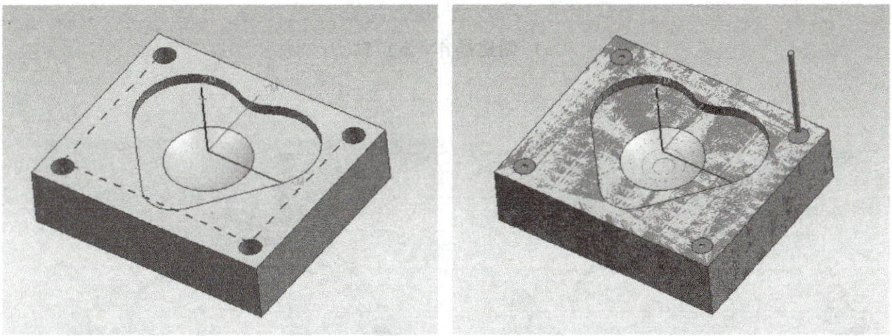

a)　　　　b)

图 7-73　点钻刀具轨迹及 3D 仿真效果

a）刀具轨迹　b）3D 仿真效果

13. 工步七：钻 ϕ9.8mm 的通孔

在“插入”工具条中单击创建操作按钮，弹出如图 7-74 所示的“创建操作”对话框。然后按照图示的步骤设置加工参数。

1）单击“指定孔”按钮，并在打开的对话框中选择“选择”选项，此时系统打开新的对话框。然后选取如图 7-72 所示的实体上的四个孔，单击确定按钮，返回“钻”对话框。

2）在“循环类型”面板中单击编辑参数按钮，并在打开的对话框中单击确定按钮。然后在打开的对话框中选择第一选项，并在打开的对话框中选择“刀尖深度”选项。接着在“深度”文本框中输入深度数值 35，单击确定按钮，返回“钻”对话框。

3）单击生成按钮，将生成加工刀具路径，并模拟仿真，如图 7-75 所示。

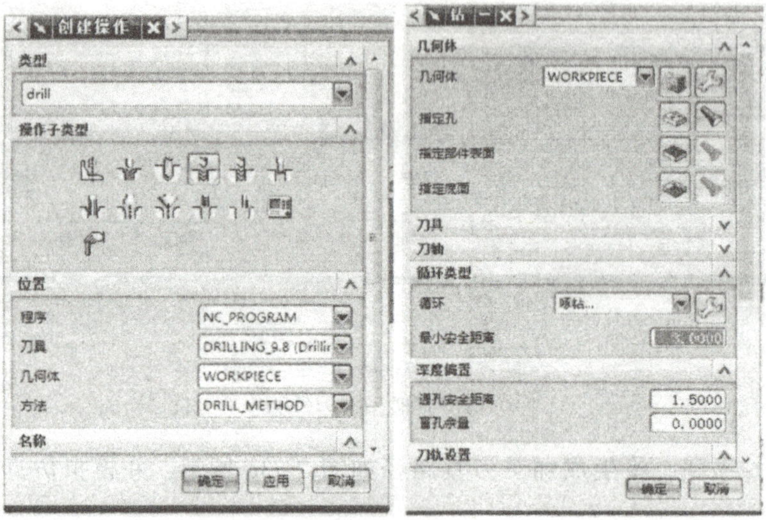

a)　　　　b)

图 7-74　钻参数设置

a）创建操作　b）钻

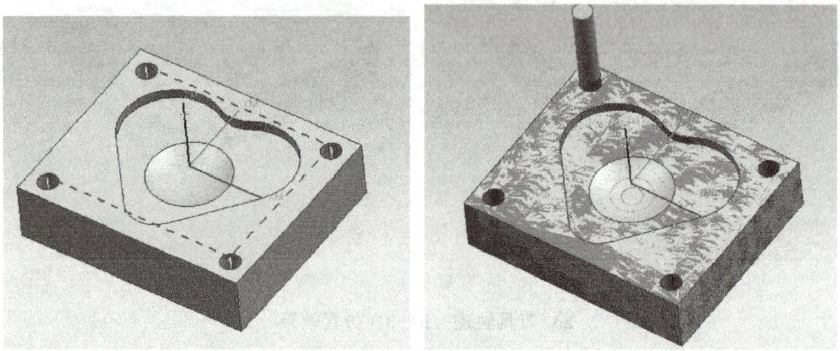

a)　　　　b)

图 7-75　钻刀具轨迹及 3D 仿真效果

a）刀具轨迹　b）3D 仿真效果

14. 工步八：铰 ϕ10H7 孔

1）在“插入”工具条中单击创建操作按钮，弹出如图 7-76a 所示的“创建操作”对话框。然后按照图示的步骤设置参数。单击 确定 按钮，弹出“铰”对话框，如图 7-76b 所示。

2）单击指定孔按钮，并在打开的对话框中选择“选择”选项，此时系统打开新的对话框。然后选取如图 7-72 所示的实体上的所有孔，单击 确定 按钮，返回“铰”对话框。

3）在“循环类型”面板中单击编辑参数按钮，并在打开的对话框中单击 确定 按钮。

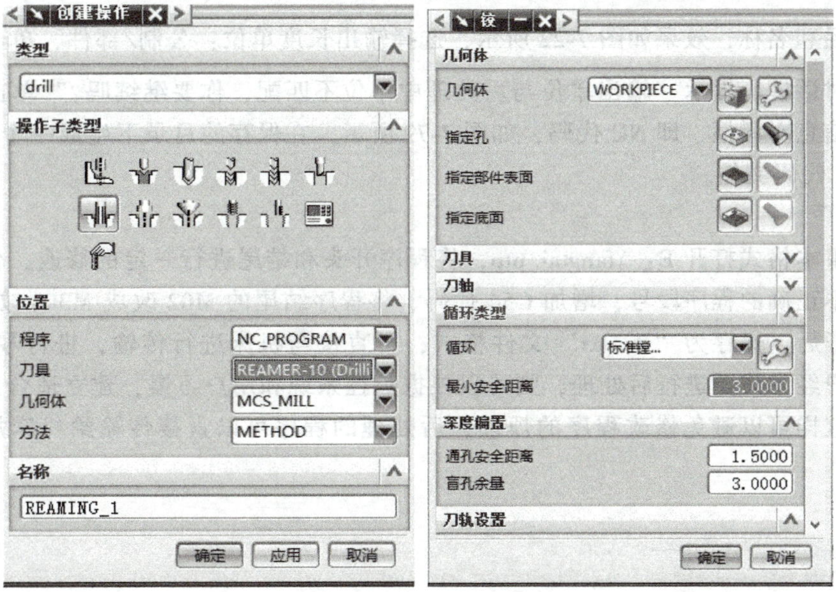

a)　　　　b)

图 7-76　铰操作及参数设置

a）创建操作　b）参数设置

然后在打开的对话框中选择第一选项，并在打开的对话框中选择“刀尖深度”选项。接着在“深度”文本框中输入深度数值 35，单击 确定 按钮，返回“铰”对话框。

4）单击生成按钮，将生成加工刀具路径，如图 7-77a 所示。3D 模拟仿真效果图如图 7-77b 所示。

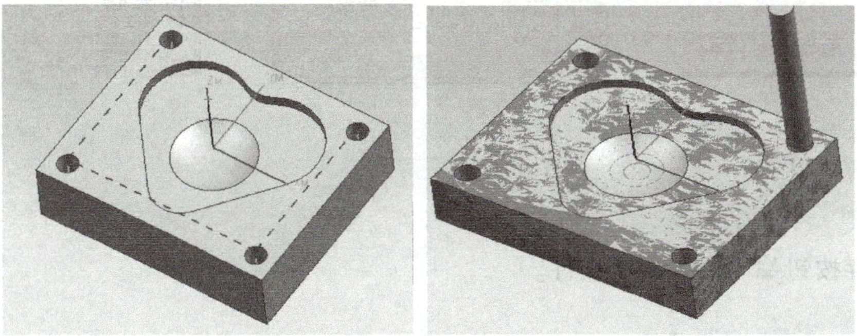

a)　　　　b)

图 7-77　铰刀具轨迹及 3D 仿真效果

a）刀具轨迹　b）3D 仿真效果

四、后处理输出数控程序

1. 后处理

在“操作导航器”→“程序视图”中单击“NC_PROGRAM”，单击后处理按钮图标，弹出如图 7-78 所示的“后处理”对话框，选取后处理器 MILL_3_AXIS：E：\fangtai，设置输出文件路径和名称，效果如图 7-22 所示，选择输出长度单位：公制/部件，单击 确定 按钮，弹出一对话框，提示“输出单位与后处理中单位不匹配，你要继续吗？”单击 确定 按钮，生成一信息对话框，即 NC 代码，如图 7-79 所示。在保存的目录下生成一个 . ptp 文件，该文件即 NC 代码文件。

2. 编辑程序

通过记事本格式打开 E：\fangtai. ptp，将程序开头和结尾进行一定的修改，包括添加程序名、去除不正确的程序段号、增加 G54 代码、将程序结尾的 M02 改成 M30，如图 7-80 所示。修改完毕后，保存为“ * . txt”文件格式，可直接与机床进行传输，进行零件的加工。注意，若用户经常需要进行后处理，则可以根据数控系统和用户习惯，建立适合自己的专用后处理器，这样可以避免修改程序的烦琐，后处理的程序可以直接传输给机床加工，节约时间。

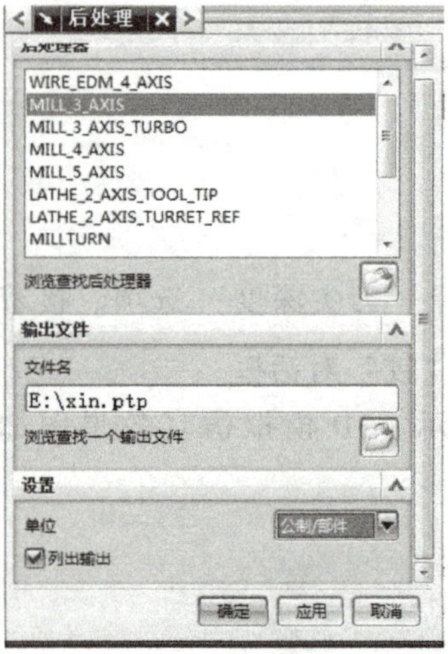

图 7-78 “后处理”对话框

图 7-79 程序

图 7-80 程序修改

3. 保存文件

单击保存按钮 ，保存 UG 文件。

五、用加工中心加工

1） 选择合适的加工中心、数控系统并开机。

2） 机床各轴回参考点。

3） 安装工件。

4） 安装刀具并对刀。

5） 传输加工程序，自动加工。或采用在线加工。

6） 测量工件，对工件进行误差与质量分析并进行优化。零件检测及评分标准见表 7-2。

7） 对工件进行误差与质量分析并优化方案。

表 7-2　零件检测及评分标准

准考证号			操作时间			总得分	
工件编号			系统类型				
考核项目		序号	考核内容与要求	配分	评分标准	检测结果	得分
工件加工评分（60%）	主要项目	1	$4\times\phi10^{+0.027}_{0}$mm　*Ra*1.6μm	4/2	超差 0.01mm 扣 1 分，降级无分		
		2	$\phi25^{+0.021}_{0}$mm　*Ra*3.2μm	4/2	超差 0.01mm 扣 1 分，降级无分		
		3	(100±0.02)mm　（2 处）	6	超差无分		
		4	(120±0.02)mm	3	超差无分		
		5	(80±0.02)mm	3	超差无分		
		6	(5±0.01)mm　（2 处）	6	超差无分		
		7	(25±0.015)mm　（4 处）	6	超差无分		
		8	球面　*Ra*3.2μm	4/2	不符要求无分		
	一般项目	1	*R*15mm（2 处），*R*25mm（2 处）	4	不符要求无分		
		2	*R*10mm　（8 处）	4	不符要求无分		
		3	ϕ60mm	2	不符要求无分		
	几何公差	1	∥ 0.05 A	4	超差无分		
		2	∥ 0.05 B	4	超差无分		
程序与工艺（30%）		1	工艺制订合理，选择刀具正确	10	每错一处扣 1 分		
		2	指令应用合理、得当、正确	10	每错一处扣 1 分		
		3	程序格式正确，符合工艺要求	10	每错一处扣 1 分		
现场操作规范（10%）		1	刀具的正确使用	2			
		2	量具的正确使用	3			
		3	刃的正确使用	3			
		4	设备正确操作和维护保养	2			
		5	安全操作		出现安全事故时停止操作；酌情扣 5~30 分		

项目实践

一、实践内容

在机床上加工如图 7-81 所示的球面底台零件。

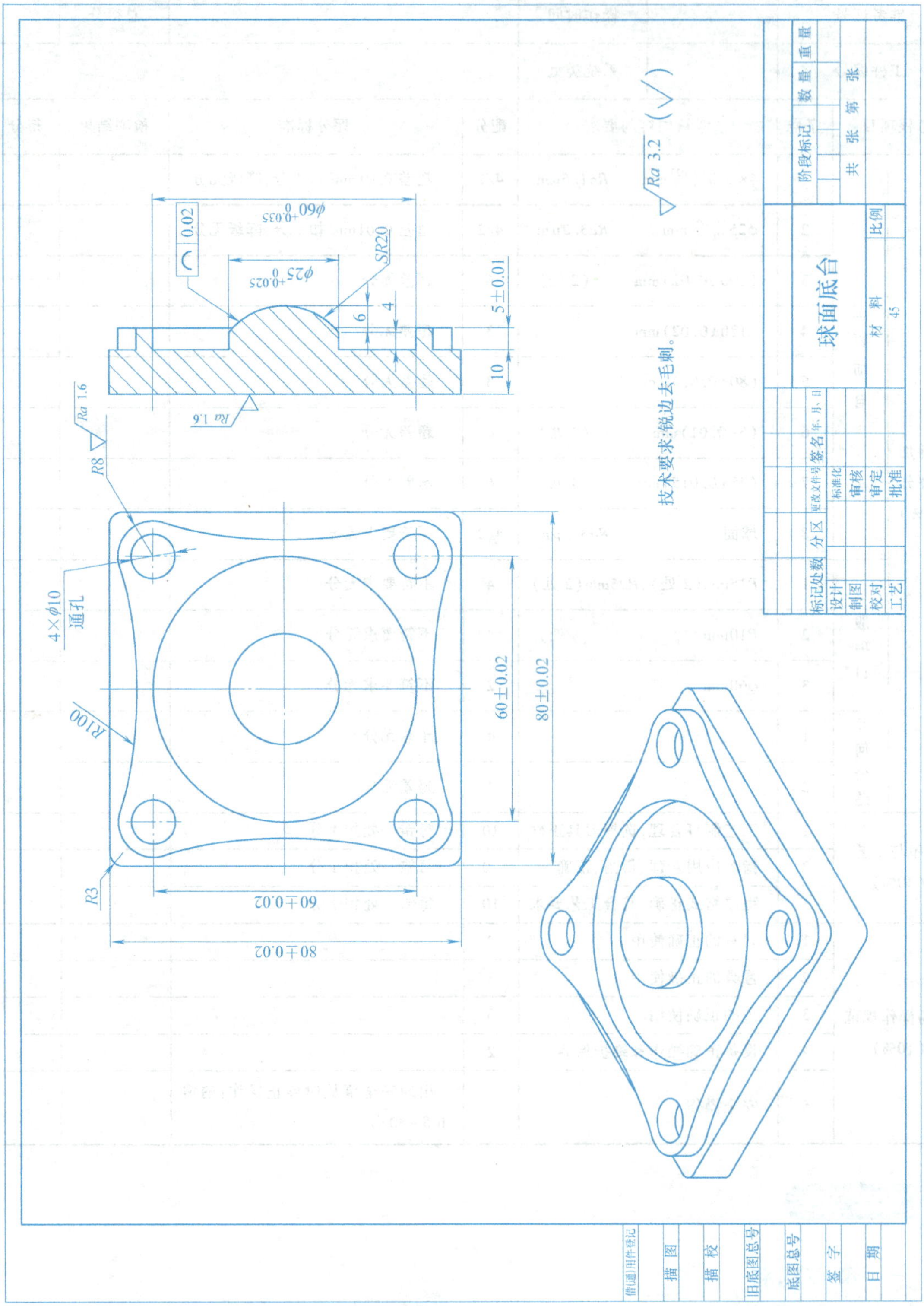

图 7-81 球面诋台零件图

二、实践步骤

1）零件 CAD 造型。
2）加工方案的制订。
3）CAM 自动编程。
4）后处理输出 NC 程序。
5）零件数控加工。
6）零件精度检测，零件检测及评分标准见表 7-3 所示。
7）对工件进行误差与质量分析并进行优化。

表 7-3　零件检测及评分标准

准考证号			操作时间			总得分	
工件编号			系统类型				
考核项目		序号	考核内容与要求	配分	评分标准	检测结果	得分
工件加工评分（60%）	主要项目	1	$\phi60^{+0.035}_{0}$mm　$Ra3.2\mu m$	4/2	超差 0.01mm 扣 1 分，降级无分		
		2	$\phi25^{+0.025}_{0}$mm　$Ra3.2\mu m$	4/2	超差 0.01mm 扣 1 分，降级无分		
		3	(60±0.02)mm　（2 处）	6	超差 0.01mm 扣 1 分，降级无分		
		4	(80±0.02)mm　（2 处）	6	超差 0.01mm 扣 1 分，降级无分		
		5	(5±0.01)mm	4	超差无分		
		6	4×ϕ10mm　$Ra1.6\mu m$（4 处）	8/4	超差 0.01mm 扣 1 分，降级无分		
	一般项目	1	R3mm　（4 处）	4	不符要求无分		
		2	R8mm　（4 处）	3	不符要求无分		
		3	4mm，6mm，10mm　（3 处）	3	超差无分		
		4	SR20mm	5	不符要求无分		
	几何公差	1	⌒ 0.02	5	超差无分		
程序与工艺（30%）		1	工艺制订合理，选择刀具正确	10	每错一处扣 1 分		
		2	指令应用合理、得当、正确	10	每错一处扣 1 分		
		3	程序格式正确、符合工艺要求	10	每错一处扣 1 分		
现场操作规范（10%）		1	刀具的正确使用	2			
		2	量具的正确使用	3			
		3	刃的正确使用	3			
		4	设备正确操作和维护保养	2			
		5	安全操作		出现安全事故时停止操作；酌情扣 5～30 分		

附录

附录 A　G、M 代码（见表 A-1～表 A-4）

表 A-1　FANUC 0i 数控系统常用 G 代码

代码	组号	意　义	格　式
G00	01	点位控制	G00　X(U)__　Y(V)__　Z(W)__
G01		直线插补	G01　X(U)__　Y(V)__　Z(W)__　F__
G02		顺时针圆弧插补(CW)	G17 {G02/G03}　X(U)__　Y(V)__ {I__ J__ / R__}　F__
G03		逆时针圆弧插补(CCW)	G18 {G02/G03}　X(U)__　Z(W)__ {I__ K__ / R__}　F__ G19 {G02/G03}　Y(V)__　Z(W)__ {I__ K__ / R__}　F__
G04	00	暂停(ms,s)	G04　P__(X__)
G15	17	取消极坐标指令	
G16		极坐标指令	
G17	02	选择 *XY* 平面	G17
G18		选择 *XZ* 平面	G18
G19		选择 *YZ* 平面	G19
G20	06	英制输入	G20
G21		米制输入	G21
G28		返回参考点	G28　X__　Y__　Z__
G40	07	取消刀具半径补偿	G40　G01/G00　X__　Y__
G41		刀具半径左补偿	G41/G42　G01/G00　X__　Y__　D__
G42		刀具半径右补偿	
G43	08	刀具长度正补偿	G43/G44　G01/G00　Z__　H__
G44		刀具长度负补偿	
G49		取消刀具长度补偿	G49　G01/G00　Z__
G54	12	选择工作坐标系 1	G54
G55		选择工作坐标系 2	G55
G56		选择工作坐标系 3	G56
G57		选择工作坐标系 4	G57
G58		选择工作坐标系 5	G58
G59		选择工作坐标系 6	G59

（续）

代码	组号	意　义	格　式
G60	00	单一方向定位	G60
G61	13	准确定位方式	G61
G64		切削方式	G64
G73	09	深孔钻削固定循环	G73 X__ Y__ Z__ R__ Q__ F__
G74		攻左螺纹固定循环	G74 X__ Y__ Z__ R__ F__
G76	09	精镗孔固定循环	G76 X__ Y__ Z__ R__ Q__ P__ F__
G80		固定循环取消	G80
G81		中心孔钻削固定循环	G81 X__ Y__ Z__ R__ F__
G82		锪孔钻削固定循环	G82 X__ Y__ Z__ R__ P__ F__
G83		深孔钻削固定循环	G83 X__ Y__ Z__ R__ Q__ F__
G84		攻右螺纹固定循环	G84 X__ Y__ Z__ R__ F__
G85		镗削固定循环	G85 X__ Y__ Z__ R__ F__
G86		镗削固定循环快返	G86 X__ Y__ Z__ R__ F__
G87		反镗削固定循环	G87 X__ Y__ Z__ R__ Q__ P__ F__
G88		镗削固定循环	G88 X__ Y__ Z__ R__ P__ F__
G89		精镗阶梯孔固定循环	G89 X__ Y__ Z__ R__ P__ F__
G90	03	绝对方式指定	G90
G91		增量方式指定	G91
G94	05	每分进给	G94
G98	10	返回固定循环始点	G98
G99		返回固定循环 *R* 点平面	G99

表 A-2　FANUC 0i 数控系统常用 M 代码

代码	意　义	格　式	代码	意　义	格　式
M00	程序暂停	M00	M07	2 号切削液开	M07
M01	计划停止	M01	M08	1 号切削液开	M08
M02	程序停止	M02	M09	切削液关	M09
M03	主轴顺时针旋转	M03	M30	程序停止并返回开始处	M30
M04	主轴逆时针旋转	M04	M98	调用子程序	M98 P__
M05	主轴旋转停止	M05	M99	返回子程序	M99
M06	换刀	M06 T__			

表 A-3　SIEMENS 802D 数控系统常用 G 代码

代码	组号	意　义	格　式
G0	01	点位控制	G0 X__ Y__ Z__
G1		直线插补	G1 X__ Y__ Z__ F__
G2		顺时针圆弧插补	G2/G3 X__ Y__ I__ J__ 说明：用圆心和终点编程
G3		逆时针圆弧插补	G2/G3 X__ Y__ CR= 说明：圆心和终点

APPENDIX

(续)

代码	组号	意 义	格 式
G4	02	暂停时间(s 或转)	G4 F__或 G4 S__
G5	01	中间点圆弧插补	G5 X__ Y__ Z__ IX=__ JY=__ KZ=__ F__
G17	06	选择 *X/Y* 平面	G17
G18		选择 *X/Z* 平面	G18
G19		选择 *Y/Z* 平面	G19
G25	03	主轴转速下限	G25 S__
G26		主轴转速上限	G26 S__
G40	07	取消刀具半径补偿	G40
G41		刀具半径左补偿	G41
G42		刀具半径右补偿	G42
G500	08	取消可设定零点偏置	G500
G54		第一可设定零点偏置	G54
G55		第二可设定零点偏置	G55
G56		第三可设定零点偏置	G56
G57		第四可设定零点偏置	G57
G60	10	准确定位	
G64		连续路径方式	G64
G70	13	英制尺寸	G70
G71		米制尺寸	G71
G74		返回参考点	G74 X__ Z__
G75		返回固定点	G75 X__ Z__
G90	14	绝对尺寸	G90
G91		增量尺寸	G91
G94	15	进给速度(mm/min)	G94
G95		主轴进给速度(mm/r)	G95
G96		主轴转速限制	G96 S__ LIMS=__
G97		恒定切削速度取消	G97
GOTOB		向后跳转	例:GOTOB MARKE1
GOTOF		向前跳转	例:GOTOF MARKE2
G110		根据编程设置位置进行极坐标编程	G110 X__ Y__ G110 RP=__ AP=__
G111		根据工件坐标系原点进行极坐标编程	G111 X__ Y__ G111 RP=__ AP=__
G112		根据最后到达位置进行极坐标编程	G112 X__ Y__ G112 RP=__ AP=__
G331		螺纹插补	G331 Z__ K__ S__

APPENDIX

（续）

代码	组号	意　　义	格　　式
G332		螺纹插补	G332 Z__ K__ S__
TRANS ATRANS		可编程的零点偏置	TRANS X__ Y__ ATRANS X__ Y__
ROT AROT		可编程的旋转	ROT X__ Y__ AROT X__ Y__
SCALE ASCALE		可编程的比例	SCALE X__ Y__ ASCALE X__ Y__
MIRROR AMIRROR		可编程的镜像	MIRROR X__ Y__ AMIRROR X__ Y__

表 A-4　SIEMENS 802D 数控系统常用 M 代码

代码	意　　义	格　　式	代码	意　　义	格　　式
M0	程序暂停	M0	M8	1 号切削液开	M8
M1	计划停止	M1	M9	切削液关	M9
M2	程序停止	M2	M41	齿轮变速 1 级	M41
M3	主轴顺时针旋转	M3	M42	齿轮变速 2 级	M42
M4	主轴逆时针旋转	M4	M43	齿轮变速 3 级	M43
M5	主轴旋转停止	M5	M44	齿轮变速 4 级	M44
M6	换刀	M6 T__	M30	程序停止并返回开始处	M30
M7	2 号切削液开	M7			

附录 B　铣削常用切削用量表（见表 B-1～表 B-5）

表 B-1　铣刀切削速度　　（单位：m/min）

工件材料	铣刀材料					
	碳素钢	高速钢	超高速钢	合金钢	碳化钛	碳化钨
铝合金	75～150	180～300		240～460		300～600
镁合金		180～270				150～600
钼合金		45～100				120～190
黄铜(软)	12～25	20～25		45～75		100～180
青铜	10～20	20～40		30～50		60～130
青铜(硬)		10～15	15～20			40～60
铸铁(软)	10～12	15～20	18～25	28～40		40～60
铸铁(硬)		10～15	10～20	18～28		75～100
(冷)铸铁			10～15	12～18		45～60
可锻铸铁	10～15	20～30	25～40	35～45		75～110

APPENDIX

（续）

工件材料	铣刀材料					
	碳素钢	高速钢	超高速钢	合金钢	碳化钛	碳化钨
钢(低碳)	10~14	18~28	20~30		45~70	
钢(中碳)	10~15	15~25	18~28		40~60	
钢(高碳)		10~15	12~20		30~45	
合金钢					35~80	
合金钢(硬)					30~60	
高速钢			12~25		45~70	

表 B-2　各种铣刀进给量　　（单位：mm/齿）

	平铣刀	圆柱铣刀	面铣刀	成形铣刀	高速钢铣刀	硬质合金镶刃铣刀
铸铁	0.2	0.07	0.05	0.04	0.1	0.1
可锻铸铁	0.2	0.07	0.05	0.04	0.3	0.09
低碳钢	0.2	0.07	0.05	0.04	0.3	0.09
中高碳钢	0.15	0.06	0.04	0.03	0.2	0.08
铸钢	0.15	0.07	0.05	0.04	0.2	0.08
镍铬钢	0.1	0.05	0.02	0.02	0.15	0.06
高镍铬钢	0.1	0.05	0.02	0.02	0.1	0.05
黄铜	0.15	0.07	0.05	0.04	0.03	0.21
青铜	0.15	0.07	0.05	0.04	0.03	0.21
铝	0.1	0.07	0.05	0.04	0.02	0.1

表 B-3　攻螺纹切削速度　　（单位：m/min）

工件材料	铸铁	钢及其合金	铝及其合金
切削速度	2.5~5	1.5~5	5~15

表 B-4　镗孔切削用量

工序 \ 刀具材料 \ 切削用量 \ 工件材料		铸铁		钢		铝及其合金	
		v_c/(m/min)	f/(mm/r)	v_c/(m/min)	f/(mm/r)	v_c/(m/min)	f/(mm/r)
粗镗	高速钢	20~25	0.4~1.5	15~30	0.35~0.7	100~150	0.5~1.5
	硬质合金	30~35		50~70		100~250	
半精镗	高速钢	20~35	0.15~0.45	15~50	0.15~0.45	100~200	0.2~0.5
	硬质合金	50~70		90~130			
精镗	高速钢	70~90	0.08	100~135	0.12~0.15	150~400	0.06~0.1

APPENDIX

表 B-5　用高速钢钻孔切削用量

工件材料	牌号或硬度	切削用量	钻头直径/mm			
			1~6	6~12	12~22	22~50
铸铁	160~200HBW	v_c/(m/min)	16~24			
		f/(mm/r)	0.07~0.12	0.12~0.2	0.2~0.4	0.4~0.8
	200~241HBW	v_c/(m/min)	10~18			
		f/(mm/r)	0.05~0.1	0.1~0.18	0.18~0.25	0.25~0.4
	300~400HBW	v_c/(m/min)	5~12			
		f/(mm/r)	0.03~0.08	0.08~0.15	0.15~0.02	0.2~0.3
钢	35,45	v_c/(m/min)	8~25			
		f/(mm/r)	0.05~0.1	0.1~0.2	0.2~0.3	0.3~0.45
	15Cr,30Cr	v_c/(m/min)	12~30			
		f/(mm/r)	0.05~0.1	0.1~0.2	0.2~0.3	0.3~0.45
	合金钢	v_c/(m/min)	8~18			
		f/(mm/r)	0.03~0.08	0.08~0.15	0.15~0.25	0.25~0.35
铝	牌号或硬度	切削用量	钻头直径/mm			
			3~8	8~25	25~50	
	纯铝	v_c/(m/min)	20~50			
		f/(mm/r)	0.03~0.2	0.06~0.15	0.08~0.36	
	铝合金（长切削）	v_c/(m/min)	20~50			
		f/(mm/r)	0.05~0.2	0.1~0.16	0.2~1.0	
	铝合金（短切削）	v_c/(m/min)	20~50			
		f/(mm/r)	0.03~0.1	0.05~0.15	0.8~0.36	

附录 C　数控铣工国家职业技能标准

一、职业概况

1. 职业名称

数控铣工。

2. 职业定义

从事编制数控加工程序并操作数控铣床进行零件铣削加工的人员。

3. 职业等级

本职业共设四个等级，分别为：中级（国家职业资格四级）、高级（国家职业资格三级）、技师（国家职业资格二级）、高级技师（国家职业资格一级）。

4. 职业环境

室内、常温。

5. 职业能力特征

具有较强的计算能力和空间感，形体知觉及色觉正常，手指、手臂灵活，动作协调。

6. 基本文化程度

高中毕业（或同等学力）。

7. 培训要求

（1）培训期限　全日制职业学校教育，根据其培养目标和教学计划确定。晋级培训期限：中级不少于400标准学时；高级不少于300标准学时；技师不少于300标准学时；高级技师不少于300标准学时。

（2）培训教师　培训中、高级人员的教师应取得本职业技师及以上职业资格证书或相关专业中级及以上专业技术职称任职资格；培训技师的教师应取得本职业高级技师职业资格证书或相关专业高级专业技术职称任职资格；培训高级技师的教师应取得本职业高级技师职业资格证书2年以上或取得相关专业高级专业技术职称任职资格2年以上。

（3）培训场地设备　满足教学要求的标准教室、计算机机房，配套的软件、数控铣床及必要的刀具、夹具、量具和辅助设备等。

8. 鉴定要求

（1）适用对象　从事或准备从事本职业的人员。

（2）申报条件

——中级（具备以下条件之一者）：

1）经本职业中级正规培训达规定标准学时数，并取得结业证书。

2）连续从事本职业工作5年以上。

3）取得经劳动保障行政部门审核认定的、以中级技能为培养目标的中等以上职业学校本职业（或相关专业）毕业证书。

4）取得相关职业中级职业资格证书后，连续从事本职业2年以上。

——高级（具备以下条件之一者）：

1）取得本职业中级职业资格证书后，连续从事本职业工作2年以上，经本职业高级正规培训，达到规定标准学时数，并取得结业证书。

2）取得本职业中级职业资格证书后，连续从事本职业工作4年以上。

3）取得劳动保障行政部门审核认定的、以高级技能为培养目标的职业学校本职业（或相关专业）毕业证书。

4）大专以上本专业或相关专业毕业生，经本职业高级正规培训，达到规定标准学时数，并取得结业证书。

——技师（具备以下条件之一者）：

1）取得本职业高级职业资格证书后，连续从事本职业工作4年以上，经本职业技师正规培训达规定标准学时数，并取得结业证书。

2）取得本职业高级职业资格证书的职业学校本职业（专业）毕业生，连续从事本职业工作2年以上，经本职业技师正规培训达规定标准学时数，并取得结业证书。

3）取得本职业高级职业资格证书的本专业或相关专业本科以上（含本科）毕业生，连续从事本职业工作2年以上，经本职业技师正规培训达规定标准学时数，并取得结业证书。

——高级技师：

取得本职业技师职业资格证书后，连续从事本职业工作4年以上，经本职业高级技师正规培训达规定标准学时数，并取得结业证书。

(3) 鉴定方式　分为理论知识考试和技能操作考核。理论知识考试采用闭卷方式，技能操作（含软件应用）考核采用现场实际操作和计算机软件操作方式。理论知识考试和技能操作（含软件应用）考核均实行百分制，成绩皆达60分及以上者为合格。技师和高级技师还需进行综合评审。

(4) 考评人员与考生配比　理论知识考试考评人员与考生配比为1∶15，每个标准教室不少于2名相应级别的考评员；技能操作（含软件应用）考核考评员与考生配比为1∶2，且不少于3名相应级别的考评员；综合评审委员不少于5人。

(5) 鉴定时间　理论知识考试为120分钟，技能操作考核中实操时间为：中级、高级不少于240分钟，技师和高级技师不少于300分钟，技能操作考核中软件应用考试时间为不超过120分钟，技师和高级技师的综合评审时间不少于45分钟。

(6) 鉴定场所设备　理论知识考试在标准教室里进行，软件应用考试在计算机机房进行，技能操作考核在配备必要的数控铣床及必要的刀具、夹具、量具和辅助设备的场所进行。

二、基本要求

1. 职业道德

(1) 职业道德基本知识

(2) 职业守则

1) 遵守国家法律、法规和有关规定。

2) 具有高度的责任心，爱岗敬业，团结合作。

3) 严格执行相关标准、工作程序与规范、工艺文件和安全操作规程。

4) 学习新知识、新技能，勇于开拓和创新。

5) 爱护设备、系统及工具、夹具、量具。

6) 着装整洁，符合规定；保持工作环境清洁有序，文明生产。

2. 基础知识

(1) 基础理论知识

1) 机械制图。

2) 工程材料及金属热处理知识。

3) 机电控制知识。

4) 计算机基础知识。

5) 专业英语基础。

(2) 机械加工基础知识

1) 机械原理。

2) 常用设备知识（分类、用途、基本结构及维护保养方法）。

3) 常用金属切削刀具知识。

4) 典型零件加工工艺。

5) 设备润滑和冷却液的使用方法。

6) 工具、夹具、量具的使用与维护知识。

7）铣工、镗工基本操作知识。

（3）安全文明生产与环境保护知识

1）安全操作与劳动保护知识。

2）文明生产知识。

3）环境保护知识。

（4）质量管理知识

1）企业的质量方针。

2）岗位质量要求。

3）岗位质量保证措施与责任。

（5）相关法律、法规知识

1）劳动法的相关知识。

2）环境保护法的相关知识。

3）知识产权保护法的相关知识。

三、工作要求

本标准对中级、高级、技师和高级技师的技能要求（见表C-1～表C-4）依次递进，高级别涵盖低级别的要求。

表C-1　中级技能要求

职业功能	工作内容	技能要求	相关知识
一、加工准备	（一）读图与绘图	1. 能读懂中等复杂程度（如凸轮、壳体、板状、支架）的零件图 2. 能绘制有沟槽、台阶、斜面、曲面的简单零件图 3. 能读懂分度头尾座、弹簧夹头套筒、可转位铣刀结构等简单机构装配图	1. 复杂零件的表达方法 2. 简单零件图的画法 3. 零件三视图、局部视图和剖视图的画法
	（二）制订加工工艺	1. 能读懂复杂零件的铣削加工工艺文件 2. 能编制由直线、圆弧等构成的二维轮廓零件的铣削加工工艺文件	1. 数控加工工艺知识 2. 数控加工工艺文件的制订方法
	（三）零件定位与装夹	1. 能使用铣削加工常用夹具（如压板、台虎钳、机用平口虎钳等）装夹零件 2. 能够选择定位基准，并找正零件	1. 常用夹具的使用方法 2. 定位与夹紧的原理和方法 3. 零件找正的方法
	（四）刀具准备	1. 能够根据数控加工工艺文件选择、安装和调整数控铣床常用刀具 2. 能根据数控铣床特性、零件材料、加工精度、工作效率等选择刀具和刀具几何参数，并确定数控加工需要的切削参数和切削用量 3. 能够利用数控铣床的功能，借助通用量具或对刀仪测量刀具的半径及长度 4. 能选择、安装和使用刀柄 5. 能够刃磨常用刀具	1. 金属切削与刀具磨损知识 2. 数控铣床常用刀具的种类、结构、材料和特点 3. 数控铣床、零件材料、加工精度和工作效率对刀具的要求 4. 刀具长度补偿、半径补偿等刀具参数的设置知识 5. 刀柄的分类和使用方法 6. 刀具刃磨的方法

APPENDIX

（续）

职业功能	工作内容	技能要求	相关知识
二、数控编程	（一）手工编程	1. 能编制由直线、圆弧组成的二维轮廓数控加工程序 2. 能够运用固定循环、子程序进行零件的加工程序编制	1. 数控编程知识 2. 直线插补和圆弧插补的原理 3. 节点的计算方法
	（二）计算机辅助编程	1. 能够使用 CAD/CAM 软件绘制简单零件图 2. 能够利用 CAD/CAM 软件完成简单平面轮廓的铣削程序	1. CAD/CAM 软件的使用方法 2. 平面轮廓的绘图与加工代码生成方法
三、数控铣床操作	（一）操作面板	1. 能够按照操作规程起动及停止机床 2. 能使用操作面板上的常用功能键（如回零、手动、MDI、修调等）	1. 数控铣床操作说明书 2. 数控铣床操作面板的使用方法
	（二）程序输入与编辑	1. 能够通过各种途径（如 DNC、网络）输入加工程序 2. 能够通过操作面板输入和编辑加工程序	1. 数控加工程序的输入方法 2. 数控加工程序的编辑方法
	（三）对刀	1. 能进行对刀并确定相关坐标系 2. 能设置刀具参数	1. 对刀的方法 2. 坐标系的知识 3. 建立刀具参数表或文件的方法
	（四）程序调试与运行	能够进行程序检验、单步执行、空运行，并完成零件试切	程序调试的方法
	（五）参数设置	能够通过操作面板输入有关参数	数控系统中相关参数的输入方法
四、零件加工	（一）平面加工	能够运用数控加工程序进行平面、垂直面、斜面、阶梯面等的铣削加工，并达到如下要求： 1）尺寸公差等级达 IT7 级 2）几何公差等级达 IT8 级 3）表面粗糙度达 $Ra3.2\mu m$	1. 平面铣削的基本知识 2. 刀具端刃的切削特点
	（二）轮廓加工	能够运用数控加工程序对由直线、圆弧组成的平面轮廓进行铣削加工，并达到如下要求： 1）尺寸公差等级达 IT8 级 2）几何公差等级达 IT8 级 3）表面粗糙度达 $Ra3.2\mu m$	1. 平面轮廓铣削的基本知识 2. 刀具侧刃的切削特点
	（三）曲面加工	能够运用数控加工程序进行圆锥面、圆柱面等简单曲面的铣削加工，并达到如下要求： 1）尺寸公差等级达 IT8 级 2）几何公差等级达 IT8 级 3）表面粗糙度达 $Ra3.2\mu m$	1. 曲面铣削的基本知识 2. 球头刀具的切削特点

（续）

职业功能	工作内容	技能要求	相关知识
四、零件加工	（四）孔类加工	能够运用数控加工程序进行孔加工，并达到如下要求： 1）尺寸公差等级达 IT7 级 2）几何公差等级达 IT8 级 3）表面粗糙度达 $Ra3.2\mu m$	麻花钻、扩孔钻、丝锥、镗刀及铰刀的加工方法
	（五）槽类加工	能够运用数控加工程序进行槽、键槽的加工，并达到如下要求： 1）尺寸公差等级达 IT8 级 2）几何公差等级达 IT8 级 3）表面粗糙度达 $Ra3.2\mu m$	槽、键槽的加工方法
	（六）精度检验	能够使用常用量具进行零件的精度检验	1. 常用量具的使用方法 2. 零件精度检验及测量方法
五、维护与故障诊断	（一）机床日常维护	能够根据说明书完成数控铣床的定期及不定期维护保养，包括：机械、电、气、液压、数控系统检查和日常保养等	1. 数控铣床说明书 2. 数控铣床日常保养方法 3. 数控铣床操作规程 4. 数控系统（进口、国产数控系统）说明书
	（二）机床故障诊断	1. 能读懂数控系统的报警信息 2. 能发现数控铣床的一般故障	1. 数控系统的报警信息 2. 机床的故障诊断方法
	（三）机床精度检查	能进行机床水平的检查	1. 水平仪的使用方法 2. 机床垫铁的调整方法

表 C-2　高级技能要求

职业功能	工作内容	技能要求	相关知识
一、加工准备	（一）读图与绘图	1. 能读懂装配图并拆画零件图 2. 能够测绘零件 3. 能够读懂数控铣床主轴系统、进给系统的机构装配图	1. 根据装配图拆画零件图的方法 2. 零件的测绘方法 3. 数控铣床主轴与进给系统基本构造知识
	（二）制订加工工艺	能编制二维、简单三维曲面零件的铣削加工工艺文件	复杂零件数控加工工艺的制订
	（三）零件定位与装夹	1. 能选择和使用组合夹具和专用夹具 2. 能选择和使用专用夹具装夹异型零件 3. 能分析并计算夹具的定位误差 4. 能够设计与自制装夹辅具（如轴套、定位件等）	1. 数控铣床组合夹具和专用夹具的使用、调整方法 2. 专用夹具的使用方法 3. 夹具定位误差的分析与计算方法 4. 装夹辅具的设计与制造方法
	（四）刀具准备	1. 能够选用专用工具（刀具和其他） 2. 能够根据难加工材料的特点，选择刀具的材料、结构和几何参数	1. 专用刀具的种类、用途、特点和刃磨方法 2. 切削难加工材料时的刀具材料和几何参数的确定方法

APPENDIX

（续）

职业功能	工作内容	技能要求	相关知识
二、数控编程	（一）手工编程	1. 能够编制较复杂的二维轮廓铣削程序 2. 能够根据加工要求编制二次曲面的铣削程序 3. 能够运用固定循环、子程序进行零件的加工程序编制 4. 能够进行变量编程	1. 较复杂二维节点的计算方法 2. 二次曲面几何体外轮廓节点计算 3. 固定循环和子程序的编程方法 4. 变量编程的规则和方法
	（二）计算机辅助编程	1. 能够利用CAD/CAM软件进行中等复杂程度的实体造型(含曲面造型) 2. 能够生成平面轮廓、平面区域、三维曲面、曲面轮廓、曲面区域、曲线的刀具轨迹 3. 能进行刀具参数的设定 4. 能进行加工参数的设置 5. 能确定刀具的切入、切出位置与轨迹 6. 能够编辑刀具轨迹 7. 能够根据不同的数控系统生成G代码	1. 实体造型的方法 2. 曲面造型的方法 3. 刀具参数的设置方法 4. 刀具轨迹生成的方法 5. 各种材料切削用量的数据 6. 有关刀具切入、切出的方法对加工质量影响的知识 7. 轨迹编辑的方法 8. 后置处理程序的设置和使用方法
	（三）数控加工仿真	能利用数控加工仿真软件实施加工过程仿真、加工代码检查与干涉检查	数控加工仿真软件的使用方法
三、数控铣床操作	（一）程序调试与运行	能够在机床中断加工后正确恢复加工	程序的中断与恢复加工的方法
	（二）参数设置	能够依据零件特点设置相关参数进行加工	数控系统参数设置方法
四、零件加工	（一）平面铣削	能够编制数控加工程序铣削平面、垂直面、斜面、阶梯面等，并达到如下要求： 1）尺寸公差等级达IT7级 2）几何公差等级达IT8级 3）表面粗糙度达 $Ra3.2\mu m$	1. 平面铣削精度控制方法 2. 刀具端刃几何形状的选择方法
	（二）轮廓加工	能够编制数控加工程序铣削较复杂的(如凸轮等)平面轮廓，并达到如下要求： 1）尺寸公差等级达IT8级 2）几何公差等级达IT8级 3）表面粗糙度达 $Ra3.2\mu m$	1. 平面轮廓铣削的精度控制方法 2. 刀具侧刃几何形状的选择方法
	（三）曲面加工	能够编制数控加工程序铣削二次曲面，并达到如下要求： 1）尺寸公差等级达IT8级 2）几何公差等级达IT8级 3）表面粗糙度达 $Ra3.2\mu m$	1. 二次曲面的计算方法 2. 刀具影响曲面加工精度的因素以及控制方法
	（四）孔系加工	能够编制数控加工程序对孔系进行切削加工，并达到如下要求： 1）尺寸公差等级达IT7级 2）几何公差等级达IT8级 3）表面粗糙度达 $Ra3.2\mu m$	麻花钻、扩孔钻、丝锥、镗刀及铰刀的加工方法

APPENDIX

（续）

职业功能	工作内容	技能要求	相关知识
四、零件加工	（五）深槽加工	能够编制数控加工程序进行深槽、三维槽的加工，并达到如下要求： 1）尺寸公差等级达 IT8 级 2）几何公差等级达 IT8 级 3）表面粗糙度达 $Ra3.2\mu m$	深槽、三维槽的加工方法
	（六）配合件加工	能够编制数控加工程序进行配合件加工，尺寸配合公差等级达 IT8 级	1. 配合件的加工方法 2. 尺寸链换算的方法
	（七）精度检验	1. 能够利用数控系统的功能使用百（千）分表测量零件的精度 2. 能对复杂、异型零件进行精度检验 3. 能够根据测量结果分析产生误差的原因 4. 能够通过修正刀具补偿值和修正程序来减少加工误差	1. 复杂、异型零件的精度检验方法 2. 产生加工误差的主要原因及其消除方法
五、维护与故障诊断	（一）日常维护	能完成数控铣床的定期维护	数控铣床定期维护手册
	（二）故障诊断	能排除数控铣床的常见机械故障	机床的常见机械故障诊断方法
	（三）机床精度检验	能协助检验机床的各种出厂精度	机床精度的基本知识

表 C-3　技师技能要求

职业功能	工作内容	技能要求	相关知识
一、加工准备	（一）读图与绘图	1. 能绘制工装装配图 2. 能读懂常用数控铣床的机械原理图及装配图	1. 工装装配图的画法 2. 常用数控铣床的机械原理图及装配图的画法
	（二）制订加工工艺	1. 能编制高难度、精密、薄壁零件的数控加工工艺规程 2. 能对零件的多工种数控加工工艺进行合理性分析，并提出改进建议 3. 能够确定高速加工的工艺文件	1. 精密零件的工艺分析方法 2. 数控加工多工种工艺方案合理性的分析方法及改进措施 3. 高速加工的原理
	（三）零件定位与装夹	1. 能设计与制作高精度箱体类，叶片、螺旋桨等复杂零件的专用夹具 2. 能对现有的数控铣床夹具进行误差分析并提出改进建议	1. 专用夹具的设计与制造方法 2. 数控铣床夹具的误差分析及消减方法

（续）

职业功能	工作内容	技能要求	相关知识
一、加工准备	（四）刀具准备	1. 能够依据切削条件和刀具条件估算刀具的使用寿命，并设置相关参数 2. 能根据难加工材料合理选择刀具材料和切削参数 3. 能推广使用新知识、新技术、新工艺、新材料、新型刀具 4. 能进行刀具刀柄的优化使用，提高生产效率，降低成本 5. 能选择和使用适合高速切削的工具系统	1. 切削刀具的选用原则 2. 延长刀具寿命的方法 3. 刀具新材料、新技术知识 4. 刀具使用寿命的参数设定方法 5. 难切削材料的加工方法 6. 高速加工的工具系统知识
二、数控编程	（一）手工编程	能够根据零件与加工要求编制具有指导性的变量编程程序	变量编程的概念及其编制方法
	（二）计算机辅助编程	1. 能够利用计算机高级语言编制特殊曲线轮廓的铣削程序 2. 能够利用计算机 CAD/CAM 软件对复杂零件进行实体或曲线曲面造型 3. 能够编制复杂零件的三轴联动铣削程序	1. 计算机高级语言知识 2. CAD/CAM 软件的使用方法 3. 三轴联动的加工方法
	（三）数控加工仿真	能够利用数控加工仿真软件分析和优化数控加工工艺	数控加工工艺的优化方法
三、数控铣床操作	（一）程序调试与运行	能够操作立式、卧式以及高速铣床	立式、卧式以及高速铣床的操作方法
	（二）参数设置	能够针对机床现状调整数控系统相关参数	数控系统参数的调整方法
四、零件加工	（一）特殊材料加工	能够进行特殊材料零件的铣削加工，并达到如下要求： 1）尺寸公差等级达 IT8 级 2）几何公差等级达 IT8 级 3）表面粗糙度达 $Ra3.2\mu m$	特殊材料的材料学知识 特殊材料零件的铣削加工方法
	（二）薄壁加工	能够进行带有薄壁的零件加工，并达到如下要求： 1）尺寸公差等级达 IT8 级 2）几何公差等级达 IT8 级 3）表面粗糙度达 $Ra3.2\mu m$	薄壁零件的铣削方法

（续）

职业功能	工作内容	技能要求	相关知识
四、零件加工	（三）曲面加工	1. 能进行三轴联动曲面的加工，并达到如下要求： 1）尺寸公差等级达IT8级 2）形位公差等级达IT8级 3）表面粗糙度达 $Ra=3.2\mu m$ 2. 能够使用四轴以上铣床与加工中心对叶片、螺旋桨等复杂零件进行多轴铣削加工，并达到如下要求： 1）尺寸公差等级达IT8级 2）形位公差等级达IT8级 3）表面粗糙度达 $Ra3.2\mu m$	三轴联动曲面的加工方法 四轴以上铣床/加工中心的使用方法
	（四）易变形件加工	能进行易变形零件的加工，并达到如下要求： 1）尺寸公差等级达IT8级 2）形位公差等级达IT8级 3）表面粗糙度达 $Ra3.2\mu m$	易变形零件的加工方法
	（五）精度检验	能够进行大型、精密零件的精度检验	精密量具的使用方法 精密零件的精度检验方法
五、维护与故障诊断	（一）机床日常维护	能借助工具书阅读数控设备的主要外文信息	数控铣床专业外文知识
	（二）机床故障诊断	能够分析和排除液压和机械故障	数控铣床常见故障诊断及排除方法
	（三）机床精度检验	能够进行机床定位精度、重复定位精度的检验	机床定位精度检验、重复定位精度检验的内容及方法
六、培训与管理	（一）操作指导	能指导本职业中级、高级进行实际操作	操作指导书的编制方法
	（二）理论培训	能对本职业中级、高级进行理论培训	培训教材的编写方法
	（三）质量管理	能在本职工作中认真贯彻各项质量标准	相关质量标准
	（四）生产管理	能协助部门领导进行生产计划、调度及人员的管理	生产管理基本知识
	（五）技术改造与创新	能够进行加工工艺、夹具、刀具的改进	数控加工工艺综合知识

APPENDIX

表 C-4　高级技师技能要求

职业功能	工作内容	技能要求	相关知识
一、工艺分析与设计	(一) 读图与绘图	1. 能绘制复杂工装装配图 2. 能读懂常用数控铣床的电气、液压原理图 3. 能够组织中级、高级、技师进行工装协同设计	1. 复杂工装设计方法 2. 常用数控铣床电气、液压原理图的画法 3. 协同设计知识
	(二) 制订加工工艺	1. 能对高难度、高精密零件的数控加工工艺方案进行合理性分析,提出改进意见并参与实施 2. 能够确定高速加工的工艺方案 3. 能够确定细微加工的工艺方案	1. 复杂、精密零件机械加工工艺的系统知识 2. 高速加工机床的知识 3. 高速加工的工艺知识 4. 细微加工的工艺知识
	(三) 工艺装备	1. 能独立设计复杂夹具 2. 能在四轴和五轴数控加工中对由夹具精度引起的零件加工误差进行分析,提出改进方案,并组织实施	1. 复杂夹具的设计及使用知识 2. 复杂夹具的误差分析及消减方法 3. 多轴数控加工的方法
	(四) 刀具准备	1. 能根据零件要求设计专用刀具,并提出制造方法 2. 能系统地讲授各种切削刀具的特点和使用方法	1. 专用刀具的设计与制造知识 2. 切削刀具的特点和使用方法
二、零件加工	(一) 异型零件加工	能解决高难度、异型零件加工的技术问题,并制订工艺措施	高难度零件的加工方法
	(二) 精度检验	能够设计专用检具,检验高难度、异型零件	检具设计知识
三、机床维护与精度检验	(一) 数控铣床维护	1. 能借助工具书看懂数控设备的主要外文技术资料 2. 能够针对机床运行现状合理调整数控系统相关参数	数控铣床专业外文知识
	(二) 机床精度检验	能够进行机床定位精度、重复定位精度的检验	机床定位精度、重复定位精度的检验和补偿方法
	(三) 数控设备网络化	能够借助网络设备和软件系统实现数控设备的网络化管理	数控设备网络接口及相关技术
四、培训与管理	(一) 操作指导	能指导本职业中级、高级和技师进行实际操作	操作理论教学指导书的编写方法
	(二) 理论培训	1. 能对本职业中级、高级和技师进行理论培训 2. 能系统地讲授各种切削刀具的特点和使用方法	1. 教学计划与大纲的编制方法 2. 切削刀具的特点和使用方法

APPENDIX

（续）

职业功能	工作内容	技能要求	相关知识
四、培训与管理	（三）质量管理	能应用全面质量管理知识，实现操作过程的质量分析与控制	质量分析与控制方法
	（四）技术改造与创新	能够组织实施技术改造和创新，并撰写相应的论文	科技论文的撰写方法

四、比重表（见表C-5和表C-6）

表C-5 理论知识

项目		中级(%)	高级(%)	技师(%)	高级技师(%)
基本要求	职业道德	5	5	5	5
	基础知识	20	20	15	15
相关知识	加工准备	15	15	25	—
	数控编程	20	20	10	—
	数控铣床操作	5	5	5	—
	零件加工	30	30	20	15
	数控铣床维护与精度检验	5	5	10	10
	培训与管理	—	—	10	15
	工艺分析与设计	—	—	—	40
合计		100	100	100	100

表C-6 技能操作

项目		中级(%)	高级(%)	技师(%)	高级技师(%)
技能要求	加工准备	10	10	10	—
	数控编程	30	30	30	—
	数控铣床操作	5	5	5	—
	零件加工	50	50	45	45
	数控铣床维护与精度检验	5	5	5	10
	培训与管理	—	—	5	10
	工艺分析与设计	—	—	—	35
合计		100	100	100	100

附录D 中、高级数控铣工/加工中心操作工考证样题

样题1~样题6见图D-1~图D-6，其评分标准见表D-1~表D-6。

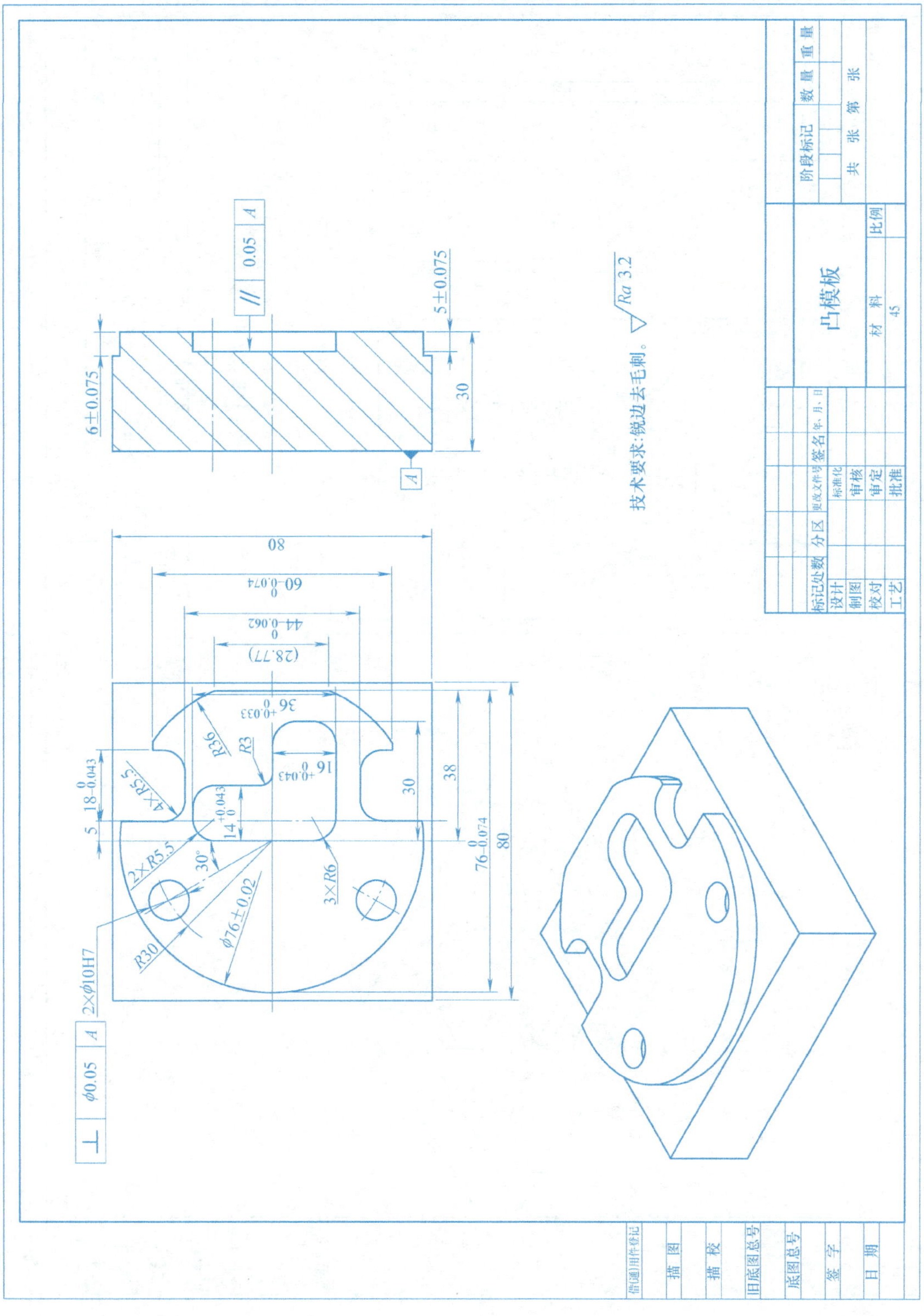
凸模板
技术要求:锐边去毛刺。
Ra 3.2
材料
45
比例
阶段标记
数量
重量
共 张 第 张
标记
处数
分区
更改文件号
签名
年、月、日
设计
标准化
制图
审核
校对
审定
工艺
批准
借(通)用件登记
描图
描校
旧底图总号
底图总号
签字
日期
2×φ10H7
φ0.05 A
0.05 A
6±0.075
5±0.075
30
80
60-0.074 0
44-0.062 0
(28.77)
36+0.033 0
16+0.043 0
14+0.043 0
18-0.043 0
38
76-0.074 0
4×R5.5
2×R5.5
3×R6
R36
R3
R30
φ76±0.02
30°
A
APPENDIX

图 D-1 样题 1 图

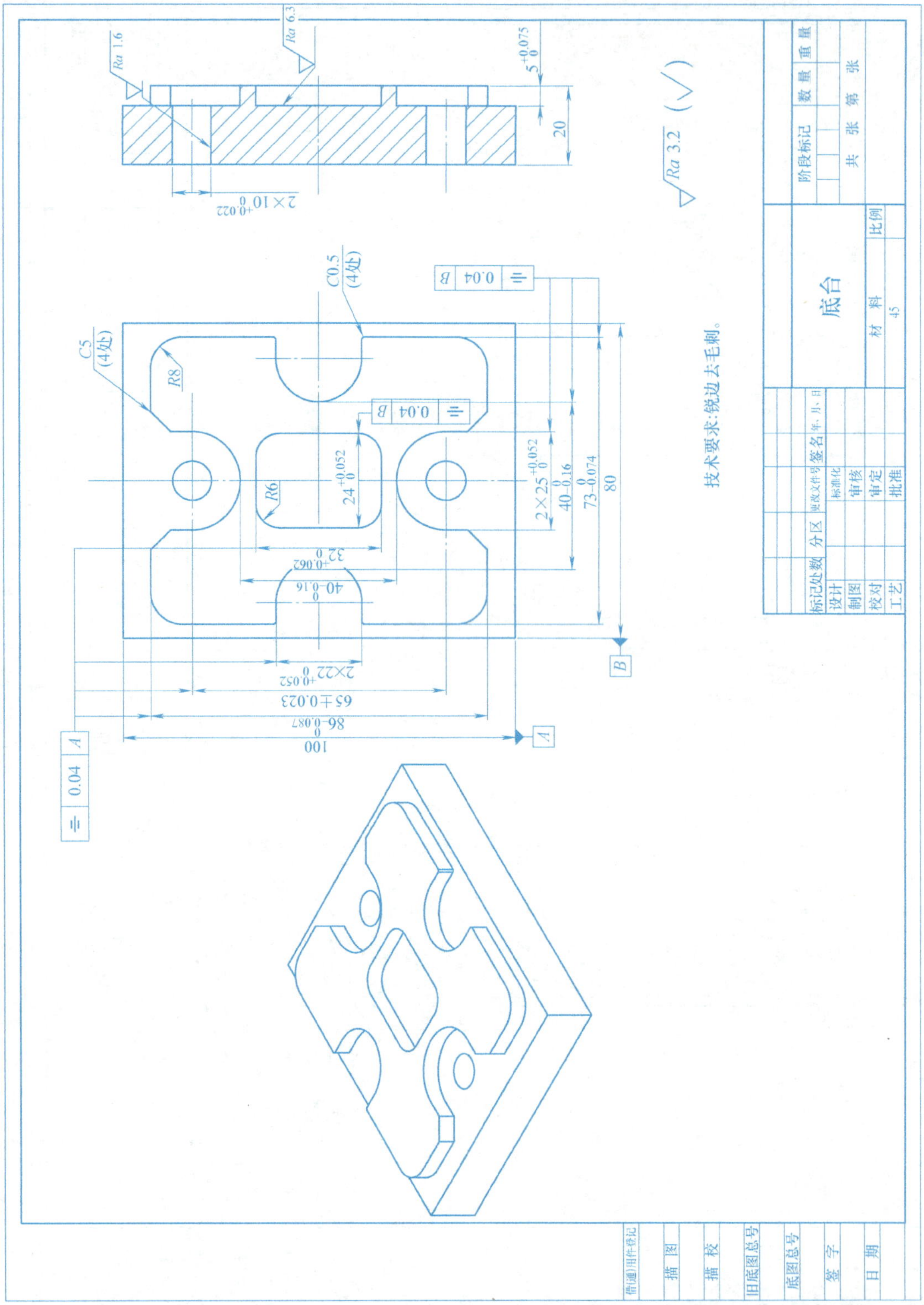

图 D-2　样题 2 图

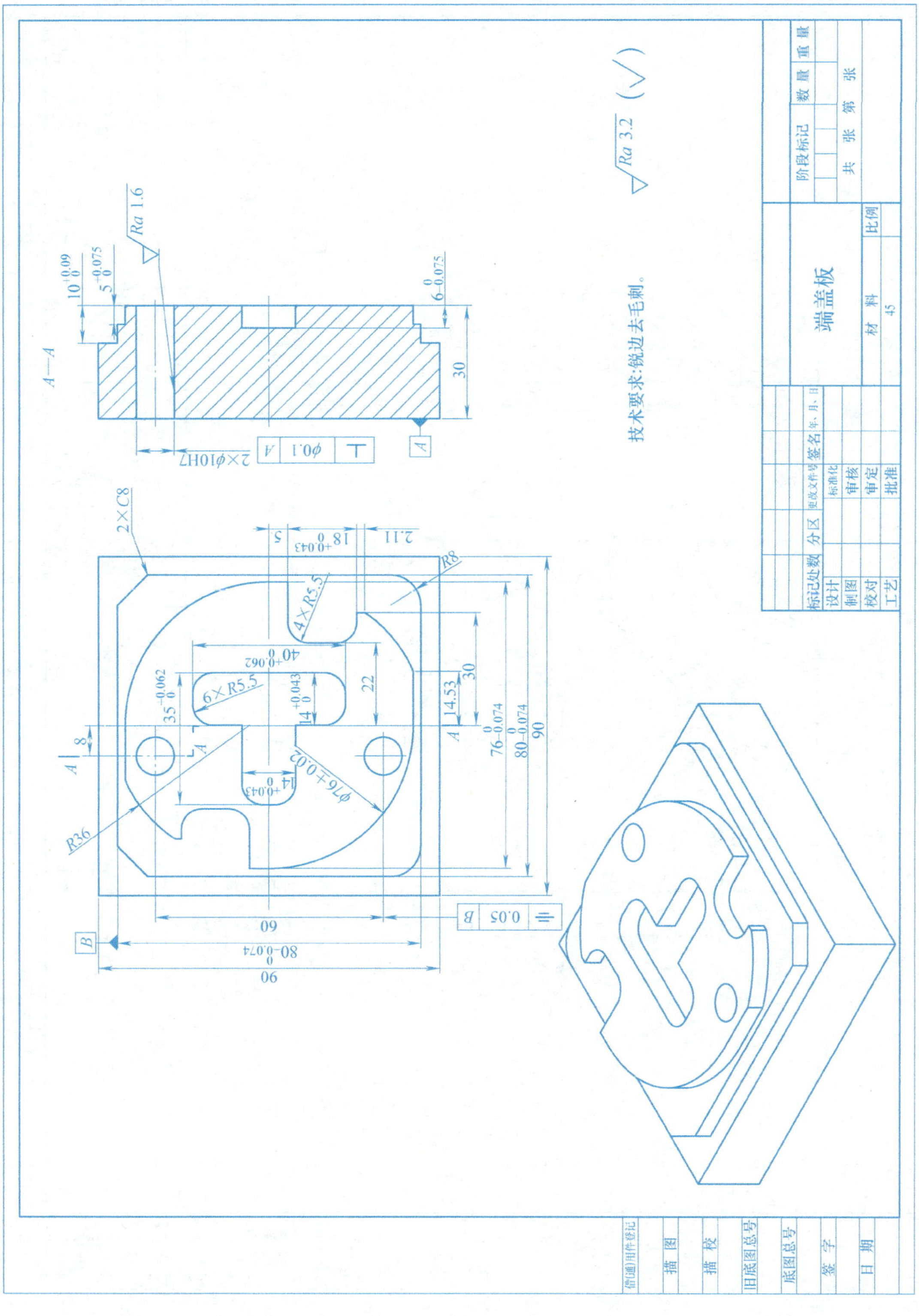
A—A
技术要求:锐边去毛刺。
端盖板
材料
45
比例
标记处数
分区
更改文件号
签名
年、月、日
设计
标准化
阶段标记
数量
重量
制图
审核
校对
审定
共 张 第 张
工艺
批准
借(通)用件登记
描图
描校
旧底图总号
底图总号
签字
日期

图 D-3 样题 3 图

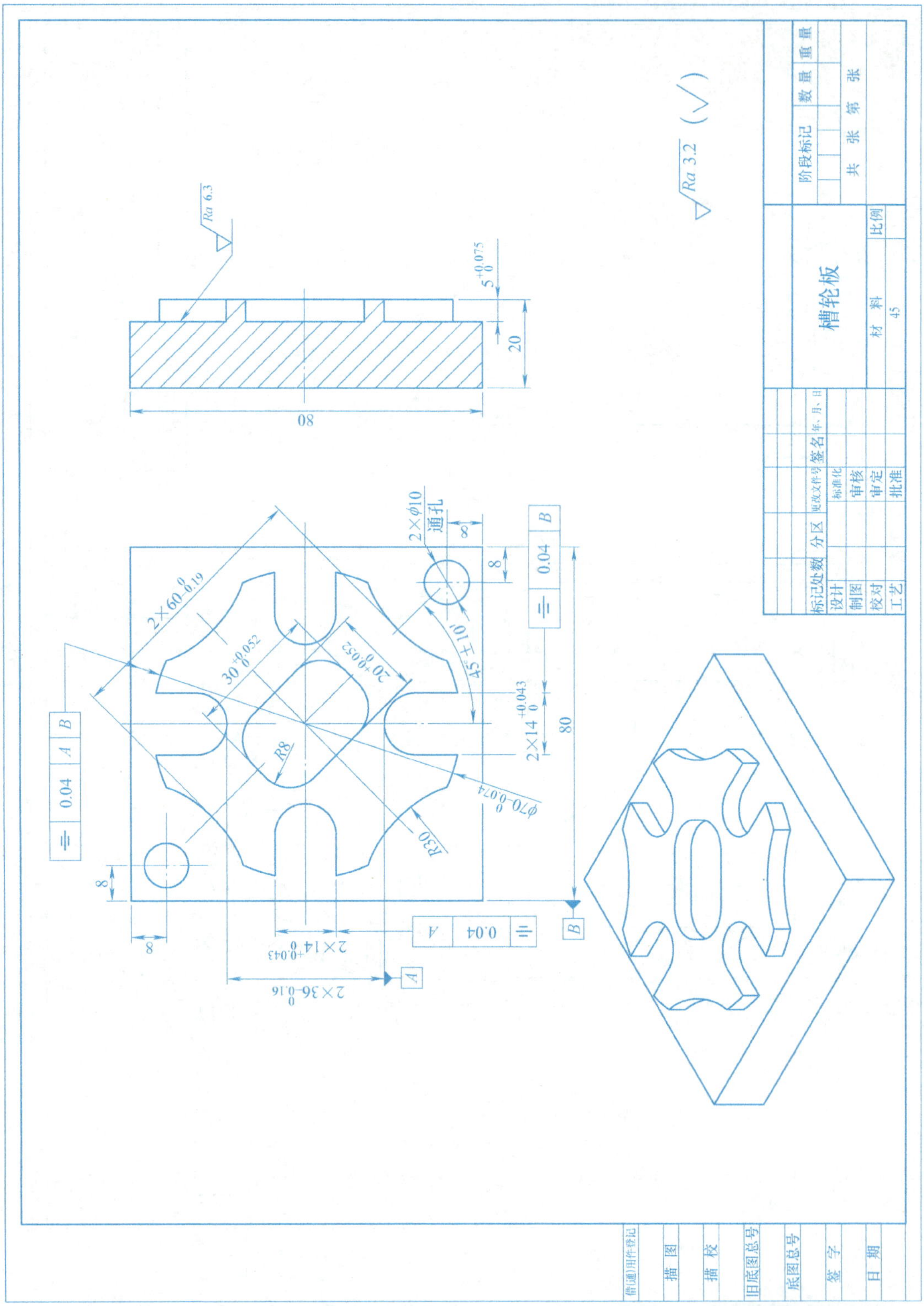

图 D-4　样题 4 图

APPENDIX

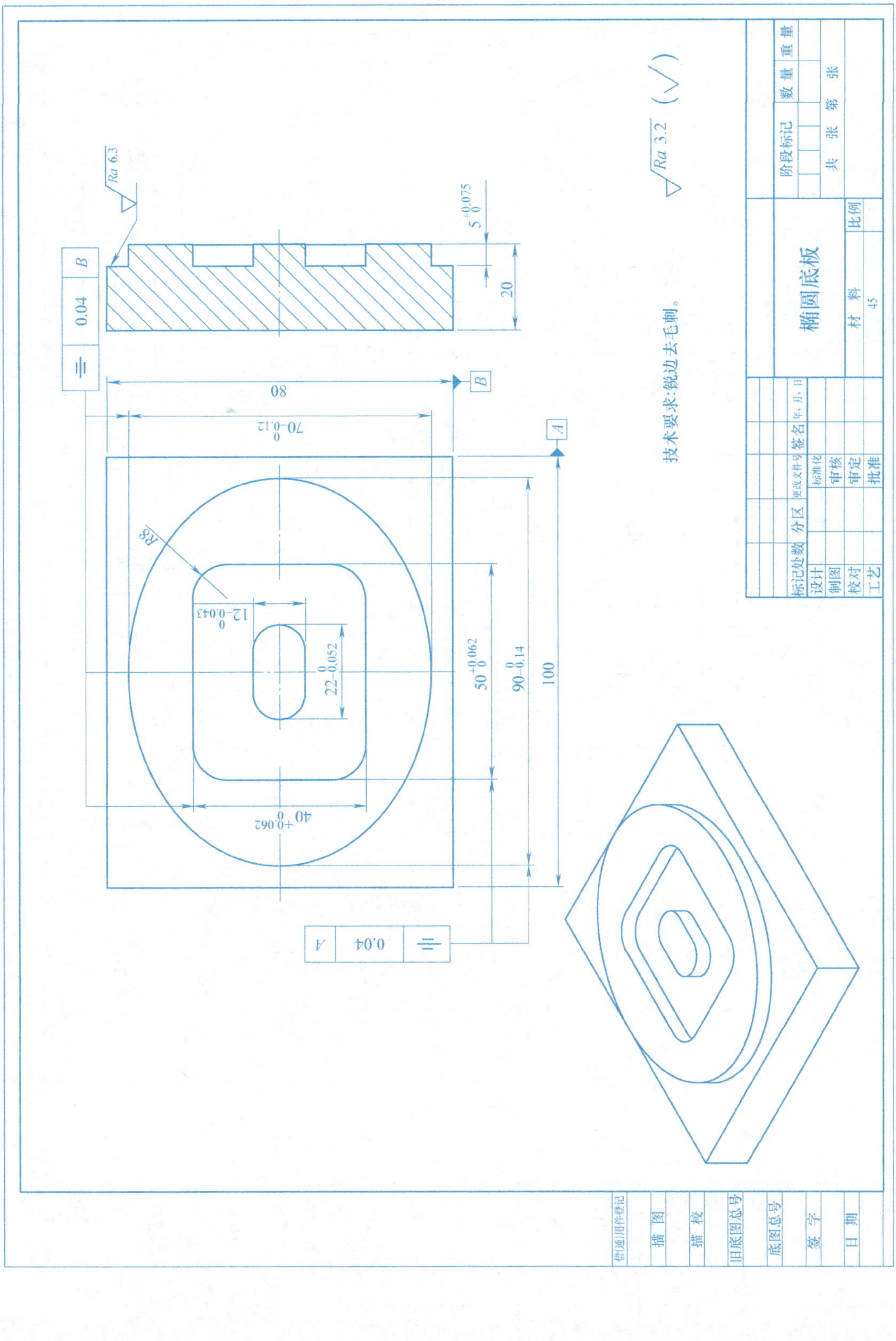

图 D-5 样题 5 图

APPENDIX

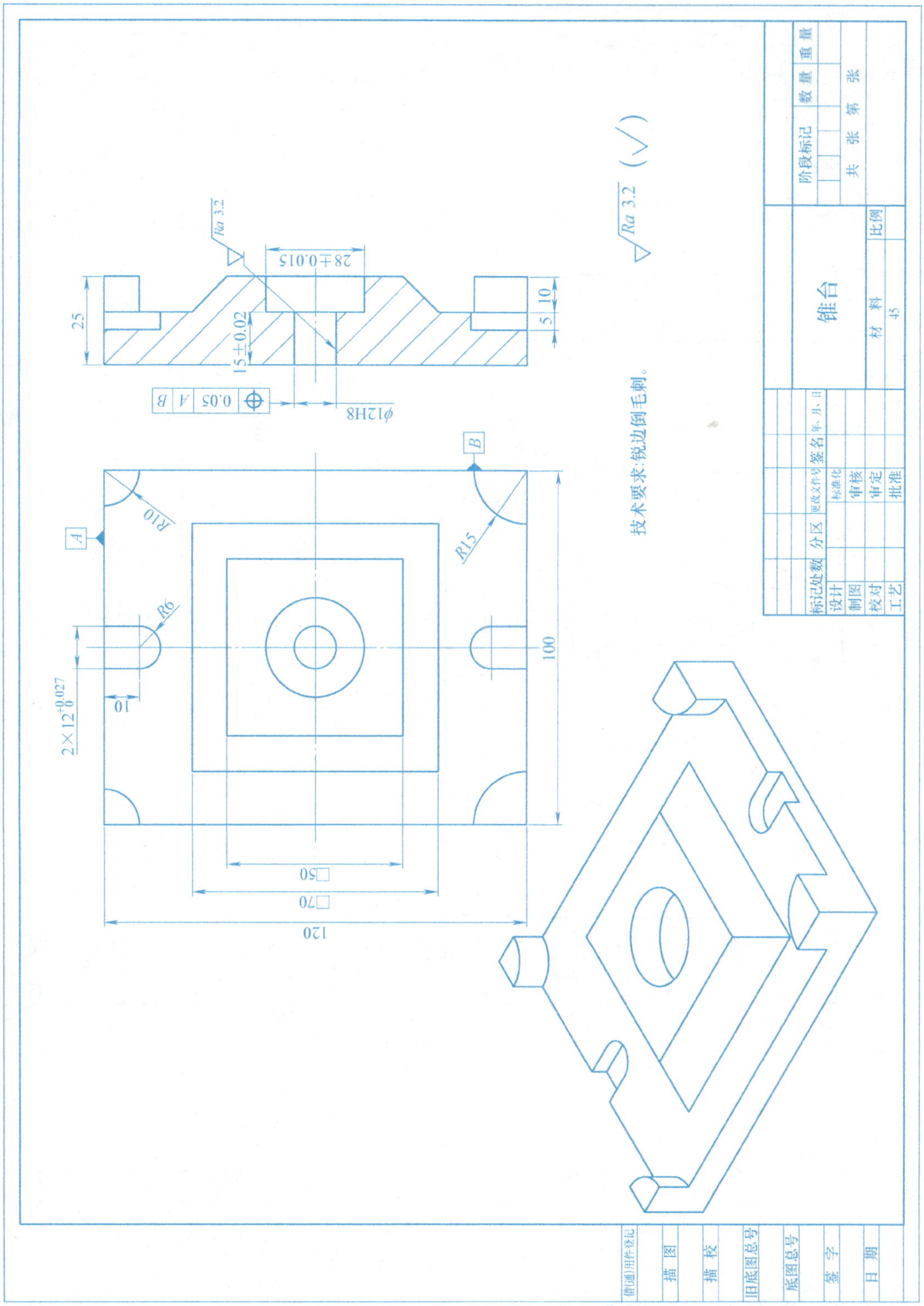
技术要求:锐边倒毛刺。
锥台
材料
45
比例
阶段标记
数量
重量
共　张　第　张
标记处数
分区
更改文件号
签名
年、月、日
设计
标准化
制图
审核
校对
审定
工艺
批准
借(通)用件登记
描图
描校
旧底图总号
底图总号
签字
日期
Ra 3.2
28±0.015
15±0.02
25
10
5
φ12H8
0.05
A
B
R10
R15
R6
2×12$^{+0.027}_{0}$
100
□50
□70
120

图 D-6　样题 6 图

表 D-1　样题 1 评分标准

准考证号			操作时间				总得分	
工件编号			系统类型					
考核项目		序号	考核内容与要求		配分	评分标准	检测结果	得分
工件加工评分（60%）	主要项目	1	$18_{-0.043}^{0}$mm	$Ra3.2\mu m$	3/1	超差 0.01mm 扣 1 分，降级无分		
		2	$14_{0}^{+0.043}$mm	$Ra3.2\mu m$	3/1	超差 0.01mm 扣 1 分，降级无分		
		3	$16_{0}^{+0.043}$mm	$Ra3.2\mu m$	3/1	超差 0.01mm 扣 1 分，降级无分		
		4	$36_{0}^{+0.033}$mm	$Ra3.2\mu m$	3/1	超差 0.01mm 扣 1 分，降级无分		
		5	$44_{-0.062}^{0}$mm	$Ra3.2\mu m$	3/1	超差 0.01mm 扣 1 分，降级无分		
		6	$60_{-0.074}^{0}$mm	$Ra3.2\mu m$	3/1	超差 0.01mm 扣 1 分，降级无分		
		7	$76_{-0.074}^{0}$mm	$Ra3.2\mu m$	3/1	超差 0.01mm 扣 1 分，降级无分		
		8	$\phi(76\pm0.02)$mm	$Ra3.2\mu m$	3/1	超差 0.01mm 扣 1 分，降级无分		
		9	$2\times\phi10H7$	$Ra3.2\mu m$	4/1	超差 0.01mm 扣 1 分，降级无分		
	一般项目	1	$R5.5$mm	6 处	3	不符要求无分		
		2	$R6$mm	3 处	3	不符要求无分		
		3	30mm，38mm，30°		3	超差无分		
		4	(5 ± 0.075)mm		3	超差无分		
		5	(6 ± 0.075)mm		3	超差无分		
	几何公差	1	// 0.05 A		4	超差无分		
		2	⊥ ϕ0.05 A		4	超差无分		
程序与工艺（30%）		1	工艺制订合理，选择刀具正确		10	每错一处扣 1 分		
		2	指令应用合理、得当、正确		10	每错一处扣 1 分		
		3	程序格式正确，符合工艺要求		10	每错一处扣 1 分		
现场操作规范（10%）		1	刀具的正确使用		2			
		2	量具的正确使用		3			
		3	刃的正确使用		3			
		4	设备正确操作和维护保养		2			
		5	安全操作			出现安全事故时停止操作；酌情扣 5~30 分		

APPENDIX

表 D-2　样题 2 评分标准

准考证号				操作时间		总得分	
工件编号				系统类型			
考核项目		序号	考核内容与要求	配分	评分标准	检测结果	得分
工件加工评分（60%）	主要项目	1	$86_{-0.087}^{0}$mm　$Ra3.2\mu m$	3/1	超差 0.01mm 扣 1 分,降级无分		
		2	$73_{-0.074}^{0}$mm　$Ra3.2\mu m$	3/1	超差 0.01mm 扣 1 分,降级无分		
		3	$2\times22_{0}^{+0.052}$mm　$Ra3.2\mu m$	4/2	超差 0.01mm 扣 1 分,降级无分		
		4	$2\times25_{0}^{+0.052}$mm　$Ra3.2\mu m$	4/2	超差 0.01mm 扣 1 分,降级无分		
		5	$32_{0}^{+0.062}$mm　$Ra3.2\mu m$	3/1	超差 0.01mm 扣 1 分,降级无分		
		6	$24_{0}^{+0.052}$mm　$Ra3.2\mu m$	3/1	超差 0.01mm 扣 1 分,降级无分		
		7	$2\times\phi10_{0}^{+0.022}$mm　$Ra1.6\mu m$	4/2	超差 0.01mm 扣 1 分,降级无分		
		8	(65±0.023)mm	2	超差 0.01mm 扣 1 分,降级无分		
		9	$40_{-0.16}^{0}$mm(2 处)　$Ra3.2\mu m$	4/1	超差 0.01mm 扣 1 分,降级无分		
		10	$5_{0}^{+0.075}$mm(2 处)　$Ra6.3\mu m$	2/1	超差 0.01mm 扣 1 分,降级无分		
	一般项目	1	R8mm(4 处),R6mm(4 处)　$Ra3.2\mu m$	4/1	不符要求无分		
		2	$C5$（4 处）	4×0.5	超差无分		
		3	$C0.5$（4 处）	4×0.5	超差无分		
	几何公差	1	⌯ 0.04 A (4 处)	4	超差无分		
		2	⌯ 0.04 B (3 处)	3	超差无分		
程序与工艺（30%）		1	工艺制订合理,选择刀具正确	10	每错一处扣 1 分		
		2	指令应用合理、得当、正确	10	每错一处扣 1 分		
		3	程序格式正确,符合工艺要求	10	每错一处扣 1 分		
现场操作规范（10%）		1	刀具的正确使用	2			
		2	量具的正确使用	3			
		3	刃的正确使用	3			
		4	设备正确操作和维护保养	2			
		5	安全操作		出现安全事故时停止操作;酌情扣 5~30 分		

表 D-3 样题 3 评分标准

准考证号				操作时间		总得分	
工件编号				系统类型			
考核项目		序号	考核内容与要求	配分	评分标准	检测结果	得分
工件加工评分（60%）	主要项目	1	$80_{-0.074}^{0}$mm　$Ra3.2\mu m$	3/1	超差 0.01mm 扣 1 分，降级无分		
		2	$76_{-0.074}^{0}$mm　$Ra3.2\mu m$	3/1	超差 0.01mm 扣 1 分，降级无分		
		3	$14_{0}^{+0.043}$mm　$Ra3.2\mu m$（2 处）	3/1	超差 0.01mm 扣 1 分，降级无分		
		4	$35_{0}^{+0.062}$mm　$Ra3.2\mu m$	3/1	超差 0.01mm 扣 1 分，降级无分		
		5	$40_{0}^{+0.062}$mm　$Ra3.2\mu m$	3/1	超差 0.01mm 扣 1 分，降级无分		
		6	$\phi(76\pm0.02)$mm　$Ra3.2\mu m$	3/1	超差 0.01mm 扣 1 分，降级无分		
		7	$18_{0}^{+0.043}$mm　$Ra3.2\mu m$	3/1	超差 0.01mm 扣 1 分，降级无分		
		8	$5_{0}^{+0.075}$mm　$Ra3.2\mu m$	3/1	超差 0.01mm 扣 1 分，降级无分		
		9	$6_{-0.075}^{0}$mm　$Ra3.2\mu m$	3/1	超差 0.01mm 扣 1 分，降级无分		
		10	$10_{0}^{+0.09}$mm　$Ra3.2\mu m$	3/1	超差 0.01mm 扣 1 分，降级无分		
		11	$2\times\phi10H7$　$Ra3.2\mu m$	3/1	超差 0.01mm 扣 1 分，降级无分		
	一般项目	1	$R36$mm　（2 处）	2	不符要求无分		
		2	$R5.5$mm　（10 处）	5	不符要求无分		
		3	$R8$mm　（2 处）	2	不符要求无分		
		4	$C8$　（2 处）	2	不符要求无分		
		5	22mm，8mm，30mm	2	超差无分		
	几何公差	1	⊥ | $\phi0.1$ | A	3	超差无分		
程序与工艺（30%）		1	工艺制订合理选择刀具正确	10	每错一处扣 1 分		
		2	指令应用合理、得当、正确	10	每错一处扣 1 分		
		3	程序格式正确，符合工艺要求	10	每错一处扣 1 分		
现场操作规范（10%）		1	刀具的正确使用	2			
		2	量具的正确使用	3			
		3	刃的正确使用	3			
		4	设备正确操作和维护保养	2			
		5	安全操作		出现安全事故时停止操作；酌情扣 5~30 分		

APPENDIX

表 D-4　样题 4 评分标准

准考证号			操作时间			总得分	
工件编号			系统类型				
考核项目		序号	考核内容与要求	配分	评分标准	检测结果	得分
工件加工评分（60%）	主要项目	1	$\phi70_{-0.074}^{0}$mm　Ra3.2μm	3/1	超差 0.01mm 扣 1 分，降级无分		
		2	$20_{0}^{+0.052}$mm　Ra3.2μm	3/1	超差 0.01mm 扣 1 分，降级无分		
		3	$30_{0}^{+0.052}$mm　Ra3.2μm	3/1	超差 0.01mm 扣 1 分，降级无分		
		4	$2\times14_{0}^{+0.043}$mm（水平）　Ra3.2μm	4/1	超差 0.01mm 扣 1 分，降级无分		
		5	$2\times14_{0}^{+0.043}$mm（垂直）　Ra3.2μm	4/1	超差 0.01mm 扣 1 分，降级无分		
		6	$5_{0}^{+0.075}$mm（2 处）　Ra3.2μm	4/1	超差 0.01mm 扣 1 分，降级无分		
	一般项目	1	$2\times36_{-0.16}^{0}$mm	2×2	超差 0.01mm 扣 1 分，降级无分		
		2	$2\times60_{-0.19}^{0}$mm	2×2	超差 0.01mm 扣 1 分，降级无分		
		3	R30mm（4 处）　Ra3.2μm	4/1	不符要求无分		
		4	R8mm　（4 处）	4×0.5	不符要求无分		
		5	2×φ10mm	3	不符要求无分		
		6	8mm　（4 处）	4	超差无分		
		7	45°±10′	1	超差无分		
	几何公差	1	⌯ 0.04 A	3	超差无分		
		2	⌯ 0.04 B	3	超差无分		
		3	⌯ 0.04 A B	4	超差无分		
程序与工艺（30%）		1	工艺制订合理，选择刀具正确	10	每错一处扣 1 分		
		2	指令应用合理、得当、正确	10	每错一处扣 1 分		
		3	程序格式正确，符合工艺要求	10	每错一处扣 1 分		
现场操作规范（10%）		1	刀具的正确使用	2			
		2	量具的正确使用	3			
		3	刃的正确使用	3			
		4	设备正确操作和维护保养	2			
		5	安全操作		出现安全事故时停止操作；酌情扣 5~30 分		

表 D-5　样题 5 评分标准

准考证号				操作时间		总得分	
工件编号				系统类型			
考核项目		序号	考核内容与要求	配分	评分标准	检测结果	得分
工件加工评分（60%）	主要项目	1	$90_{-0.14}^{0}$mm（椭圆长轴）　*Ra*3.2μm	6/1	超差 0.01mm 扣 1 分，降级无分		
		2	$70_{-0.12}^{0}$mm（椭圆短轴）　*Ra*3.2μm	6/1	超差 0.01mm 扣 1 分，降级无分		
		3	$50_{0}^{+0.062}$mm　*Ra*3.2μm	6/1	超差 0.01mm 扣 1 分，降级无分		
		4	$40_{0}^{+0.062}$mm　*Ra*3.2μm	6/1	超差 0.01mm 扣 1 分，降级无分		
		5	$12_{-0.043}^{0}$mm　*Ra*3.2μm	6/1	超差 0.01mm 扣 1 分，降级无分		
		6	$22_{-0.052}^{0}$mm　*Ra*3.2μm	6/1	超差 0.01mm 扣 1 分，降级无分		
	一般项目	1	$5_{0}^{+0.075}$mm（2 处）　*Ra*3.2μm	4/1	不符要求无分		
		2	*R*8mm（4 处）　*Ra*3.2μm	4/1	不符要求无分		
	几何公差	1	⌯ 0.04 A（2 处）	4	超差无分		
		2	⌯ 0.04 B（2 处）	4			
程序与工艺（30%）		1	工艺制订合理，选择刀具正确	10	每错一处扣 1 分		
		2	指令应用合理、得当、正确	10	每错一处扣 1 分		
		3	程序格式正确，符合工艺要求	10	每错一处扣 1 分		
现场操作规范（10%）		1	刀具的正确使用	2			
		2	量具的正确使用	3			
		3	刃的正确使用	3			
		4	设备正确操作和维护保养	2			
		5	安全操作		出现安全事故时停止操作；酌情扣 5~30 分		

APPENDIX

表 D-6　样题 6 评分标准

准考证号			操作时间			总得分	
工件编号			系统类型				
考核项目		序号	考核内容与要求	配分	评分标准	检测结果	得分
工件加工评分（60%）	主要项目	1	(28±0.015)mm　*Ra*1.6μm	5/2	超差 0.01mm 扣 1 分，降级无分		
		2	(15±0.02)mm　*Ra*1.6μm	5/2	超差 0.01mm 扣 1 分，降级无分		
		3	$2\times12^{+0.027}_{0}$mm　*Ra*1.6μm	10/2	超差 0.01mm 扣 1 分，降级无分		
		4	φ12H8　*Ra*3.2μm	5/2	超差 0.01mm 扣 1 分，降级无分		
		5	锥台　*Ra*1.6μm	4	超差 0.01mm 扣 1 分，降级无分		
	一般项目	1	□50mm	3	不符要求无分		
		2	□70mm	3	不符要求无分		
		3	*R*10mm，*R*15mm　（各 2 处）	4	不符要求无分		
		4	*R*6mm(2 处)，10mm　(2 处)	4	不符要求无分		
		5	10mm，5mm　（各 2 处）	4			
	几何公差	1	⌖ 0.05 A B	5	超差无分		
程序与工艺（30%）		1	工艺制订合理，选择刀具正确	10	每错一处扣 1 分		
		2	指令应用合理、得当、正确	10	每错一处扣 1 分		
		3	程序格式正确，符合工艺要求	10	每错一处扣 1 分		
现场操作规范（10%）		1	刀具的正确使用	2			
		2	量具的正确使用	3			
		3	刃的正确使用	3			
		4	设备正确操作和维护保养	2			
		5	安全操作		出现安全事故时停止操作；酌情扣 5~30 分		

附录 E　铣削类零件常见精度检测工具及检测方法

1. 游标卡尺

游标卡尺的测量精度一般为 0.02mm，如图 E-1 所示。它主要由尺身 3 和游标 5 组成。旋松固定游标用的螺钉 4 即可测量。下量爪 1 用来测量工件的外径或长度，上量爪 2 可以测量内孔或槽宽，深度尺 6 可以用来测量工件的深度和长度尺寸。测量时移动游标使量爪与工件接触，取得尺寸后，最好把螺钉 4 旋紧后再读数，以防尺寸变动。

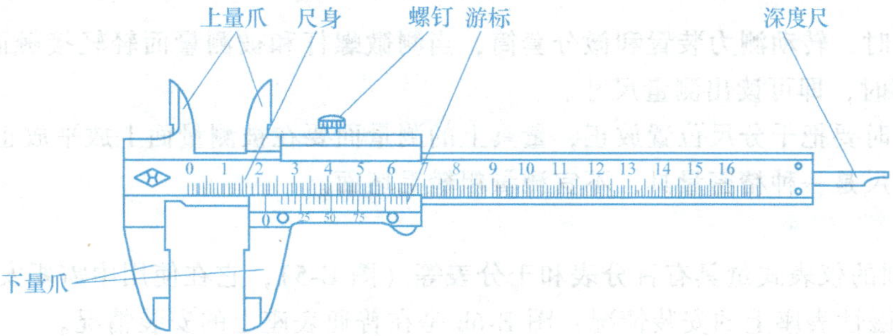

图 E-1　游标卡尺

2. 螺旋式千分量具

螺旋式千分量具包括外径千分尺、内径千分尺、深度千分尺、内测千分尺等。外径千分尺用于测量精密工件的外径、长度和厚度尺寸；内径千分尺用于测量精密工件的内径和沟槽宽度尺寸；深度千分尺用于测量孔、槽和台阶等精密工件的深度和高度尺寸；内测千分尺主要用于测量沟槽的宽度尺寸。

（1）外径千分尺　外径千分尺的测量精度一般为 0.01mm，如图 E-2 所示。由于测微螺杆的精度和结构上的限制，其移动量通常为 25mm，故常用的外径千分尺测量范围分别为 0 ~ 25mm、25 ~ 50mm、50 ~ 75mm、75 ~ 100mm 等，每隔 25mm 为一档规格。

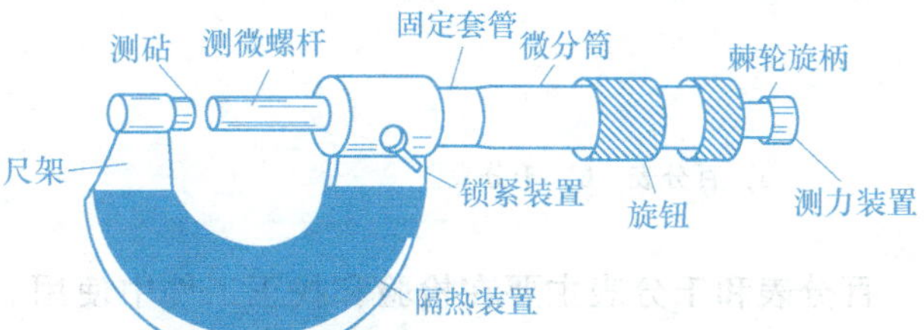

图 E-2　外径千分尺

外径千分尺在测量前，必须校正零位，如果零位不准，可用专用扳手转动固定套管。当零线偏离较多时，可松开固定螺钉，使测微螺杆与微分筒松动，再转动微分筒来对准零位。

（2）内径千分尺　内径千分尺的使用方法如图 E-3 所示，测量时，内径千分尺应在孔内摆动，在直径方向应找出最大尺寸，轴向应找出最小尺寸，这两个重合尺寸就是孔的实际尺寸。

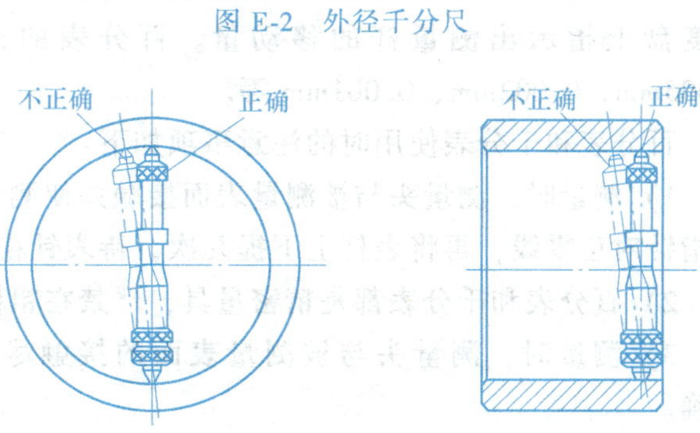

图 E-3　内径千分尺的使用方法

（3）内测千分尺　当孔径小于25mm时，可用内测千分尺测量。内测千分尺及其使用方法如图 E-4 所示。这种千分尺刻线方法与外径千分尺相反，当微分筒顺时针转动时，活动爪向右移动，量值增大。

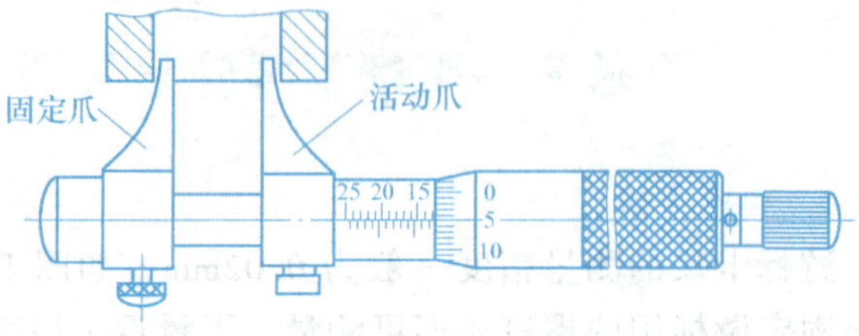

图 E-4　内测千分尺及其使用方法

千分尺使用时的注意事项如下：

1）测量前先将千分尺擦干净，检查对正零位，如果不能对正零位，其差数就是量具的本身误差。

2）测量时，转动测力装置和微分套筒，当测微螺杆和被测量面轻轻接触而使内部发出"吱吱"响声时，即可读出测量尺寸。

3）测量时要把千分尺位置放正，量具上的测量面要在被测量面上放平放正。

4）千分尺是一种精密量具，不宜测量粗糙毛坯面。

3. 百分表和千分表

用于铣削的仪表式量具有百分表和千分表等（图 E-5），它在使用中需要安装在表架上。图 E-6a 是在磁性表座上的安装情况；图 E-6b 是在普通表座上的安装情况。

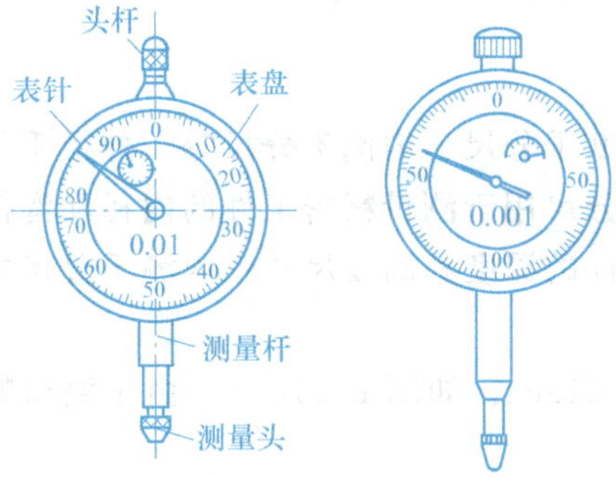

a)　　b)

图 E-5　百分表和千分表

a）百分表　b）千分表

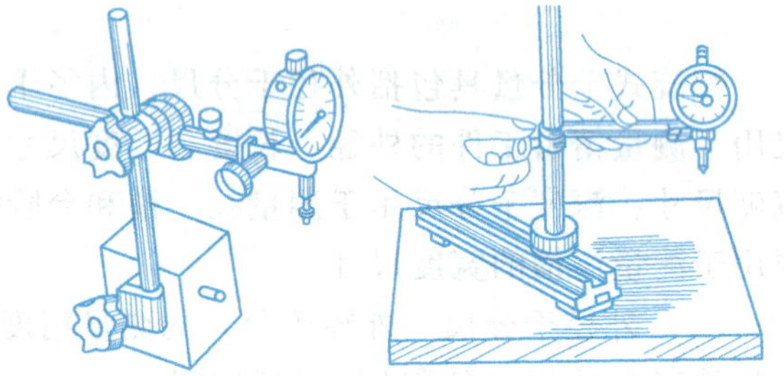

a)　　b)

图 E-6　百分表的安装

a）磁性表座安装　b）普通表座安装

百分表和千分表主要在检验和找正工件中使用。当测量头和被测量工件的表面接触时，测量杆就会直线移动，经表内齿轮齿条的传动和放大，变为表盘内指针的角度旋转，从而在刻度盘上指示出测量杆的移动量。百分表的刻度值为 0.01mm；千分表的刻度值为 0.005mm、0.002mm、0.001mm 等。

百分表和千分表使用时的注意事项如下：

1）测量时，测量头与被测量表面接触并使测量头向表内压缩 1~2mm，然后转动表盘，使指针对正零线，再将表杆上下提几次，待表针稳定后再进行测量。

2）百分表和千分表都是精密量具，严禁在粗糙表面上进行测量。

3）测量时，测量头与被测量表面的接触尽量成垂直位置，以减小误差，保证测量准确。

4）测量杆上不要加油，油液进入表内会形成污垢，从而影响表的灵敏度。

5）要轻拿轻放，尽量减少振动，要防止某一种物体撞击测量杆。

4. 角度测量量具

（1）游标万能角度尺　游标万能角度尺也称万能量角器，它的刻度值有 2′和 5′两种，图 E-7 是 2′游标万能角度尺，其读法与外径千分尺相似。图 E-8 是游标万能角度尺测量工件示意图。

（2）直角尺　直角尺是专门用来测量直角和垂直度的角度量具（图 E-9）。

测量时，先使一个尺边紧贴被测工件的基准面，根据另一尺边的透光情况来判断垂直度或 90°角度的误差。要注意尺不能歪斜，否则会影响测量效果。

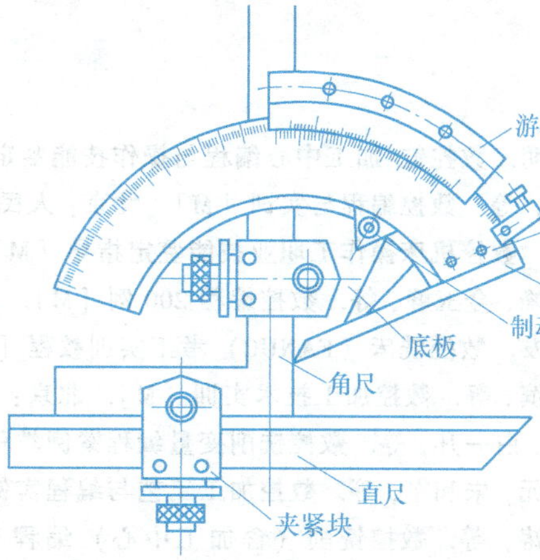

图 E-7　扇形万能角度尺

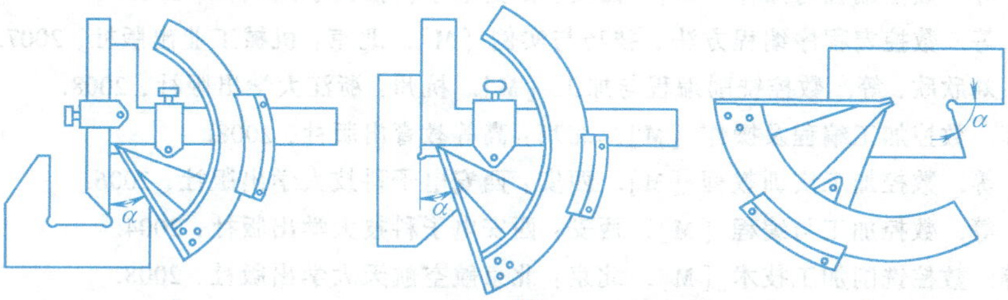

a)　　b)　　c)

图 E-8　扇形万能角度尺测量工件

a)、b）测量外角　c）测量燕尾槽

5. 塞尺

塞尺也称厚薄规（图 E-10），是由不同厚度的薄钢片组成的一套量具，用于检测两个结合面间的间隙大小。每片钢片上都标注有其厚度。

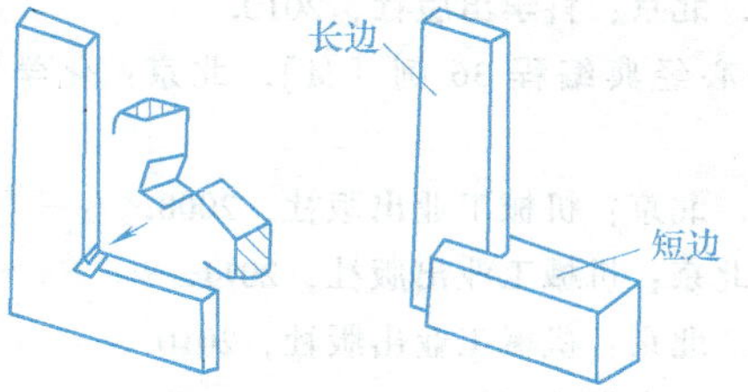

图 E-9　直角尺

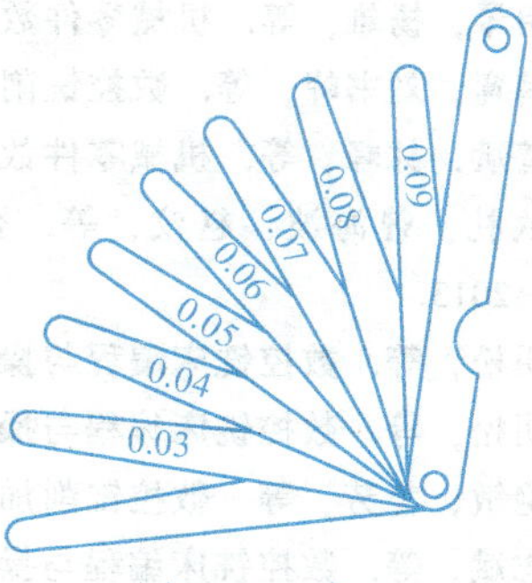

图 E-10　塞尺

参考文献

[1] 吴光明．数控铣/加工中心编程与操作技能鉴定［M］．北京：国防工业出版社，2008.
[2] 周虹，等．数控编程与实训［M］．北京：人民邮电出版社，2008.
[3] 周虹．数控机床操作工职业技能鉴定指导［M］．北京：人民邮电出版社，2009.
[4] 沈建峰，金玉峰，等．数控编程200例［M］．北京：中国电力出版社，2008.
[5] 吴明友．数控铣床（FANUC）考工实训教程［M］．北京：化学工业出版社，2006.
[6] 解海滨，等．数控加工技术实训［M］．北京：机械工业出版社，2008.
[7] 李锋，白一凡，等．数控铣削变量编程案例教程［M］．北京：化学工业出版社，2007.
[8] 徐冬元，朱和军，等．数控加工工艺与编程实例［M］．北京：电子工业出版社，2007.
[9] 龙光涛，等．数控铣削（含加工中心）编程与考级（FANUC系统）［M］．北京：化学工业出版社，2006.
[10] 王荣兴，等．加工中心培训教程［M］．北京：机械工业出版社，2006.
[11] 杨建明，等．数控加工工艺与编程［M］．北京：北京理工大学出版社，2007.
[12] 赵松涛，等．数控编程与操作［M］．西安：西安电子科技大学出版社，2006.
[13] 冯志刚，等．数控宏程序编程方法、技巧与实例［M］．北京：机械工业出版社，2007.
[14] 张瑜胜，刘欣欣，等．数控铣削编程与加工［M］．杭州：浙江大学出版社，2008.
[15] 顾京，等．数控加工编程及操作［M］．北京：高等教育出版社，2008.
[16] 朱岱力，等．数控加工实训教程［M］．西安：西安电子科技大学出版社，2006.
[17] 詹华西，等．数控加工与编程［M］．西安：西安电子科技大学出版社，2004.
[18] 刘岩，等．数控铣削加工技术［M］．北京：北京航空航天大学出版社，2008.
[19] 施玉飞，等．SIEMENS数控系统编程指令详解及综合实例［M］．北京：化学工业出版社，2008.
[20] 张丽华，马立克，等．数控编程与加工技术［M］．大连：大连理工大学出版社，2007.
[21] 廖慧勇，等．数控加工实训教程［M］．成都：西南交通大学出版社，2007.
[22] 袁锋，等．全国数控大赛试题精选［M］．北京：机械工业出版社，2005.
[23] 陈海滨，等．数控铣削加工中心实训与考级［M］．北京：高等教育出版社，2008.
[24] 吴明友，等．数控铣床培训教程［M］．北京：机械工业出版社，2007.
[25] 张以鹏，等．实用切削手册［M］．沈阳：辽宁科学技术出版社，2007.
[26] 刘昭琴，杨雄，等．机械零件数控铣削加工实训［M］．北京：北京理工大学出版社，2013.
[27] 韩鸿鸾，刘书峰，等．数控铣削加工一体化教程［M］．北京：机械工业出版社，2012.
[28] 俞鸿斌，林峰，等．机械零件数控铣削加工［M］．北京：科学出版社，2010.
[29] 郑钦礼，曾海波，赵汶，等．数控铣床/加工中心经典编程36例［M］．北京：化学工业出版社，2013.
[30] 朱明松，等．数控铣床编程与操作项目教程［M］．北京：机械工业出版社，2008.
[31] 朱明松，等．数控铣床编程与操作练习册［M］．北京：机械工业出版社，2011.
[32] 浦艳敏，姜芳，等．数控铣削加工实用技巧［M］．北京：机械工业出版社，2010.
[33] 王志斌，等．数控铣床编程与操作［M］．北京：北京大学出版社，2012.
[34] 胡翔云，龚善林，冯邦军，等．数控铣削工艺与编程［M］．北京：人民邮电出版社，2013.
[35] 展迪优，等．UG NX 6．0快速入门教程［M］．2版．北京：机械工业出版社，2014.
[36] 寇文化，等．工厂数控编程技术实例特训：UG NX6版［M］．北京：清华大学出版社，2011.